Transformer原理解析及中文项目实践

微课视频版

沈志龙 ◎ 编著

清华大学出版社

北京

内容简介

本书深入浅出地介绍深度学习中的序列模型及其发展历程，重点讲解 Transformer 架构及其变体的原理与实践应用。全书共 5 章，旨在帮助读者从理论基础到实践应用，全面掌握 Transformer 技术。

第 1 章详细介绍 RNN 和 LSTM 的原理、代码实践及存在的问题与挑战。第 2 章全面剖析 Transformer 的核心思想、总体架构及各组成部分的实现方法。第 3 章从自定义代码出发，详细地讲解词嵌入、多头注意力层、前馈网络层、编码器层和解码器层的构建方法，以及如何训练 Transformer 模型。第 4 章介绍 Transformer 变体与进阶部分。第 5 章介绍利用 Hugging Face 实践 Transformer，首先介绍 Hugging Face 社区和 Transformers 库，然后通过实际应用案例，如文本分类、情感分类、命名实体识别等，展示了如何使用 Transformers 库进行项目开发，最后讲解模型微调的各种方法，以及 Transformer 的影响和未来展望。

本书适合对深度学习、序列模型和 Transformer 感兴趣的读者，无论是初学者还是有一定基础的开发者都能从中获得丰富的理论知识和实践经验。同时，本书也可作为高等院校和培训机构相关专业的教学参考书。

图书在版编目（CIP）数据

Transformer 原理解析及中文项目实践：微课视频版 / 沈志龙编著. -- 北京 ：清华大学出版社，2025.7. --（跟我一起学人工智能）. -- ISBN 978-7-302-69632-2

Ⅰ. TP391

中国国家版本馆 CIP 数据核字第 20254NK759 号

责任编辑：赵佳霓
封面设计：吴 刚
责任校对：时翠兰
责任印制：刘海龙

出版发行：清华大学出版社
   网   址：https://www.tup.com.cn，https://www.wqxuetang.com
   地   址：北京清华大学学研大厦 A 座   邮 编：100084
   社 总 机：010-83470000   邮 购：010-62786544
   投稿与读者服务：010-62776969，c-service@tup.tsinghua.edu.cn
   质量反馈：010-62772015，zhiliang@tup.tsinghua.edu.cn
   课件下载：https://www.tup.com.cn，010-83470236
印 装 者：三河市少明印务有限公司
经 销：全国新华书店
开 本：186mm×240mm 印 张：15.25   字 数：343 千字
版 次：2025 年 8 月第 1 版   印 次：2025 年 8 月第 1 次印刷
印 数：1～1500
定 价：69.00 元

产品编号：107921-01

前 言
PREFACE

近年来，Transformer 架构的提出，标志着自然语言处理（Natural Language Processing，NLP）技术进入了一个崭新的时代。与传统循环神经网络（Recurrent Neural Network，RNN）和长短期记忆网络（Long Short-term Memory Network，LSTM）相比，Transformer 通过其独特的自注意力机制，不仅提升了模型的计算效率，还大幅地提高了性能，使从机器翻译到文本生成、情感分析等多种任务都取得了显著的进展。

笔者在深度学习领域从事了多年研究与开发工作，见证了深度学习模型从 RNN、LSTM 到 Transformer 架构的演变。在这个过程中，Transformer 的创新性和强大能力深深吸引了我。自从论文"Attention is All You Need"发布以来，Transformer 迅速成为深度学习领域的研究热点，并被广泛地应用于多个领域，例如自然语言处理、图像识别、语音处理等。尤其是在自然语言处理任务中，Transformer 架构不仅为传统任务提供了新的解决方案，还催生了大量的变体模型，例如 BERT、GPT 系列等，极大地推动了 AI 技术的进步。

本书旨在深入浅出地介绍 Transformer 架构及其应用，结合理论与实践，带领读者系统地学习 Transformer。通过详细的模型解析、实现原理及实践案例，读者将能够掌握 Transformer 的核心概念、实现技巧及如何在实际应用中高效训练和调优 Transformer 模型。无论是刚接触深度学习的初学者，还是有一定经验的开发者，均能通过本书获得深刻的理解和实践经验。

书中的内容不仅涵盖了 Transformer 的基础知识，还扩展到其变体模型（例如 BERT、GPT 等）及其在实际项目中的应用。本书还将介绍如何使用 Hugging Face 库进行快速开发与实践，帮助读者更高效地部署和应用 Transformer 模型。通过本书的学习，读者将能够在自然语言处理、文本生成、情感分析、命名实体识别等领域中，应用 Transformer 及其变体，提升自己的 AI 技术水平。

希望本书能为广大读者提供系统化的学习路径，帮助大家深入理解 Transformer 架构，并在实践中取得突破性进展。笔者相信，通过掌握这些前沿技术，读者将能够在人工智能领域中迎接新的挑战，实现职业发展的跨越。

资源下载提示

素材（源码）等资源：扫描目录上方的二维码下载。

视频等资源：扫描封底的文泉云盘防盗码，再扫描书中相应章节的二维码，可以在线学习。

致谢

我要特别感谢我的妻子,感谢她在我写作本书期间始终如一的支持与理解。妻子的默默奉献,尤其是承担了所有的家务,让我能够专心致志地投入这项写作工作中。没有她的陪伴与支持,完成这本书是不可能的。

此外,我还要感谢所有在技术上给予我帮助的同人和朋友们,正是你们的指导与分享,才让我在不断探索和实践中得以不断进步。感谢各位开发者和研究人员,尤其是Transformer和深度学习领域的前辈们,你们的工作为我提供了坚实的理论基础与启发。

由于写作时间有限,本书难免存在疏漏和不足之处,恳请读者见谅,并提供宝贵的意见和建议。希望这本书能为大家的学习和研究提供帮助,若可以得到您的反馈和改进建议,将不胜感激。

再次感谢所有支持与帮助过我的人,是你们让这一切成为可能。

沈志龙

2025 年 5 月

目 录
CONTENTS

教学课件（PPT）　　　　　　　本书源码

引　言

随着深度学习的兴起,序列模型在自然语言处理领域扮演着越来越重要的角色。从早期的循环神经网络和长短期记忆网络到革命性的 Transformer 模型,这些模型不断发展,为理解和生成自然语言文本提供了强大的工具。序列数据蕴含着丰富的信息,例如时间序列、语音和文本,而序列模型则致力于捕捉这些数据中的模式和规律。

本章将深入探讨 RNN 和 LSTM 的基本原理,并分析它们在处理长期依赖关系方面的局限性。首先从传统的神经网络结构开始,逐步介绍 RNN 的循环结构和时间依赖性,并探讨梯度消失和梯度爆炸问题对 RNN 训练的影响。随后,将介绍 LSTM 如何通过引入门控机制来解决 RNN 的局限性问题,并分析 LSTM 在处理长期依赖关系方面的优势。通过对比 RNN 和 LSTM,将更深入地理解它们在自然语言处理中的应用和局限性,为后续学习 Transformer 模型奠定基础。

1.1　深度学习与序列模型的进化

深度学习是机器学习的一个子领域,它使用类似大脑的神经网络结构进行数据的特征学习和模式识别。深度学习的历史可以追溯到 20 世纪 40 年代,但直到 21 世纪初,随着计算能力的提升和大数据技术的发展,深度学习才开始取得显著进展。

1. 深度学习

最早的神经网络模型是感知机(Perceptron),由 Frank Rosenblatt 在 1958 年提出,然而,感知机在解决非线性问题时表现出局限性。随着 1980 年反向传播算法(Backpropagation)的提出,神经网络迎来了关键的技术突破,使多层神经网络的训练成为可能,开启了深度学习的初步应用阶段。

2006 年,Geoffrey Hinton 等提出了深度信念网络(Deep Belief Network,DBN),标志着深度学习的复兴。随后,卷积神经网络(Convolutional Neural Network,CNN)和递归神经网络相继成为研究热点。尤其是 CNN 在图像处理上的优越表现,使其在计算机视觉领域中得到广泛应用。

2. 序列模型

对于时间序列和自然语言处理任务,传统的 RNN 面临着梯度消失和梯度爆炸问题,难以处理长期依赖关系。为了克服这一局限性,Hochreiter 和 Schmidhuber 在 1997 年提出了长短期记忆网络,它通过引入遗忘门、输入门和输出门,显著地提升了 RNN 在处理长序列任务时的表现。

随着深度学习的发展,序列模型也经历了多个演化阶段。2014 年,门控循环单元(Gated Recurrent Unit,GRU)被提出,作为 LSTM 的简化版本,具有较好的性能和较少的参数。与此同时,CNN、RNN、LSTM 等模型被广泛地应用于语音识别、机器翻译等领域。

序列模型的进一步突破发生在 2017 年,Vaswani 等提出了 Transformer 模型,这一模型通过引入自注意力机制(Self-Attention)彻底摆脱了 RNN 的架构。Transformer 不仅能并行处理输入数据,还大幅提升了计算效率,尤其适合处理长距离依赖的任务。自 Transformer 诞生以来,它迅速成为自然语言处理的主流模型,并催生了诸如 GPT、BERT、T5 等多个基于 Transformer 的预训练模型,极大地推动了自然语言理解和生成任务的进展。

1.1.1 RNN 原理

RNN 是一种用于处理序列数据的神经网络。与传统的前馈神经网络不同,RNN 具有循环结构,能够有效地处理输入序列的信息,例如时间序列数据、语音、文本等。

1. 传统的神经网络

传统的神经网络模型如图 1-1 所示,数据从输入层到隐藏层再到输出层,层与层之间是全连接的,每层之间的节点是无连接的。

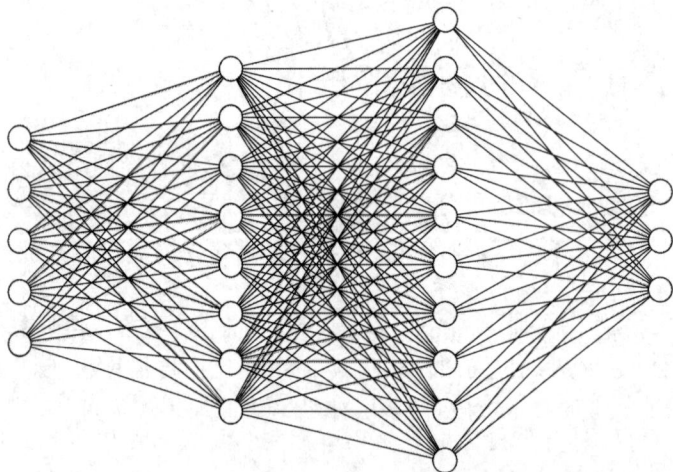

输入层(Input Layer)∈$\mathbb{R}^5$　隐藏层(Hidden Layer)∈$\mathbb{R}^8$　隐藏层(Hidden Layer)∈$\mathbb{R}^{10}$　输出层(Output Layer)∈$\mathbb{R}^3$

图 1-1　传统的神经网络模型

2. 循环神经网络

RNN 之所以称为循环神经网络,是因为一个序列当前的输出与前面的输出也有关。具体的表现形式为网络会对前面的信息进行记忆并应用于当前的输出计算中,即隐藏层之间的节点是有连接的,并且隐藏层的输入不仅包括输入层的输出,还包括上一时刻隐藏层的输出。

RNN 的网络结构如图 1-2 所示,h 代表网络模型,按照时间展开(文本一般指按照输入的顺序展开),在 $t-1$ 时刻,输入一个词"我",经过网络模型产生一个输出 O_{t-1},同时会有一种状态值,这种状态值可以理解为对当前句子的理解(也包含前面的输入理解),对于前面句子的理解会有助于下一个词的解释,因为词与词之间是有关系的,所以在 $t-1$ 时刻不仅会输出一个结果,还会输出一种状态值,这种状态值会输出到后面的 t 时刻。

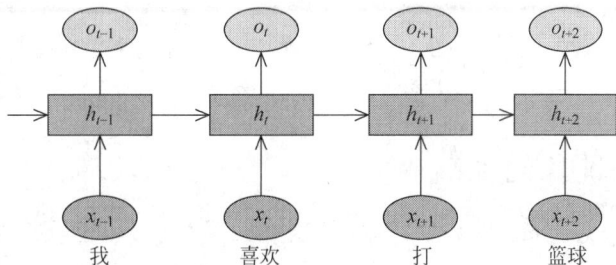

图 1-2 RNN 整体数据流向图

在 t 时刻会得到一个输入 x_t(喜欢),同时还会得到 $t-1$ 时刻隐藏层的输出,即它的状态值,两者结合输入 t 时刻的模型中进行训练,得到 t 时刻的输出;同时还会输出一个 t 时刻的状态值,交给下一个时刻 $t+1$,然后依次进行循环。

把其中一个节点拆开后如图 1-3 所示,状态 2 的输出(状态输出 2)除了与输入 2 相关,还与状态输出 1 相关,而状态输出 1 与输入 1 是有关系的,所以状态输出 2 与输入 1 也是有关的。以此类推,如果当前输出状态前面有多个输入,则这种状态与前面所有的输入都是有关的。总之,任意时刻的输入是当前时刻输入的训练内容和上一时刻的训练状态;任意时刻的输出都是当前时刻的输出和当前时刻的训练状态。

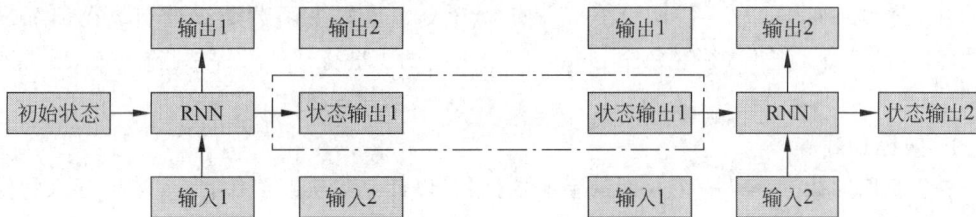

图 1-3 RNN 单节点拆分数据流向图

而对于每个时刻 t,把其中的输入 x_t、网络状态 h_t、输出 O_t 单独拿出来看其实就是一个普通的神经网络,如图 1-1 所示。如果把图 1-1 和图 1-2 结合起来就可以得到如图 1-4 所示的 RNN 的网络图。

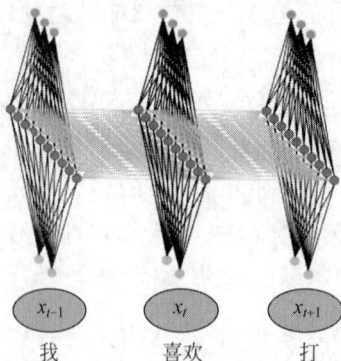

图 1-4　RNN 整体网络结构图

1.1.2　RNN 代码实践

本节介绍使用 PyTorch 来实现 RNN 的新闻分类模型,模型实现主要分为以下几个步骤。

(1) 数据加载与预处理:数据从 CSV 文件中加载,并通过定义的 Vocabulary 类进行预处理。词汇表根据设定的频率阈值构建,以保留高频词汇并过滤掉稀有词汇。同时,数据集中的文本和标签被数值化,并通过 train_test_split 函数划分为训练集和测试集。

(2) 数据集构建:自定义 NewsDataset 类继承自 torch. utils. data. Dataset,用于封装处理过的文本数据和标签,并提供获取单个样本的方法。此外,通过设定最大长度并对文本进行填充处理来确保输入 RNN 的序列长度一致。

(3) 模型定义:定义一个 RNN 类,继承自 torch. nn. Module。模型包含嵌入层、RNN 层和全连接层。嵌入层将输入的词索引转换为密集的向量表示;RNN 层用于处理序列数据,捕获序列的时序特征;全连接层则用于将 RNN 层的输出映射到类别空间。

(4) 模型训练与评估:使用 Adam 优化器和交叉熵损失函数训练模型。在训练过程中,模型在训练集上迭代,并在每个 epoch 后使用测试集进行评估。评估指标包括损失和准确率。

1. 数据加载

本节使用的数据集是一个开源的新闻数据集,以此进行实践演练,实现数据导入的代码如下:

```python
import pandas as pd
data_path = './news.csv'              #更新为正确的路径
data = pd.read_csv(data_path)
```

打印数据进行查看,代码如下:

```python
data
```

数据输出结果见表 1-1。

表 1-1 新闻数据集数据展示

ID	label	text
0	教育	澳移民子女成长记：带着中国心融入主流社会新华网悉尼 5 月 31 日电 无论哪个国家的父辈与子女间都…
1	体育	快船 vs 火箭首发：休城旨在练兵 小德帕特森进先发新浪体育讯北京时间 4 月 10 日消息，在常规赛还…
2	科技	3 英寸屏高清闪存 DV 三洋 TH1 特价 1499 作者：中关村在线 飘雪 …
3	房产	三亚岭南赶房集 金九银十再兴购房游纯粹的旅行闲适有余却"收获"不足，设计一条可以兼容曼妙风景…
…	…	
995	娱乐	组图：本-斯蒂勒与布莱克助阵《寻找伴郎》首映新浪娱乐讯 北京时间 3 月 18 日(美国当地时间 3 月…
996	房产	房源阶段性不足价格高涨 楼市将上演新一轮疯狂近日，中海地产(企业专区,旗下楼盘)以 70.06…
997	科技	宽屏广角高清 DC！佳能 110IS 仅售 1980【山东 IT 在线报道】佳能 IXUS 110 IS 装…
998	时政	公安部建成打拐 DNA 数据库通缉 50 名人贩不到 1 个月，侦破拐卖儿童、妇女案件逾 300 起，解救…
999	体育	全场打铁 44 次也能赢球？公牛两项利器杀翻步行者新浪体育讯 NBA 季后赛东区首轮征战中,此前大…

该数据集一共有两个字段,label 是指新闻的数据标签,text 是指新闻的具体内容。数据共有 1000 条,用于数据标签值展示的代码如下：

```
data['label'].unique()
array(['教育', '体育', '科技', '房产', '时尚', '家居', '财经', '时政', '娱乐', '游戏'],
dtype=object)
```

新闻的数据标签共有 10 类,分别是教育、体育、科技、时尚、房产、家居、财经、时政、娱乐、游戏。

2. 创建词汇表

词汇表是一个将单词或标记映射到唯一整数索引的集合。在自然语言处理任务中,文本数据需要被转换为机器学习模型能够理解的格式。词汇表就是这样一个工具,它帮助实现文本到数字的转换。

具体来讲,词汇表通常包含以下元素：单词或标记,可以是单词、字符、子词或任何其他文本单位；索引,一个唯一的整数,用于表示词汇表中的每个单词或标记。

下面构建词汇表,将文本数据中的单词映射为唯一的整数索引,代码如下：

```
#第 1 章/1.1 rnn.ipynb
class Vocabulary:
```

```python
def __init__(self, freq_threshold):
    self.itos = {0: "<PAD>", 1: "<SOS>", 2: "<EOS>", 3: "<UNK>"}
    self.stoi = {v: k for k, v in self.itos.items()}
    self.freq_threshold = freq_threshold

def build_vocabulary(self, sentence_list):
    frequencies = Counter()
    idx = 4

    for sentence in sentence_list:
        for word in sentence:
            frequencies[word] += 1
            if frequencies[word] == self.freq_threshold:
                self.stoi[word] = idx
                self.itos[idx] = word
                idx += 1

def numericalize(self, text):
    return [self.stoi[token] if token in self.stoi else self.stoi["<UNK>"]
for token in text]
```

（1）在初始化方法中定义了3个参数，itos是一个字典，用于将整数索引映射到字符串（词汇）。stoi也是一个字典，用于将字符串（词汇）映射到整数索引。freq_threshold是一个阈值，用于决定单词是否包含在词汇表中。只有当单词在所有句子中出现的频率达到或超过此阈值时，它才会被添加到词汇表中。

（2）在build_vocabulary方法中接收一个句子列表作为输入，使用Counter来计算每个单词在所有句子中出现的频率。对于每个单词，如果其频率等于freq_threshold，则将其添加到itos和stoi字典中，并递增索引idx。

（3）在numericalize方法中接收文本（句子）作为输入，将文本中的每个单词转换为相应的整数索引。如果单词不在词汇表中，则使用<UNK>（表示未知）的索引。

创建好词汇表后需要对数据集进行处理，定义一个NewsDataset类，用于创建一个可以被DataLoader使用的自定义数据集，代码如下：

```python
#第1章/1.1 rnn.ipynb
class NewsDataset(Dataset):
    def __init__(self, texts, labels, vocab, max_length):
        self.texts = texts
        self.labels = labels
        self.vocab = vocab
        self.max_length = max_length

    def __len__(self):
        return len(self.texts)

    def __getitem__(self, index):
```

```
        text = self.texts.iloc[index]
        label = self.labels.iloc[index]
        numericalized_text = [self.vocab.stoi["<SOS>"]] + self.vocab.
numericalize(text)[:self.max_length-2] + [self.vocab.stoi["<EOS>"]]
        padded_text = numericalized_text + [self.vocab.stoi["<PAD>"]] * (self.
max_length - len(numericalized_text))
        return torch.tensor(padded_text, dtype=torch.long), torch.tensor
(label, dtype=torch.long)
```

（1）初始化方法定义了 4 个参数，texts 是新闻文本数据。labels 是指与文本相对应的类别标签。vocab 是词汇表对象，用于将文本数据转换为数值数据。max_length 表示每个文本将被填充或截断到这个长度。

（2）方法__len__()用于返回数据集中的文本数量。

（3）方法__getitem__()用于接收一个索引 index，使用 vocab 将文本数据转换为数值数据，并添加开始(<SOS>)和结束(<EOS>)标记。如果数值化文本的长度小于 max_length，则使用<PAD>(填充)标记进行填充。最后返回一个元组，包含数值化文本和相应的标签，两者都被转换为 PyTorch 张量。

通过上面构建数据集的这种方式，文本数据被转换成模型可以理解的格式，并准备进行训练。

创建好方法后，需要对该方法进行实例化，代码如下：

```
vocab = Vocabulary(freq_threshold=5)
vocab.build_vocabulary(data['text'].apply(list))
```

首先实例化 Vocabulary 类，创建一个 Vocabulary 类的实例，并将其命名为 vocab，用于构建词汇表。将参数 freq_threshold 设置为 5，这个参数用于确定一个单词是否应该被包含在词汇表中。只有当单词在所有句子中出现的次数大于或等于这个阈值时，该单词才会被添加到词汇表中。

设置预置的目的是通过过滤稀有词汇来减少词汇表的大小，进而降低模型的复杂度和过拟合风险，同时处理数据稀疏性，提高模型泛化能力，并减少噪声，提升数据质量。这一策略有助于平衡模型性能与资源消耗，尤其对于情感分析或主题分类等特定任务，关注频繁出现的单词能更有效地捕捉文本内容信息。

然后构建词汇表，对数据 data 中的 text 列进行操作。apply(list)是一个 Pandas 操作，它将 text 列中的每个字符串转换为字符列表。假设每个条目是一个由空格分隔的单词字符串，这个操作用于将每个字符串分割成单词列表。

可通过 vocab.itos 或者 vocab.stoi 来查看数值和字词的映射关系。

3. 划分数据集

先创建一个字典 label_to_int，用于将原始的标签(例如，类别名称)映射到唯一的整数索引，代码如下：

```
label_to_int = {label: index for index, label in enumerate(data['label'].unique())}
data['label'] = data['label'].map(label_to_int)
train_texts, test_texts, train_labels, test_labels = train_test_split(data
['text'], data['label'], test_size=0.2)
```

代码中使用了字典推导式,enumerate 函数用于遍历 data['label']. unique()返回的唯一标签列表,并为每个标签分配一个从 0 开始的索引。

然后使用 Pandas 的 map 函数将数据帧 data 中 label 列的每个标签值替换为其对应的整数索引。这样,所有的标签都被转换成了整数,因为模型需要数值型的输入。

使用 sklearn. model_selection 模块中的 train_test_split 函数来将数据集划分为训练集和测试集。text 列被用来作为文本数据,label 列被用来作为对应的标签。test_size=0.2 参数指定了测试集应该占总数据集的 20%。结果返回 4 个变量,分别是训练文本、测试文本、训练标签和测试标签。

4. 创建 DataLoader

DataLoader 是 PyTorch 中用于加载和管理数据的关键工具,将一个 Dataset 对象包装起来,提供批量处理、数据打乱和并行加载等功能。通过设置 batch_size,可以将数据划分为小批次以供模型训练;使用 shuffle 参数,可以在每个 epoch 随机打乱数据顺序;如果设置 num_workers,则可以利用多线程加速数据加载。DataLoader 的作用是高效、便捷地在模型训练或评估过程中提供数据,使处理大型数据集变得更加容易,具体的代码如下:

```
#第 1 章/1.1 rnn.ipynb
max_length = 256
train_dataset = NewsDataset(train_texts, train_labels, vocab, max_length)
test_dataset = NewsDataset(test_texts, test_labels, vocab, max_length)
train_loader = DataLoader(dataset=train_dataset, batch_size=64, shuffle=True)
test_loader = DataLoader(dataset=test_dataset, batch_size=64, shuffle=False)
```

max_length 为 256,用于指定在处理文本数据时每个文本序列(例如句子或段落)的最大长度。如果文本长度超过这个值,则它将被截断;如果长度不足,则它将被填充以达到这个长度。

接下来创建了训练数据集和测试数据集,使用 PyTorch 的 DataLoader 类创建数据加载器,batch_size=64 用于将每个批次的大小指定为 64,训练数据中设置 shuffle=True 表示在每个 epoch 开始时数据将被随机打乱,有助于模型学习。

5. 定义模型

根据 RNN 的原理,使用 PyTorch 来实现其网络结构,完整的实现代码如下:

```
#第 1 章/1.1 rnn.ipynb
class RNN(nn.Module):
    def __init__(self, vocab_size, embedding_dim, hidden_dim, output_dim, n_
layers, bidirectional, dropout):
```

```
        super().__init__()
        #初始化函数,接收模型参数作为输入
        #调用父类 nn.Module 的 __init__() 方法

        self.embedding = nn.Embedding(vocab_size, embedding_dim)
        #创建一个嵌入层,用于将单词的索引转换为密集的向量表示

        self.rnn = nn.RNN(embedding_dim, hidden_dim, num_layers=n_layers,
bidirectional=bidirectional, dropout=dropout, batch_first=True)
        #创建一个 RNN 层,num_layers 用于指定层数,bidirectional 用于指定是否使用双向
        #RNN,DropOut 用于指定 DropOut 比率,batch_first 用于指定输入数据的维度顺序

        self.fc = nn.Linear(hidden_dim * 2 if bidirectional else hidden_dim,
output_dim)
        #创建一个全连接层,如果使用双向 RNN,则输入维度是 hidden_dim * 2,否则是 hidden_
        #dim。输出维度是 output_dim,即分类任务的类别数

        self.dropout = nn.Dropout(dropout)
        #创建一个 DropOut 层,用于防止过拟合

    def forward(self, text):
        #定义前向传播函数
        embedded = self.dropout(self.embedding(text))
        #将输入文本通过嵌入层和 DropOut 层

        output, hidden = self.rnn(embedded)
        #将嵌入后的文本输入 LSTM 层,output 是所有时间步的输出,hidden 是最后一个时间
        #步的隐藏状态,cell 是最后一个时间步的细胞状态

        if self.rnn.bidirectional:
            #如果使用双向 RNN,则将最后一个时间步的前向和后向隐藏状态拼接起来
            hidden = self.dropout(torch.cat((hidden[-2,:,:], hidden[-1,:,:]),
dim=1))
        else:
            #如果使用单向 RNN,则直接使用最后一个时间步的隐藏状态
            hidden = self.dropout(hidden[-1,:,:])

        return self.fc(hidden)
        #将处理后的隐藏状态输入全连接层,并返回输出
```

为了方便对代码进行理解,在上面的模型定义中给出了详细的注解,下面对模型数据流的流向进行详细解释。

1) 输入数据结构

首先使用数据加载器取出一个批次的数据,具体的代码如下:

```
#检查数据加载器
next(iter(train_loader))
```

```
#输出结果
[tensor([[ 1, 9222, 177, ..., 3, 9226, 2],
        [ 1, 722, 3, ..., 0, 0, 0],
        [ 1, 9047, 2233, ..., 1698, 143, 2],
        ...,
        [ 1, 1398, 1277, ..., 0, 0, 0],
        [ 1, 975, 7288, ..., 0, 0, 0],
        [ 1, 4421, 3620, ..., 0, 0, 0]]),
 tensor([6, 6, 3, 4, 2, 5, 9, 6, 0, 6, 8, 4, 4, 7, 7, 6, 6, 4, 8, 5, 9, 3, 0, 6,5, 2, 6, 4,
         4, 0, 2, 5, 6, 3, 1, 8, 8, 2, 8, 2, 4, 5, 4, 1, 1, 7, 4, 4,9, 2, 4, 0, 9, 8, 6, 6, 4, 0, 5,
         2, 7, 6, 5, 8])]
```

在 PyTorch 中,DataLoader 是一个可迭代的对象,它用于在训练过程中分批加载数据。调用 next(iter(train_loader))的目的是获取 DataLoader 迭代器的下一个元素,这通常是下一个数据批次,其中,iter(train_loader)用于将 train_loader 转换成一个迭代器。在 Python 语言中,迭代器是一个可以一次返回一个元素的对象,并且可以在迭代过程中保持其状态。next()是 Python 的内置函数,用于从迭代器中检索下一个元素。当第 1 次调用 next()时,它将返回迭代器的第 1 个元素。

输出结果可以看到主要是输入数据 X 和输出数据 Y 两部分,接下来再看一下数据的结构,代码如下:

```
next(iter(train_loader))[0].shape, next(iter(train_loader))[1].shape

#输出结果
(torch.Size([64, 256]), torch.Size([64]))
```

64 是设置的 batch size,256 是最大长度,目前的一个数据流有 64 个样本,也就是有 64 条数据;每条数据都被填充或者截断为包含 256 个词组的数据,这个就是输入数据的格式。

2) 模型结构

为了查看在模型定义每个步骤中数据流的 shape 变化,在定义模型结果的代码中加上 shape 的打印,具体的代码如下:

```
#第 1 章/1.1 rnn.ipynb
class RNN(nn.Module):
    def __init__(self, vocab_size, embedding_dim, hidden_dim, output_dim, n_
layers, bidirectional, dropout):
        super().__init__()
        self.embedding = nn.Embedding(vocab_size, embedding_dim)
        print("self.embedding: ",self.embedding)
        self.rnn = nn.RNN(embedding_dim, hidden_dim, num_layers=n_layers,
bidirectional=bidirectional, dropout=dropout, batch_first=True)
        print("self.rnn: ",self.rnn)
        self.fc = nn.Linear(hidden_dim * 2 if bidirectional else hidden_dim,
output_dim)
```

```
        print("self.fc: ",self.fc)
        self.dropout = nn.Dropout(dropout)

    def forward(self, text):
        #print(self.embedding(text).shape)
        embedded = self.dropout(self.embedding(text))
    print("embedded: ",embedded.shape)
        print("embedded: ",embedded)
        output, hidden = self.rnn(embedded)
        print("output: ",output.shape)
        print("hidden: ",hidden.shape)
        if self.rnn.bidirectional:
            hidden = self.dropout(torch.cat((hidden[-2,:,:], hidden[-1,:,:]),
dim=1))
        else:
            hidden = self.dropout(hidden[-1,:,:])

        print("hidden.shape: ",hidden.shape)
        return self.fc(hidden)
```

在每个数据流节点打印数据的形状,查看数据变化情况。

3) 超参数定义

超参数(Hyperparameters)是指在机器学习和深度学习模型中需要在训练开始前手动设置的参数,而不是通过训练数据自动学习得到的参数。这些参数控制着模型的学习过程和模型的复杂度,对模型的性能有着直接的影响。超参数的定义代码如下:

```
vocab_size = len(vocab.stoi)
embedding_dim = 100
hidden_dim = 256
output_dim = len(label_to_int)
n_layers = 2
bidirectional = False
dropout = 0.5
```

(1) vocab_size:词汇表大小,即模型可以识别的唯一词汇数量。通过计算词汇表中 stoi 字典的长度得到。

(2) embedding_dim:嵌入层维度,表示将每个单词映射为 100 维的向量,其目的是将词汇表示为向量以便模型理解。

(3) hidden_dim:RNN 隐藏层的维度,每个 RNN 单元的隐藏状态是一个 256 维的向量,决定了模型的记忆和学习能力。

(4) output_dim:输出层的维度,通常与数据集中类别的数量相等,用于生成最终预测的类别。

(5) n_layers:RNN 层数,决定模型的深度,设为 2 表示采用两层 RNN。

(6) bidirectional:是否使用双向 RNN,这里为 False,表示只使用单向 RNN。

(7) dropout：dropout 概率，值为 0.5，用于防止过拟合，通过在每个 RNN 层之间随机丢弃 50%的神经元实现。

4) 模型实例化

根据定义的超参数，对模型进行实例化后代码如下：

```
model = RNN(vocab_size, embedding_dim, hidden_dim, output_dim, n_layers,
bidirectional, dropout)

#输出结果
self.embedding: Embedding(2970, 100)
self.rnn: RNN(100, 256, num_layers=2, batch_first=True, dropout=0.5)
self.fc: Linear(in_features=256, out_features=10, bias=True)
```

(1) 嵌入层 nn.Embedding(2970,100)：嵌入层用于将单词索引转换为密集向量表示。词汇表的大小为 2970，表示有 2970 个词汇，每个词汇被表示为一个 100 维的向量。

嵌入层的主要作用是将单词的索引(在 vocab 中创建的字典)映射到一个向量空间中。最终，每条记录中的词汇将被转换为 256×100 的向量矩阵，方便后续 RNN 层处理。

(2) 循环神经网络层 RNN(100,256,num_layers=2,batch_first=True,DropOut=0.5)：RNN 是模型的核心部分。

embedding_dim = 100：输入维度，即每个单词的向量表示。

hidden_dim = 256：隐藏层的神经元数量，决定了 RNN 模型学习的复杂度。

num_layers = 2：模型包含两层 RNN，能够学习更深层次的特征。

bidirectional：指定是否使用双向 RNN。如果设置为 True，则 RNN 以从前往后和从后往前两个方向同时学习上下文特征。在双向情况下，隐藏层的维度会加倍(256×2)。

batch_first=True：表示输入数据的第 1 个维度是 batch_size，输入形状为(batch_size，max_length，embedding_dim)，这样便于批处理数据。

(3) 全连接层 Linear(in_features=256，out_features=10，bias=True)：Linear 将 RNN 的输出映射到最终的分类标签空间。

in_features = 256：输入维度为 256(如果是双向 RNN，则为 256×2)。

out_features = 10：输出维度为类别的数量，这里为 10 类。

5) 输出解析

加载一组样例数据进行测试，代码如下：

```
model(next(iter(train_loader))[0])

#输出结果
embedded: torch.Size([64, 256, 100])
output: torch.Size([64, 256, 256])
hidden: torch.Size([2, 64, 256])
hidden.shape: torch.Size([64, 256])
```

next(iter(train_loader))[0]从数据加载器 train_loader 中获取一个批次的输入数据。数据加载器返回的数据格式为(inputs，labels)，[0]取出的是输入部分(inputs)。model(inputs)用于将这个输入数据送入模型进行前向传播。

(1) 嵌入层输出的 embedded 是嵌入层将输入文本数据转换为嵌入表示后的结果。torch.Size([64，256，100])是嵌入层的数据维度，其中，64 表示批次大小(batch_size)，代表模型处理了 64 个样本。256 表示序列长度，每条输入样本有 256 个单词。100 是嵌入维度，表示每个单词被表示为 100 维的向量。

嵌入层的作用是将单词索引映射为稠密向量表示，这样每个样本就变成了 $64 \times 256 \times 100$ 的张量，这个张量将被传递给 RNN 层进行进一步处理。

(2) RNN 层输出的 output 是 RNN 层对嵌入数据进行处理后的结果。torch.Size([64，256，256])是 RNN 层处理后的数据维度，其中 64 是批次大小，第 1 个 256 表示序列长度，保持和输入相同。第 2 个 256 是隐藏层的维度。

这个输出张量包含了 RNN 在每个时间步上对每个单词的输出隐藏状态，即图 1-2 中 $O_{t-1}, O_t, O_{t+1}, O_{t+2}$ 的所有输出的结合，因此 output 包含了序列中每个单词经过 RNN 处理后的表示。

(3) RNN 的最终隐藏状态 hidden 是 RNN 层的最终隐藏状态，torch.Size([2，64，256])是输出的数据维度。2 表示 RNN 的层数，这里有 2 层隐藏层。64 是批次大小。256 表示隐藏层的维度。

这个张量保存了每层 RNN 对每个样本的最后一个时间步的隐藏状态，图 1-2 中的最后一种状态的输出 O_{t+2}。如果是双向 RNN，hidden 的第一维将是 2 * num_layers，则代表前向和后向的隐藏状态。

(4) 最后经过处理后的隐藏状态被拼接或提取，从而形成一个新的张量，这个张量被送入全连接层进行分类。torch.Size([64，256])中，64 是批次大小。256 表示隐藏层维度。这里对最后一层的前向和后向状态进行拼接，或者直接提取最后一个层的隐藏状态。

如果使用的是双向 RNN，则前向和后向的最后一个时间步的隐藏状态会被拼接起来，因此维度加倍。如果是单向 RNN，则直接提取最后一个隐藏状态。经过拼接或提取后的 hidden 被传递到全连接层进行最终输出。

6. 模型训练

定义好模型后，开始模型的训练过程。

1) 模型配置

在开始模型训练之前，需要先配置优化器、损失函数和计算设备等关键要素。这些配置将直接影响模型的训练效率和效果，具体的代码如下：

```
optimizer = optim.Adam(model.parameters())
criterion = nn.CrossEntropyLoss()
device = torch.device('cuda' if torch.cuda.is_available() else 'cpu')
model = model.to(device)
criterion = criterion.to(device)
```

（1）optim. Adam：定义使用 Adam 优化器来更新模型的参数。Adam 是一种自适应学习率的优化算法,通常在训练神经网络时表现较好。model. parameters()用于将模型中的所有参数传递给优化器,以便在训练中根据梯度更新这些参数。

（2）nn. CrossEntropyLoss()：定义交叉熵损失函数,该损失函数会比较模型输出的类别概率与真实标签之间的差异,帮助指导模型训练,以减小这个差异。交叉熵损失函数结合了 LogSoftmax 和 NLLLoss,适合处理多分类任务。

（3）torch. device()：用于定义计算设备。如果 CUDA 可用(有 GPU 并且 GPU 上安装了 CUDA),就选择 CUDA,否则选择 CPU。这样可以使代码在 GPU 和 CPU 上灵活运行,如果 GPU 不可用,则自动使用 CPU。

（4）model. to(device)：将模型迁移到所选的设备(CPU/GPU)上。如果设备是 GPU,则模型的所有参数都会被移动到 GPU 中进行加速度计算。这样可以充分地利用 GPU 的并行计算能力,加快模型训练速度。

（5）criterion. to(device)：将损失函数也迁移到相同的设备上。

注意：在训练过程中,损失函数和模型参数都必须在同一设备上,这样可以避免跨设备计算,从而提高计算效率。

2）定义训练函数和评估函数

在配置好模型和优化器之后,还需要定义训练函数和评估函数,以控制模型的训练流程并评估其性能,代码如下：

```
#第 1 章/1.1 rnn.ipynb
def train(model, iterator, optimizer, criterion):
    model.train()
    epoch_loss = 0
    epoch_acc = 0

    for batch in iterator:
        optimizer.zero_grad()
        predictions = model(batch[0].to(device))
        loss = criterion(predictions, batch[1].to(device))
        loss.backward()
        optimizer.step()

        epoch_loss += loss.item()
        #计算准确率
        _, preds = torch.max(predictions, dim=1)
        epoch_acc += torch.sum(preds == batch[1].to(device)).item()

    return epoch_loss / len(iterator), epoch_acc / len(iterator.dataset)

def evaluate(model, iterator, criterion):
    model.eval()
```

```
        epoch_loss = 0
        epoch_acc = 0

        with torch.no_grad():
            for batch in iterator:
                predictions = model(batch[0].to(device))
                loss = criterion(predictions, batch[1].to(device))
                epoch_loss += loss.item()
                #计算准确率
                _, preds = torch.max(predictions, dim=1)
                epoch_acc += torch.sum(preds == batch[1].to(device)).item()

        return epoch_loss / len(iterator), epoch_acc / len(iterator.dataset)
```

上面的代码定义了 train 和 evaluate 两个函数,用于 PyTorch 中对模型进行训练和评估。

在 train 函数中,定义了训练模型参数,具体解释如下。

(1) model. train():将模型设置为训练模式。这会启用一些只有在训练时才会用到的机制,例如 DropOut 和 Batch Normalization。

(2) epoch_loss 和 epoch_acc:初始化每个 epoch 的总损失和准确率,这些变量在每个 epoch 的开始处置零。

(3) for batch in iterator:遍历数据集中的每个 batch。iterator 是一个数据加载器,将整个数据集划分成更小的批次,用于更高效地进行训练。

(4) optimizer. zero_grad():清空之前计算的梯度,以防止梯度累积。

(5) predictions = model(batch[0]. to(device)):将 batch 中的输入数据(batch[0])传入模型,计算出预测值。使用 to(device)确保数据在 GPU(或 CPU)上正确运行。

(6) loss = criterion(predictions,batch[1]. to(device)):使用损失函数(criterion)计算模型的预测值和实际值(标签)之间的误差。

(7) loss. backward():反向传播计算梯度。

(8) optimizer. step():使用计算得到的梯度更新模型的参数。

(9) epoch_loss += loss. item():累加当前 batch 的损失值。

(10) 计算准确率:使用 torch. sum(preds == batch[1]. to(device))比较预测标签与真实标签,统计匹配的数量。item()将张量的值提取为普通的 Python 数值,方便进一步计算。

(11) 最后返回整个 epoch 的平均损失和平均准确率。损失使用批次数进行平均,而准确率则使用整个数据集进行平均。

evaluate 函数用于在验证集上评估模型性能,以便观察模型的泛化能力。

(1) model. eval:将模型设置为评估模式会关闭 DropOut 等只在训练时使用的机制,使评估过程更一致、更稳定。

(2) with torch. no_grad():在评估模式下,关闭梯度计算以节省内存和加速度计算,因为评估时不需要反向传播。

其余部分与 train 函数类似,遍历验证集中的每个 batch,计算预测值、损失和准确率。

3) 开始训练

在定义完训练和评估函数后,就可以正式开始训练模型了,具体的代码如下:

```
num_epochs = 20
for epoch in range(num_epochs):
    train_loss, train_acc = train(model, train_loader, optimizer, criterion)
    valid_loss, valid_acc = evaluate(model, test_loader, criterion)

    print(f'Epoch: {epoch+1}, Train Loss: {train_loss:.4f}, Train Acc: {train_
acc:.4f}, Val. Loss: {valid_loss:.4f}, Val. Acc: {valid_acc:.4f}')
```

num_epochs = 20 用于将要进行的训练轮次设定为 20,也就是说模型将遍历整个训练数据集 20 次。

每个 epoch 完成后,输出相应的训练损失、训练准确率、验证损失和验证准确率,以此来了解模型的训练进展,训练输出的结果如下:

```
Epoch: 1, Train Loss: 2.3643, Train Acc: 0.1313, Val. Loss: 2.0167, Val. Acc:
0.3650
Epoch: 2, Train Loss: 2.1719, Train Acc: 0.2200, Val. Loss: 1.8456, Val. Acc:
0.4500
Epoch: 3, Train Loss: 2.0552, Train Acc: 0.2687, Val. Loss: 1.7641, Val. Acc:
0.4850
Epoch: 4, Train Loss: 1.9454, Train Acc: 0.2988, Val. Loss: 1.6830, Val. Acc:
0.4800
Epoch: 5, Train Loss: 1.8321, Train Acc: 0.3750, Val. Loss: 1.5754, Val. Acc:
0.5050
Epoch: 6, Train Loss: 1.7674, Train Acc: 0.3725, Val. Loss: 1.5361, Val. Acc:
0.5200
Epoch: 7, Train Loss: 1.6132, Train Acc: 0.4462, Val. Loss: 1.4563, Val. Acc:
0.5450
Epoch: 8, Train Loss: 1.5182, Train Acc: 0.4900, Val. Loss: 1.8697, Val. Acc:
0.4250
Epoch: 9, Train Loss: 1.4809, Train Acc: 0.5000, Val. Loss: 1.2934, Val. Acc:
0.5750
Epoch: 10, Train Loss: 1.3723, Train Acc: 0.5413, Val. Loss: 1.3452, Val. Acc:
0.5250
Epoch: 11, Train Loss: 1.2773, Train Acc: 0.5425, Val. Loss: 1.3153, Val. Acc:
0.5700
Epoch: 12, Train Loss: 1.2564, Train Acc: 0.5763, Val. Loss: 1.3791, Val. Acc:
0.5800
Epoch: 13, Train Loss: 1.2348, Train Acc: 0.5737, Val. Loss: 1.4091, Val. Acc:
0.5800
Epoch: 14, Train Loss: 1.1417, Train Acc: 0.6262, Val. Loss: 1.6513, Val. Acc:
0.5150
```

```
Epoch: 15, Train Loss: 1.0996, Train Acc: 0.6262, Val. Loss: 1.2431, Val. Acc:
0.5550
Epoch: 16, Train Loss: 1.0264, Train Acc: 0.6637, Val. Loss: 1.4371, Val. Acc:
0.5450
Epoch: 17, Train Loss: 0.9708, Train Acc: 0.6837, Val. Loss: 1.6312, Val. Acc:
0.5600
Epoch: 18, Train Loss: 0.9617, Train Acc: 0.6775, Val. Loss: 1.2336, Val. Acc:
0.5950
Epoch: 19, Train Loss: 0.8966, Train Acc: 0.7087, Val. Loss: 1.2599, Val. Acc:
0.5600
Epoch: 20, Train Loss: 0.9178, Train Acc: 0.6900, Val. Loss: 1.1934, Val. Acc:
0.6500
```

在这 20 个 epoch 中,模型的训练损失逐渐降低,训练准确率稳步提升,显示出模型具有在训练集上不断优化的趋势;同时,验证准确率也从 0.3650 提高到 0.6500,表明模型在验证集上的表现有所改善。验证损失在部分 epoch 中有一定波动,表明可能存在过拟合现象,但总体来看,模型的泛化能力在不断提升,验证集表现的改善是积极的。

1.1.3　RNN 的问题与挑战

现在一般提到 RNN 总有两个话题是绕不开的,那就是梯度消失和梯度爆炸,然而到底什么是梯度消失和梯度爆炸呢?

1. 梯度消失和梯度爆炸

梯度消失(Vanishing Gradients)发生在神经网络的反向传播阶段,每层的梯度是其前一层的梯度和当前层激活函数梯度的乘积。当激活函数的导数小于 1 时,例如 Sigmoid 或 tanh 函数,经过多层网络的连乘后,梯度值可能呈指数级下降。这导致深层网络的权重更新变得极其缓慢,几乎停滞,从而影响了网络的学习能力,将这种现象称为梯度消失。

梯度爆炸(Exploding Gradients)与梯度消失相反,如果网络中的梯度值在反向传播过程中呈指数级增长,就会发生梯度爆炸。这通常是由于网络权重初始化过大或网络架构设计不当所导致的。梯度爆炸会导致网络权重的大幅更新,使学习过程变得不稳定,难以收敛。

在 RNN 中,梯度消失和梯度爆炸问题尤为严重,因为 RNN 的反向传播是通过时间反向传播(Backpropagation Through Time,BPTT)进行的,这与传统的反向传播有显著差异。下面用公式来推导一下,RNN 的梯度消失和梯度爆炸产生的原因。

2. 原理解析

下面使用公式来研究 RNN 的梯度消失和梯度爆炸产生的原因。

1)基本公式

传统的神经网络公式可以表示:

$$h = f(W_{in}X + b) \tag{1-1}$$

在式(1-1)中,W_{in} 表示输入层与隐藏层之间的权重矩阵。

对于 RNN 除了 X,还有上一个隐藏层的输出状态 h_{t-1},所以其公式表示应为

$$h_t = f(\boldsymbol{W}_{\text{in}} \boldsymbol{X}_t + \boldsymbol{W}_h h_{t-1} + \boldsymbol{b}) \tag{1-2}$$

在式(1-2)中，$\boldsymbol{W}_h$ 表示隐藏层与隐藏层之间的权重矩阵。

2) 损失函数

定义损失函数为 $L(\hat{y}, y)$：

$$L(\hat{y}, y) = L(\boldsymbol{W}_y h_t, y)$$

$$= L(\boldsymbol{W}_y f(\boldsymbol{W}_{\text{in}} \boldsymbol{X}_t + \boldsymbol{W}_h h_{t-1} + \boldsymbol{b}), y) \tag{1-3}$$

在式(1-3)中，$\hat{y}$ 为输出的预测标签，$\hat{y} = \boldsymbol{W}_y h_t$，其中 $\boldsymbol{W}_y$ 为隐藏层与输出层之间的权重矩阵，y 为真实标签。

3) 链式法则

当要求导时，需要根据链式法则进行展开，这里需要求解的有 3 个矩阵，分别是 $\boldsymbol{W}_{\text{in}}$、$\boldsymbol{W}_h$ 和 $\boldsymbol{W}_y$，因为这里只有 $\boldsymbol{W}_h$ 与梯度消失和梯度爆炸有关，所以这里只展开对 $\boldsymbol{W}_h$ 的求导。

$$\frac{\partial L_t}{\partial \boldsymbol{W}_h} = \frac{\partial L_t}{\partial \hat{y}_t} \frac{\partial \hat{y}_t}{\partial h_t} \frac{\partial h_t}{\partial \boldsymbol{W}_h} \tag{1-4}$$

在式(1-4)中，可以看到，h_t 是一个复合函数，不仅有 $\boldsymbol{W}_h$ 作为自变量，它还有 h_{t-1}，而 $h_t = f(\boldsymbol{W}_{\text{in}} \boldsymbol{X}_t + \boldsymbol{W}_h h_{t-1} + \boldsymbol{b})$，本身又是 $\boldsymbol{W}_h$ 作为自变量的函数，所以上面的公式又可以写为

$$\frac{\partial L_t}{\partial \boldsymbol{W}_h} = \frac{\partial L_t}{\partial \hat{y}_t} \frac{\partial \hat{y}_t}{\partial h_t} \frac{\partial h_t}{\partial h_{t-1}} \frac{\partial h_{t-1}}{\partial \boldsymbol{W}_h} \tag{1-5}$$

同样 $h_{t-1} = f(\boldsymbol{W}_{\text{in}} X_{t-1} + \boldsymbol{W}_h h_{t-2} + \boldsymbol{b})$，当然 h_{t-2} 也可以继续分解，所以可以将嵌套函数无止境地拆解下去，直到拆到 $h_1 = f(\boldsymbol{W}_{\text{in}} X_1 + \boldsymbol{W}_h h_0 + \boldsymbol{b})$ 为止。当嵌套了 t 层时，公式就可以写成：

$$\frac{\partial L_t}{\partial \boldsymbol{W}_h} = \frac{\partial L_t}{\partial \hat{y}_t} \frac{\partial \hat{y}_t}{\partial h_t} \frac{\partial h_t}{\partial h_{t-1}} \frac{\partial h_{t-1}}{\partial h_{t-2}} \cdots \frac{\partial h_2}{\partial h_1} \frac{\partial h_1}{\partial \boldsymbol{W}_h} \tag{1-6}$$

此时在式(1-6)中，许多偏导数的求解就变得非常简单了，因为 $\hat{y} = \boldsymbol{W}_y h_t$，所以 $\frac{\partial \hat{y}_t}{\partial h_t} = \boldsymbol{W}_y$；$h_t = f(\boldsymbol{W}_{\text{in}} \boldsymbol{X}_t + \boldsymbol{W}_h h_{t-1} + \boldsymbol{b})$，所以 $\frac{\partial h_t}{\partial h_{t-1}} = \boldsymbol{W}_h$；$h_1 = f(\boldsymbol{W}_{\text{in}} \boldsymbol{X}_1 + \boldsymbol{W}_h h_0 + \boldsymbol{b})$，$\frac{\partial h_1}{\partial \boldsymbol{W}_h} = h_0$。最终的表达式：

$$\frac{\partial L_t}{\partial \boldsymbol{W}_h} = \frac{\partial L_t}{\partial \hat{y}_t} \frac{\partial \hat{y}_t}{\partial h_t} \frac{\partial h_t}{\partial h_{t-1}} \frac{\partial h_{t-1}}{\partial h_{t-2}} \cdots \frac{\partial h_2}{\partial h_1} \frac{\partial h_1}{\partial \boldsymbol{W}_h}$$

$$= \frac{\partial L_t}{\partial \hat{y}_t} \boldsymbol{W}_y \boldsymbol{W}_h \boldsymbol{W}_h \cdots \boldsymbol{W}_h h_0$$

$$= \frac{\partial L_t}{\partial \hat{y}_t} \boldsymbol{W}_y (\boldsymbol{W}_h)^{t-1} h_0 \tag{1-7}$$

根据求导公式(1-7)的最后结果可以看到，上面有一个 $(\boldsymbol{W}_h)^{t-1}$ 的高次项，这个高次项

就是 RNN 非常容易出现梯度爆炸和梯度消失的根源所在。当 $\boldsymbol{W}_h$ 的谱范数小于 1 时，$\boldsymbol{W}_h$ 的 $t-1$ 次方就是一个接近于 0 的数值，就会导致在反向传播中发生梯度消失，而当 $\boldsymbol{W}_h$ 的谱范数大于 1 时，$\boldsymbol{W}_h$ 的 $t-1$ 次方就是一个接近于无穷的数值，就会导致在反向传播中引发梯度爆炸。

在普通的深度神经网络中，在应用链式法则后，也会面临复合函数梯度连乘的问题，但由于普通神经网络中并不存在同一个 $\boldsymbol{W}_h$ "权值共享" 的现象，因此每个偏导数的表达式求解出的值大多是不一致的，在连乘时有的偏导数值较大、有的偏导数值较小，相比之下就不容易发生梯度爆炸或梯度消失问题了。

1.1.4 LSTM 原理

前面讲解了 RNN 的基本原理，可以发现 RNN 是一个比较简单的神经网络结构，虽然为文本和时间序列的建模提供了一个很好的思路，但是也有一定的局限性。最直观的局限性就是前面提到的梯度消失和梯度爆炸的问题。

为了能够解决上述 RNN 的问题，一种新的网络 LSTM，即长短期记忆网络由 Hochreiter 和 Schmidhuber 在 1997 年首次提出。这是一种特殊的递归神经网络，它能够学习长期依赖信息，旨在解决传统 RNN 在处理长序列数据时遇到的梯度消失和梯度爆炸问题。

LSTM 解决上述问题的方式是加入一个新的单元，称为细胞 $\boldsymbol{C}$，如图 1-5 所示，LSTM 通过 3 个门单元，即遗忘门、输入门和输出门来在每个时刻更新细胞 $\boldsymbol{C}$ 的状态，如图 1-6 所示，模型的信息同时分为长期记忆和短期记忆来进行存储和更新，下面来看一下细胞 $\boldsymbol{C}$ 是如何进行更新的。

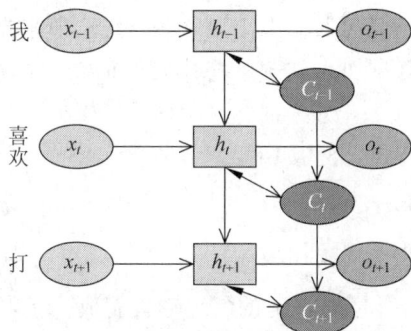

图 1-5 LSTM 全局网络结构

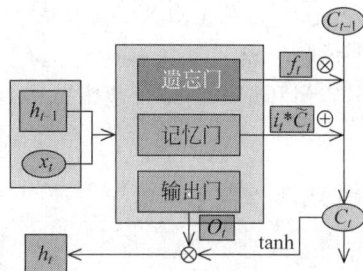

图 1-6 LSTM 门单元

1. 遗忘门

遗忘门根据前面时刻的内容 h_{t-1} 和当前时间点的输入 x_t 决定了哪些信息应该从细胞状态中丢弃或保留。

$$f_t = \sigma(\boldsymbol{W}_f[h_{t-1}, x_t] + \boldsymbol{b}_f) \tag{1-8}$$

式(1-8)中，f_t 是遗忘门的输出，σ 是 Sigmoid 函数，$\boldsymbol{W}_f$ 和 $\boldsymbol{b}_f$ 是权重矩阵和偏置向量。Sigmoid 函数的取值在 $[0,1]$ 之间，矩阵元素相乘时会抹掉那些取值为 0 的元素，相当于选

择性地遗忘了部分记忆(具体哪些需要进行选择遗忘就是模型训练的目标),这个就被称为Forget Gate,即遗忘门,就像一个阀门一样过滤重要特征,忽略无关信息。

2. 输入门

输入门,也称为记忆门,控制着新的候选值,根据前面时刻的内容和当前时间点的输入决定哪些信息应该需要记忆并传递到后面的时刻。这些记忆内容将被添加到细胞状态中。它由两部分组成:一个使用 Sigmoid 函数决定哪些值要记忆并更新细胞状态,一个使用tanh 函数创建候选值。

1) 需要记忆的部分权重

根据前面时刻的内容和当前时间点的输入进行分析,对需要记忆的内容进行保留,公式如下:

$$i_t = \sigma(\boldsymbol{W}_i[h_{t-1}, x_t] + \boldsymbol{b}_i) \tag{1-9}$$

其中,i_t 是输入门的输出,Sigmoid 函数会把 i_t 的结果映射到 $[0,1]$ 之间,它决定了哪些候选值将被更新到细胞状态中,$\boldsymbol{W}_i$ 和 $\boldsymbol{b}_i$ 是权重矩阵和偏置向量。

2) 候选值列表

结合前面时刻的内容和当前时间点的输入信息,tanh 函数的输出范围在 -1 到 1,表示每个特征的加权信号经过激活后的值,公式为

$$\widetilde{\boldsymbol{C}}_t = \tanh(\boldsymbol{W}_c[h_{t-1}, x_t] + \boldsymbol{b}_c) \tag{1-10}$$

其中,$\widetilde{\boldsymbol{C}}_t$ 是候选值,$\boldsymbol{W}_c$ 和 $\boldsymbol{b}_c$ 是权重矩阵和偏置向量。

3) 结合

将式(1-9)和式(1-10)结合起来,$i_t \widetilde{\boldsymbol{C}}_t$ 就得到记忆门的输出结果,$\widetilde{\boldsymbol{C}}_t$ 的候选值根据对应的 i_t 进行更新,这个过程确保了只有相关信息才会被加入细胞状态中,从而有助于网络学习长期依赖关系。

遗忘门和记忆门结合起来就得到了长期记忆公式,公式如下:

$$\boldsymbol{C}_t = f_t \boldsymbol{C}_{t-1} + i_t \widetilde{\boldsymbol{C}}_t \tag{1-11}$$

遗忘门根据得到的需要遗弃的信息乘以上一时刻得到的 $\boldsymbol{C}_{t-1}$,这样就会将 $\boldsymbol{C}_{t-1}$ 中不重要的信息遗忘;$i_t \widetilde{\boldsymbol{C}}_t$ 将需要记忆的信息加入上一时刻得到的 $\boldsymbol{C}_{t-1}$ 中,完成当前状态的更新。因为 $\boldsymbol{C}_t$ 是根据 $\boldsymbol{C}_{t-1}$ 的内容和当前的信息进行更新的,而 $\boldsymbol{C}_{t-1}$ 是来自 $\boldsymbol{C}_{t-2}$ 的,也就是这个细胞是在整个时间步上持续迭代的,所以会记住长期的信息。

3. 输出门

输出门负责的是短期记忆,决定下一个隐藏状态应该是什么。隐藏状态是基于细胞状态的,但它是经过筛选和放大的结果,公式如下:

$$o_t = \sigma(\boldsymbol{W}_o[h_{t-1}, x_t] + \boldsymbol{b}_o) \tag{1-12}$$

其中,o_t 是输出门的输出,$\boldsymbol{W}_o$ 和 $\boldsymbol{b}_o$ 是权重矩阵和偏置向量,结果是一个介于 0 和 1 之间的向量。最终的输出结果如下:

$$h_t = o_t \tanh(\boldsymbol{C}_t) \tag{1-13}$$

其中，h_t 是当前时间步的隐藏状态，它通过与细胞状态的元素乘法来决定哪些信息应该被包含在隐藏状态中，也就是说 h_t 其实是对 $\boldsymbol{C}_t$ 信息的过滤，而没有来自 h_{t-1} 的信息，因为 o_t 最终是 0 和 1 之间的值。

这意味着，输出门的目的是决定哪些信息应该从细胞状态 $\boldsymbol{C}_t$ 中提取出来，用于生成当前时间步的隐藏状态 h_t，因为隐藏状态 h_t 会作为下一个时刻的输入，主要影响下一个时间步的计算，所以输出门主要负责短期记忆。

4. 相对于 RNN 的改善

在 LSTM 的网络架构中加入了门单元后，在一定程度上避免了梯度爆炸和梯度消失问题，同时这些门单元也导致 LSTM 在反向传播中需要求导的参数有很多，以遗忘门的 f_t（式(1-8)）为例来看一下其反向传播的分解公式。

f_t 中 $\boldsymbol{W}_f$ 的求导公式为 $\dfrac{\partial L_t}{\partial \boldsymbol{W}_i} = \dfrac{\partial L_t}{\partial \hat{y}_t} \dfrac{\partial \hat{y}_t}{\partial h_t} \dfrac{\partial h_t}{\partial \boldsymbol{C}_t} \dfrac{\partial \boldsymbol{C}_t}{\partial f_t} \dfrac{\partial f_t}{\partial \boldsymbol{W}_f}$，由于 f_t 中又有 h_{t-1}，所以需要对其展开，把最终的展开式展开就是：

$$
\begin{aligned}
\frac{\partial L_t}{\partial \boldsymbol{W}_f} &= \frac{\partial L_t}{\partial \hat{y}_t} \frac{\partial \hat{y}_t}{\partial h_t} \frac{\partial h_t}{\partial \boldsymbol{C}_t} \frac{\partial \boldsymbol{C}_t}{\partial f_t} \frac{\partial f_t}{\partial \boldsymbol{W}_f} \\
&= \frac{\partial L_t}{\partial \hat{y}_t} \frac{\partial \hat{y}_t}{\partial h_t} \frac{\partial h_t}{\partial \boldsymbol{C}_t} \left[\frac{\partial \boldsymbol{C}_t}{\partial \boldsymbol{C}_{t-1}} \frac{\partial \boldsymbol{C}_{t-1}}{\partial \boldsymbol{C}_{t-2}} \cdots \frac{\partial \boldsymbol{C}_2}{\partial \boldsymbol{C}_1} \right] \frac{\partial \boldsymbol{C}_1}{\partial f_1} \frac{\partial f_1}{\partial \boldsymbol{W}_f} \\
&= \frac{\partial L_t}{\partial \hat{y}_t} \frac{\partial \hat{y}_t}{\partial h_t} \frac{\partial h_t}{\partial \boldsymbol{C}_t} \left[f_t f_{t-1} \cdots f_1 \right] \frac{\partial \boldsymbol{C}_1}{\partial f_1} \frac{\partial f_1}{\partial \boldsymbol{W}_f}
\end{aligned}
\tag{1-14}
$$

对于每个 $f_t = \sigma(\boldsymbol{W}_f [h_{t-1}, x_t] + b_f)$，由于经过 Sigmoid 函数后都会映射到一个 $(0,1)$ 的范围中，所以 LSTM 基本上是不会出现梯度爆炸的；LSTM 会不会出现梯度消失呢？对于当前的时刻，如果长期记忆比较依赖于历史信息，f_t 就会接近于 1，这时历史的梯度信息不容易消失；如果 f_t 很接近于 0，则说明目前的长期记忆不依赖于历史信息，当前的梯度消失也不会影响模型，但是当一个序列很长时，所有的 f_t 都是小于 1 的，也会有出现梯度消失的风险，但是相对于 RNN 的同一个小于 1 的高次项其梯度消失的风险会小很多。

1.1.5 LSTM 代码实践

本节介绍使用 PyTorch 来实现 LSTM 的新闻分类模型，主要包括数据处理和模型构建的关键步骤。

首先，通过导入必要的库（例如 pandas、torch、torch.nn、torch.optim）来搭建训练环境。随后，从 CSV 导入文件，然后使用 sklearn 的 train_test_split 函数将数据集划分为训练集和测试集，确保模型在未见过的数据上具有良好的泛化能力。

接下来，定义一个文本清洗和分词函数，用于去除文本中的特殊字符和数字，并利用 jieba 库进行中文分词。

随后,使用 CountVectorizer 获取词汇表,并利用 gensim 的 Word2Vec 训练 Word2Vec 模型,从而将文本数据转换为向量形式。在此基础上,对 Word2Vec 模型进行保存和加载,以便在后续分析中使用。

最后,定义一个基于 LSTM 的深度学习模型,并通过 DataLoader 将数据输入模型中。经过一系列的超参数设置和模型训练过程,最终得到一个能够有效分类新闻文本的模型。

1. 数据加载

本节还是使用1.1.2节中的开源的新闻数据集进行实践演练,导入数据的代码如下:

```
import pandas as pd
data_path = './news.csv'      #更新为正确的路径
data = pd.read_csv(data_path)
```

2. 数据处理

首先将数据划分成训练集和测试集,代码如下:

```
from sklearn.model_selection import train_test_split

#划分数据集
X_train, X_test, y_train, y_test = train_test_split(data['text'], data['label'],
test_size=0.2)

X_train.shape, X_test.shape

#输出结果
((800,), (200,))
```

训练集为 800 条记录,测试集为 200 条记录。

本节中使用结巴(jieba)分词器进行分词,分词指的是将一段连续的文本切分成独立的单词或词组的过程,代码如下:

```
#第 1 章/1.1 lstm.ipynb
import jieba
import re

#文本清洗和分词函数
def clean_and_cut(text):
    #删除特殊字符和数字
    text = re.sub(r'[^a-zA-Z\u4e00-\u9fff]', '', text)
    #使用 jieba 进行分词
    words = jieba.cut(text)
    return ' '.join(words)
```

(1) 首先使用正则表达式清洗文本,删除所有不是字母 a~z、A~Z 或中文字符 (\u4e00-\u9fff)的内容。re.sub()函数将所有符合模式的字符替换为空字符串。最终去除数字、特殊字符和标点符号,只保留中文和英文字母。

（2）jieba. cut（）会将输入的中文字符串分割为一系列词语,使用' '. join（words）将分词后的词语用空格连接成一个字符串,并返回。

注意：在英文中,单词之间用空格作为分隔符,但在中文中,句子中的每个字符都是连续的,分词的目的是找到有意义的词语单位。

将函数应用到训练集和测试集,代码如下：

```
X_train_cut = X_train.apply(clean_and_cut)
X_test_cut = X_test.apply(clean_and_cut)
```

显示处理后的文本,代码如下：

```
X_train_cut.head()

#输出结果
110    选择 货基为 你 钱包 加油 汇添富 基金 新年伊始 不少 人 都 领到 了 一笔 ...
51     时代广场 理光 R 复古 外观 显示 别样 感觉 作者 中关村 在线 中关村 在线 天津站 ...
810    三国 卡丁车 评测 游戏 名称 三国 卡丁车 游戏 背景 三国 时期 游戏 开发 ICETE...
Name: text, dtype: object
```

将清洗和分词函数应用到整个训练集和测试集的文本,生成处理后的数据。

3. 向量化处理

本节使用 gensim 库里面的 Word2Vec 创建 embedding。

1）导入库

在首次使用时需要在终端运行 pip install gensim 进行安装,导入代码如下：

```
from gensim.models import Word2Vec
from sklearn.feature_extraction.text import CountVectorizer
```

2）使用 CountVectorizer 获取词汇表

为了从文本数据中提取词汇表,需要使用 CountVectorizer 进行训练,代码如下：

```
vectorizer = CountVectorizer().fit(X_train_cut)
vocabulary = vectorizer.get_feature_names_out()
```

CountVectorizer（）是用于文本特征提取的工具,基于词袋模型对文本进行建模。fit（）方法的作用是学习训练集中所有单词的词汇表,通过 fit（X_train_cut）来适应训练集中的文本。

get_feature_names_out（）用于获取所有单词的词汇表,vocabulary 包含了文本中所有不重复的词语,构成了训练集的特征空间,可直接打印输出词汇表结果,代码如下：

```
vocabulary

#输出结果
array(['aaa', 'aaron', 'ab', ..., '龙骨', '龚小磊', '龚蓓'], dtype=object)
```

3) 格式转换

将分词后的文本转换为列表形式,代码如下:

```
X_train_cut_list = X_train_cut.apply(lambda x: x.split()).tolist()
X_test_cut_list = X_test_cut.apply(lambda x: x.split()).tolist()
```

使用 apply(lambda x: x. split())将每个文本字符串基于空格拆分为单词列表。tolist()将 Pandas Series 转换为 Python 列表,以便于后续进行处理。

4) 训练 Word2Vec 模型

接下来,使用 Word2Vec 模型来训练词向量。Word2Vec 能够将词汇表中的每个词映射为一个固定维度的向量,这些向量能够捕捉词与词之间的语义和上下文关系,代码如下:

```
word2vec_model = Word2Vec(sentences=X_train_cut_list + X_test_cut_list, vector_size=100, window=5, min_count=5, workers=4)
```

(1) X_train_cut_list + X_test_cut_list:使用训练集和测试集的分词结果来训练模型,将这两部分的数据合并以利用更多的信息更好地进行词向量训练。

(2) vector_size=100:将词向量的维度设置为 100,表示每个词会被转换为 100 维的向量。

(3) window=5:上下文窗口大小为 5,意味着在训练时会考虑当前词前后 5 个词的语境。这有助于捕捉词语之间的语义关系。

(4) min_count=5:只考虑出现次数大于或等于 5 的词,这样可以忽略那些不常见的噪声较多的单词。

(5) workers=4:使用 4 个线程进行并行化训练,提高训练的效率。

通过以上配置,Word2Vec 模型将学习到词汇表中各个词的向量表示。这些词向量可以作为深度学习模型的嵌入层输入,用于后续的模型训练,从而提升自然语言处理任务的性能。

5) word2vec_model 属性

在训练好 Word2Vec 模型之后,可以通过模型的属性来查看词汇表和词向量。以下是对 word2vec_model 属性的介绍和使用方法。

(1) 查看词汇表索引,代码如下:

```
word2vec_model.wv.key_to_index

#输出结果
{'的': 0, '在': 1, '了': 2, '是': 3, '和': 4, '也': 5, '有': 6, '基金': 7, '都': 8, '我': 9, '他': 10, …,  '邮报': 10139, '不约而同': 10140, '风起云涌': 10141}
```

word2vec_model. wv. key_to_index 是 Gensim Word2Vec 模型中的一个属性,用于获取模型词汇表中所有词的索引。

获取词"天气"在模型中的索引,可以使用的代码如下:

```
index = word2vec_model.wv.key_to_index.get('天气')
print(index)

#输出结果
5500
```

(2) 访问训练好的词向量数据,可以使用 word2vec_model. wv 中某个词的词向量数据,例如,获取词"健康"的词向量,代码如下:

```
word2vec_model.wv['健康']
array([-0.2478601 ,  0.22890936,  0.17752491,  0.14745367,  0.04099244,
       -0.44079936,  0.15213835,  0.6177754 , -0.11610179, -0.22873423,
       -0.08183153, -0.37294415,  0.07637198,  0.16212933, -0.04614067,
       -0.16154519, -0.08628442, -0.27256176, -0.17641833, -0.66309744,
        0.2587519 ,  0.29315722,  0.3937511 , -0.39261445, -0.12369281,
        0.08149335, -0.06680068, -0.04489405, -0.3607765 ,  0.02978901,
        0.25109577,  0.04869704,  0.14488286, -0.5078803 , -0.04952814,
        0.14323926,  0.26889977, -0.23920742, -0.15276493, -0.35191628,
       -0.14536908, -0.21624951, -0.4034996 , -0.12389327,  0.4341051 ,
       -0.09824653, -0.3075571 , -0.16746463,  0.11974149,  0.32267046,
        0.209235  , -0.422216  , -0.08768319, -0.03624889, -0.06753413,
        0.307273  ,  0.2367438 , -0.08360006, -0.25462204,  0.4141911 ,
        0.11120685,  0.11206773,  0.05423015, -0.03964369, -0.07504099,
        0.28045824,  0.03307949,  0.5026521 , -0.34166107,  0.31585518,
       -0.13577534,  0.3515861 ,  0.36598253, -0.38427007,  0.18276557,
        0.11970055,  0.01722904, -0.20293616, -0.20823503,  0.01023293,
       -0.3184249 ,  0.09424407, -0.14958446,  0.49217114, -0.13845284,
       -0.1129254 ,  0.23512116,  0.33693314,  0.2904032 ,  0.19564256,
        0.35975012, -0.02489437,  0.10195775,  0.20938776,  0.42738408,
        0.63877517,  0.31519416, -0.32127818, -0.14781253,  0.26070914],
      dtype=float32)
```

word2vec_model. wv['健康']是用来获取 Word2Vec 模型中与词汇"健康"对应的词向量的。返回的是一个高维的数值向量,通常用于表示这个词的语义信息。

(3) 查找最相似的词,可以查找与某个词最相近的词语,例如查找与"思想"最相似的前 10 个词,代码如下:

```
word2vec_model.wv.most_similar("思想", topn=10)

#输出结果
[('重视', 0.9976204633712769),
 ('结合', 0.9975181221961975),
 ('自身', 0.997404158115387),
```

```
('就业', 0.9971973299980164),
('定位', 0.9971950054168701),
('标准', 0.9971620440483093),
('合理', 0.9967249631881714),
('利润', 0.9965634942054749),
('定制', 0.9964984059333801),
('要求', 0.9964419603347778)]
```

Gensim Word2Vec 模型的 most_similar 方法用于返回与输入词最相似的几个词,并按相似度从高到低进行排序。topn 参数用于指定返回前 n 个最相似的词,在默认情况下,这种方法会返回最相似的 10 个词。

(4) 评估两个词的相似程度,可以使用模型来计算两个词之间的相似度,例如"健康"和"思想",代码如下:

```
word2vec_model.wv.similarity('思想', '健康')

#输出结果
0.99592817
```

Gensim Word2Vec 模型中的 wv. similarity 方法用于计算两个词向量之间的余弦相似度,数值在[−1, 1]之间,值越大表示两个词越相似。

(5) 模型的保存与加载,训练好的词向量模型可以保存到本地,代码如下:

```
word2vec_model.wv.save('word_vector')
```

word2vec_model. wv 是 Word2Vec 模型的词向量部分。使用 save('word_vector')方法将词向量保存到文件 word_vector 中,可以把模型的词向量部分存储起来,以便后续使用。

模型的加载可以使用 load 方法,代码如下:

```
from gensim.models import KeyedVectors
loaded_wv = KeyedVectors.load('word_vector', mmap='r') #加载保存的 word vectors

loaded_wv

#输出结果
<gensim.models.keyedvectors.KeyedVectors at 0x264b28d4910>
```

KeyedVectors. load('word_vector', mmap = 'r')用于从文件 word_vector 加载之前保存的词向量。mmap = 'r'的作用是将文件以只读模式加载到内存中,这对于大文件非常有用,因为它不需要一次性加载所有数据,而是根据需要动态加载。

6) 可视化展示

为了直观地展示训练好的词向量之间的关系,可以使用主成分分析(PCA)将高维的词向量降维到二维,然后进行可视化,代码如下:

```
#第1章/1.1 lstm.ipynb
from sklearn.decomposition import PCA
from matplotlib import pyplot
import matplotlib.pyplot as plt

plt.rcParams['font.sans-serif'] = ['SimHei']

words = list(word2vec_model.wv.key_to_index.keys())
X = word2vec_model.wv[words]
pca = PCA(n_components=2)
result = pca.fit_transform(X)
pyplot.scatter(result[:, 0][:20], result[:, 1][:20])
for i, word in enumerate(words[:20]):
    pyplot.annotate(word, xy=(result[i, 0], result[i, 1]))
pyplot.show()
```

（1）先将字体设置为 SimHei(黑体)，这样便可以显示中文字符而不会出现乱码问题。

（2）word2vec_model. wv. key_to_index. keys( )：获取模型中的所有词汇，将其转换为列表 words。word2vec_model. wv[words]使用词汇表中的每个词来获取它们对应的词向量。X 是一个包含所有词向量的矩阵，每个词向量的维度是模型的 100 维。

（3）原始词向量通常有 100 个维度，无法直接可视化。主成分分析被用来将高维数据降低到二维，这样就可以把这些词在二维平面上进行展示。PCA(n_components＝2)用于创建一个 PCA 对象，将原始高维数据降到二维。pca. fit_transform(X)对词向量矩阵 X 进行 PCA 降维，每个词向量从原来的 100 维空间被降到二维。

（4）为了便于观察，提取降维后的前 20 个词的两个主成分，分别作为 x 坐标和 y 坐标。pyplot. scatter( )用于绘制二维散点图，显示这些词在二维空间中的分布，如图 1-7 所示。

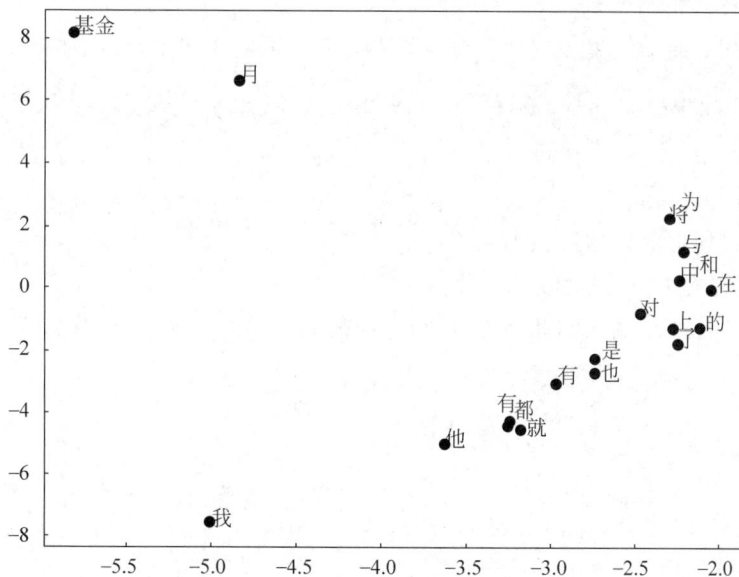

图 1-7　向量可视化展示

7）数据集文本转换向量

定义一个 text_to_word2vec 函数，将文本列表转换为数值向量，以便于输入模型中，代码如下：

```
#第1章/1.1 lstm.ipynb
def text_to_word2vec(text_list):
    vectors = []
    for text in text_list:
        vector = []
        for word in text:
            if word in word2vec_model.wv.key_to_index:
                vector.append(word2vec_model.wv[word])
        if len(vector) > 0:
            vectors.append(sum(vector) / len(vector))
        else:
            vectors.append([0] *100)    #如果文本中没有 word2vec 词汇,则用 0 向量代替
    return vectors
```

（1）遍历文本列表中的每个 text 列表，对于文本中的每个 word，检查 word 是否在 word2vec_model. wv. key_to_index 中。如果词不在词汇表中，则忽略该词。如果单词在词汇表中，则通过 word2vec_model. wv[word]获取该单词的词向量，并将其添加到 vector 列表中。这样 vector 列表最终便包含了当前文本中每个在词汇表中的单词的向量。

（2）使用 sum(vector) / len(vector)计算文本的平均向量，即将文本中所有单词的向量加起来，再除以单词数量，得到一个平均向量，作为整个文本的表示。这样做的目的是将长度不一的文本统一表示为相同维度的向量。如果文本中没有任何单词在词汇表中，则用[0] * 100 表示该文本，即一个全零的 100 维向量，这是一种处理特殊情况的方式，用于保证所有文本的向量都有相同的维度。

然后将分词后的训练集和测试集转换为 Word2Vec 向量表示，代码如下：

```
X_train_word2vec = text_to_word2vec(X_train_cut_list)
X_test_word2vec = text_to_word2vec(X_test_cut_list)
```

4. 创建 DataLoader
下面将数据转换为模型可识别和训练的格式。

1）将标签转换为数值形式
由于模型通常要求输入的标签为数值，因此需要对类别标签进行编码，代码如下：

```
from sklearn.preprocessing import LabelEncoder

label_encoder = LabelEncoder()
y_train_encoded = label_encoder.fit_transform(y_train)
y_test_encoded = label_encoder.transform(y_test)
```

LabelEncoder 是 sklearn 中用于将分类标签转换为数值编码的工具。fit_transform（y_

train)用于对 y_train 中的标签进行编码,fit 会学习到每个类别的对应数值,而 transform 会将这些标签转换为对应的数值。transform(y_test)用于对测试集的标签进行转换,确保训练集和测试集的编码方式保持一致。最终得到 y_train_encoded 和 y_test_encoded 的数值编码的标签数组,用于训练和测试模型。

2) 将向量转换为 NumPy 数组

在完成了文本到词向量的转换后,接下来需要将这些词向量转换为 NumPy 数组,以便进一步处理,代码如下:

```
X_train_word2vec = np.array(X_train_word2vec)
X_test_word2vec = np.array(X_test_word2vec)
```

X_train_word2vec 和 X_test_word2vec 经过 text_to_word2vec 函数处理后得到的是 Python 列表,而 PyTorch 需要处理 NumPy 数组。

3) 转换 PyTorch 张量

将 NumPy 数组转换为 PyTorch 张量,这是为了能够将数据输入 PyTorch 的深度学习模型中,代码如下:

```
#第1章/1.1 lstm.ipynb
input_dim = 100
X_train_tensor = torch.tensor(X_train_word2vec, dtype=torch.float32).view(-1, 1, input_dim)
y_train_tensor = torch.tensor(y_train_encoded, dtype=torch.long)
X_test_tensor = torch.tensor(X_test_word2vec, dtype=torch.float32).view(-1, 1, input_dim)
y_test_tensor = torch.tensor(y_test_encoded, dtype=torch.long)
```

(1) torch.tensor()用于将数据从 NumPy 数组转换为 PyTorch 张量,以此作为深度学习模型的输入。X_train_word2vec 和 X_test_word2vec 被转换为浮点数类型的张量(dtype=torch.float32)。y_train_encoded 和 y_test_encoded 因为是类别标签,所以被转换为长整型(dtype=torch.long)张量。

(2) view()方法用于重塑张量的形状,-1 表示该维度由 PyTorch 自动计算。1 表示每个样本有一个时间步,这是为了兼容 LSTM 模型需要三维输入,形状为(batch_size, seq_length, input_dim)。input_dim 表示每个样本有 100 个输入特征。

4) 创建 TensorDataset 和 DataLoader

为了高效地管理和加载数据,使用 TensorDataset 和 DataLoader 来封装数据集,代码如下:

```
from torch.utils.data import DataLoader, TensorDataset

train_dataset = TensorDataset(X_train_tensor, y_train_tensor)
test_dataset = TensorDataset(X_test_tensor, y_test_tensor)
```

```
train_loader = DataLoader(dataset=train_dataset, batch_size=32, shuffle=True)
test_loader = DataLoader(dataset=test_dataset, batch_size=32, shuffle=False)
```

(1) TensorDataset：用于将特征和标签打包在一起，方便使用。将 X_train_tensor 与 y_train_tensor 组合成训练集，将 X_test_tensor 和 y_test_tensor 组合成测试集。

(2) train_loader：用于加载训练数据，设置 batch_size＝32，表示每次从训练集中取 32 个样本进行训练。shuffle＝True 表示每个 epoch 都会将训练数据打乱，以提高模型的泛化能力。加载测试数据时 shuffle＝False，因为测试集通常不需要打乱顺序。

5. 定义模型

现在定义一个基于 LSTM 的文本分类模型，代码如下：

```
#第1章/1.1 lstm.ipynb
class LSTMClassifier(nn.Module):
    def __init__(self, input_dim, hidden_dim, output_dim, n_layers,
bidirectional, dropout):
        super().__init__()
        self.rnn = nn.LSTM(input_dim, hidden_dim, num_layers=n_layers,
bidirectional=bidirectional, dropout=dropout, batch_first=True)
        self.fc = nn.Linear(hidden_dim *2 if bidirectional else hidden_dim,
output_dim)
        self.dropout = nn.Dropout(dropout)
    def forward(self, x):
        embedded = self.dropout(x)
        output, (hidden, cell) = self.rnn(embedded)
        if self.rnn.bidirectional:
            hidden = self.dropout(torch.cat((hidden[-2,:,:], hidden[-1,:,:]),
dim=1))
        else:
            hidden = self.dropout(hidden[-1,:,:])
        return self.fc(hidden)
```

(1) 模型整体的定义与 1.1.2 节中 RNN 类似。在初始化方法中，nn.LSTM 用来定义 LSTM 层，input_dim 表示输入特征的维度，hidden_dim 表示 LSTM 的隐藏层维度，即隐藏状态的大小。num_layers 表示 LSTM 的层数，即 LSTM 堆叠的数量，通常将层数设置为大于 1，以增强模型的复杂性。bidirectional 用于判定是否使用双向 LSTM，如果为 True，则 LSTM 会有两个方向的计算，可以捕捉更多的上下文信息。添加 DropOut 以防止过拟合。batch_first＝True 使输入数据的形状为(batch_size，sequence_length，input_dim)，符合批次优先的格式，便于与前面设置的 DataLoader 兼容。

(2) nn.Linear 用于定义全连接层，以便将 LSTM 的输出转换为最终分类的输出，如果 LSTM 是双向的，则隐藏状态的维度是 hidden_dim ＊ 2，否则就是 hidden_dim。

(3) self.rnn(embedded)用于将输入的 embedded 传入 LSTM 层。LSTM 的输出与传统的 RNN 不同，LSTM 的输出包含了三部分：output、hidden 和 cell。output 是每个时间步的输出序列，形状为(batch_size，sequence_length，hidden_dim ＊ num_directions)，它捕

捉了每个时间步的隐藏状态。hidden 是最后一个时间步的隐藏状态,对于多层 LSTM,hidden 的形状为(num_layers * num_directions,batch_size,hidden_dim),它代表了每层的最后隐藏状态。cell 则是 LSTM 的细胞状态(Cell State),即图 1-6 中的C_t,它记录了长期的上下文信息,这是 LSTM 的核心区别所在,能够更好地捕捉长距离的依赖关系,而传统 RNN 仅有隐藏状态 hidden,缺乏长期记忆能力。

具体来讲,模型中的 LSTM 层会生成每个时间步的隐藏状态。对于双向 LSTM,可以通过拼接前向和后向的最后隐藏状态来形成最终的隐藏状态向量,然后对其应用 DropOut 操作。对于单向 LSTM,直接使用最后一层的隐藏状态,并应用 DropOut。这些经过处理的隐藏状态会被送入全连接层,进行最终的分类预测。

6. 训练模型

最后开始模型的训练过程。

1)设置模型超参数

模型超参数的设置与 RNN 类似,代码如下:

```
input_dim = 100
hidden_dim = 256
output_dim = len(label_encoder.classes_)
num_layers = 2
dropout = 0.1
bidirectional = True
```

模型的超参数包括输入向量的维度大小、LSTM 隐藏层的维度大小、模型的输出层的维度大小(等于类别标签的数量)、网络中堆叠的层数、DropOut 概率和是否采用双向 LSTM 训练。

2)实例化模型

代入超参数实例化模型,代码如下:

```
model = LSTMClassifier(input_dim, hidden_dim, output_dim, num_layers,
bidirectional, dropout)
model

#输出结果
LSTMClassifier(
  (rnn): LSTM(100, 256, num_layers=2, batch_first=True, dropout=0.1,
bidirectional=True)
  (fc): Linear(in_features=512, out_features=10, bias=True)
  (dropout): dropout(p=0.1, inplace=False)
)
```

输入参数来实例化 LSTM 模型,可以打印 model 来查看模型的结构,LSTM 模型由一个双向两层的 LSTM 层(输入维度为 100,隐藏层维度为 256,双向使输出维度变为 512)、一个全连接层(输入 512,输出 10 个类别)及一个 DropOut 层(概率 0.1)组成。

3）配置模型

模型配置与前文的 RNN 配置一致，代码如下：

```
optimizer = optim.Adam(model.parameters())
criterion = nn.CrossEntropyLoss()
device = torch.device('cuda' if torch.cuda.is_available() else 'cpu')
model = model.to(device)
criterion = criterion.to(device)
```

4）训练和评估函数

训练和评估函数与 RNN 一致，代码如下：

```
#第1章/1.1 lstm.ipynb
def train(model, iterator, optimizer, criterion):
    model.train()
    epoch_loss = 0
    epoch_acc = 0

    for batch in iterator:
        optimizer.zero_grad()
        predictions = model(batch[0].to(device))
        loss = criterion(predictions, batch[1].to(device))
        loss.backward()
        optimizer.step()

        epoch_loss += loss.item()
        #计算准确率
        _, preds = torch.max(predictions, dim=1)
        epoch_acc += torch.sum(preds == batch[1].to(device)).item()

    return epoch_loss / len(iterator), epoch_acc / len(iterator.dataset)

def evaluate(model, iterator, criterion):
    model.eval()
    epoch_loss = 0
    epoch_acc = 0

    with torch.no_grad():
        for batch in iterator:
            predictions = model(batch[0].to(device))
            loss = criterion(predictions, batch[1].to(device))
            epoch_loss += loss.item()
            #计算准确率
            _, preds = torch.max(predictions, dim=1)
            epoch_acc += torch.sum(preds == batch[1].to(device)).item()

    return epoch_loss / len(iterator), epoch_acc / len(iterator.dataset)
```

5）开始训练

训练 20 个周期，并在每个周期完成后输出相应的训练损失、训练准确率、验证损失和验证准确率，代码如下：

```
num_epochs = 20
for epoch in range(num_epochs):
    train_loss, train_acc = train(model, train_loader, optimizer, criterion)
    valid_loss, valid_acc = evaluate(model, test_loader, criterion)
    print(f'Epoch: {epoch+1}, Train Loss: {train_loss:.4f}, Train Acc: {train_
acc:.4f}, Val. Loss: {valid_loss:.4f}, Val. Acc: {valid_acc:.4f}')
```

20 个 epoch 的训练结果如下：

```
Epoch: 1, Train Loss: 2.2384, Train Acc: 0.2213, Val. Loss: 2.0227, Val. Acc:
0.2650
Epoch: 2, Train Loss: 1.8463, Train Acc: 0.3362, Val. Loss: 1.5239, Val. Acc:
0.4600
Epoch: 3, Train Loss: 1.4717, Train Acc: 0.4587, Val. Loss: 1.3343, Val. Acc:
0.4850
Epoch: 4, Train Loss: 1.3679, Train Acc: 0.4788, Val. Loss: 1.1662, Val. Acc:
0.5750
Epoch: 5, Train Loss: 1.2415, Train Acc: 0.5325, Val. Loss: 1.0981, Val. Acc:
0.6300
Epoch: 6, Train Loss: 1.1703, Train Acc: 0.5613, Val. Loss: 0.9816, Val. Acc:
0.6700
Epoch: 7, Train Loss: 1.1607, Train Acc: 0.5700, Val. Loss: 1.0682, Val. Acc:
0.6000
Epoch: 8, Train Loss: 1.1511, Train Acc: 0.5687, Val. Loss: 0.9713, Val. Acc:
0.6800
Epoch: 9, Train Loss: 1.0689, Train Acc: 0.6250, Val. Loss: 0.9439, Val. Acc:
0.6700
Epoch: 10, Train Loss: 1.0818, Train Acc: 0.6188, Val. Loss: 0.9268, Val. Acc:
0.6850
Epoch: 11, Train Loss: 1.0542, Train Acc: 0.6050, Val. Loss: 0.9078, Val. Acc:
0.6750
Epoch: 12, Train Loss: 1.0348, Train Acc: 0.6188, Val. Loss: 0.9197, Val. Acc:
0.6850
Epoch: 13, Train Loss: 1.0226, Train Acc: 0.6225, Val. Loss: 0.9351, Val. Acc:
0.6800
Epoch: 14, Train Loss: 1.0397, Train Acc: 0.6275, Val. Loss: 0.8893, Val. Acc:
0.7050
Epoch: 15, Train Loss: 1.0290, Train Acc: 0.6288, Val. Loss: 0.9422, Val. Acc:
0.6400
Epoch: 16, Train Loss: 1.0388, Train Acc: 0.6175, Val. Loss: 0.9107, Val. Acc:
0.7050
Epoch: 17, Train Loss: 0.9829, Train Acc: 0.6488, Val. Loss: 0.9042, Val. Acc:
0.7050
```

```
Epoch: 18, Train Loss: 0.9785, Train Acc: 0.6362, Val. Loss: 0.8824, Val. Acc:
0.6750
Epoch: 19, Train Loss: 0.9855, Train Acc: 0.6425, Val. Loss: 0.8843, Val. Acc:
0.7000
Epoch: 20, Train Loss: 1.0051, Train Acc: 0.6450, Val. Loss: 0.8556, Val. Acc:
0.7150
```

经过 20 个训练周期,模型的训练损失和验证损失均呈现下降趋势,训练准确率从 22.1%提升到 64.5%,验证准确率从 26.5%提升到 71.5%,显示了模型在新闻文本分类任务中的逐步改善与有效学习。相比前文的 RNN 结果,在测试集上有了更好的提升。

1.1.6　LSTM 的问题与挑战

LSTM 虽然改善了 RNN 的一些问题,但也面临一些问题和挑战。这些问题可能会影响它在某些应用场景中的性能和效率。

(1) 前文提到了,如果在实践中遇到了非常长的序列,则仍然可能遇到梯度消失问题。这会影响模型的训练效率和性能。

(2) LSTM 单元由于其复杂的门控机制,参数数量比标准 RNN 多很多。这意味着 LSTM 的计算成本更高,尤其是在处理长序列或大数据集时。

(3) 由于 LSTM 处理序列数据的方式通常是顺序处理的,这意味着 LSTM 难以有效地并行化,所以这在处理大量数据时会成为一个瓶颈。

1.2　Transformer 的诞生背景

在深度学习领域,循环神经网络及其变种长短期记忆网络曾经是处理序列数据的主流模型,然而,这些模型在处理长距离依赖并行计算及训练效率方面存在诸多局限性。为了解决这些问题,研究者逐步探索出新的网络结构,以应对传统模型的瓶颈。在这一背景下,Transformer 模型应运而生,彻底改变了自然语言处理、机器翻译等领域的技术发展路径。本节将从 Seq2Seq 模型的提出、注意力机制的发展及 Transformer 模型的关键论文"Attention is All You Need"展开详细讨论,探讨 Transformer 模型的诞生背景。

1.2.1　Seq2Seq 模型

在注意力机制出现之前,在序列领域,尤其是机器翻译、文本摘要、问答系统等任务中使用最常见的架构是序列到序列模型(Seq2Seq)。

Seq2Seq 模型是一种深度学习架构,其设计宗旨在于接收一个序列作为输入,并据此生成一个不同长度的序列作为输出。该模型的核心优势在于其能够有效克服传统 RNN 在处理长度不匹配序列时的局限性。

1. 编码器-解码器

Seq2Seq 模型采用的是编码器-解码器(Encoder-Decoder)框架,如图 1-8 所示,在该框架下,编码器负责将输入序列编码为一个固定长度的向量,该向量蕴含了输入序列的语义信息。随后,解码器利用这一向量来逐步构建输出序列。编码器与解码器大多基于 LSTM 或 GRU 等 RNN 变体进行设计。

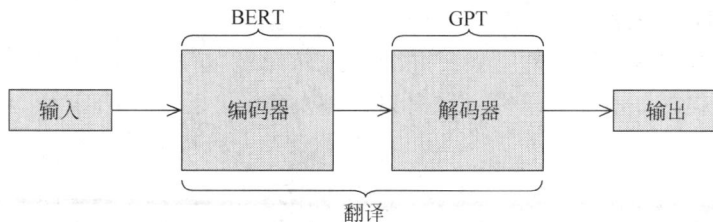

图 1-8 Seq2Seq 架构图

以 RNN 为例来探讨一下 Seq2Seq 模型的原理,Seq2Seq 可分解为几个关键部分:编码器(Encoder)、解码器(Decoder)和它们之间的连接(Connection),如图 1-9 所示。

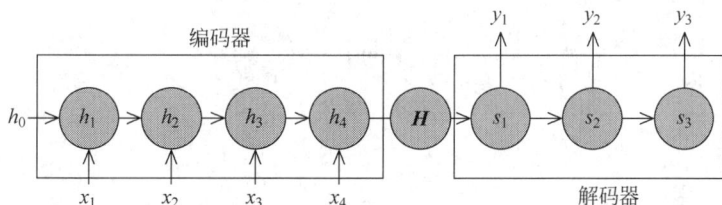

图 1-9 Seq2Seq 模型结构图

1)编码器

(1)编码器的作用是将输入序列转换为一个固定长度的向量 H,这个向量包含了输入序列的语义信息。

(2)编码器通常是一个循环神经网络,例如长短期记忆网络或门控循环单元。

(3)假设输入序列是 $X,X=x_1,x_2,\cdots,x_T$,其中 x_t 是序列中第 t 个时刻的输入元素,在每个时间步 t,RNN 都会根据当前的输入 x_t 和上一个时间步的隐藏状态 h_{t-1} 计算出当前的隐藏状态 h_t。

(4)最后一个时间步的隐藏状态 h_T 通常被视为整个输入序列的编码表示。

2)解码器

(1)解码器的作用是根据编码器提供的编码表示生成输出序列。

(2)解码器同样是一个 RNN,假设输入序列是 $Y,Y=y_1,y_2,\cdots,y_u$,其中 y_u 是序列中第 u 个时刻的输入元素,它在每个时间步 u 根据上一个时间步的输出 y_{u-1} 和上一个时间步的隐藏状态 s_{u-1} 计算出当前的隐藏状态 s_u。

(3)解码器的输出 y_u 通常是通过一个 Softmax 层计算得到的,这个 Softmax 层会根据当前的隐藏状态 s_u 和编码器的输出 h_T 计算出下一个元素的概率分布。

3)连接

编码器和解码器之间的连接通常是通过将编码器的最后一个隐藏状态 h_T 作为解码器

的初始隐藏状态 s_0 来实现的。

整个 Seq2Seq 模型的训练过程涉及最小化损失函数,这个损失函数通常是基于输出序列和目标序列之间的差异来计算的,例如交叉熵损失。

2. 解码器的工作原理

简单来讲,其实编码器就是一个 RNN,但是解码器会有一些不一样,虽然是 RNN 的架构,但是其工作机制是不太一样的,主要体现在输入和输出上,如图 1-10 所示。

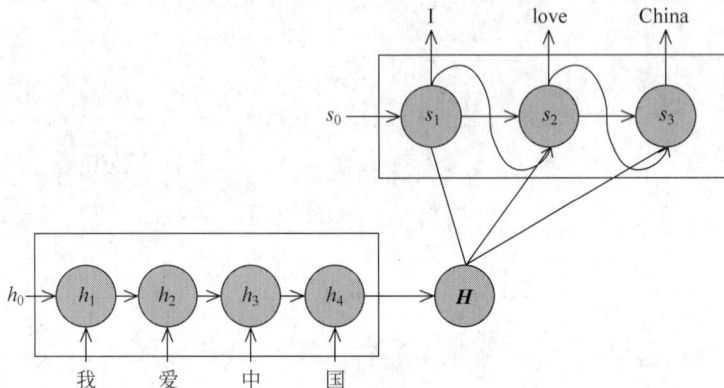

图 1-10　Seq2Seq 解码器

1) 解码器输入

在编码器中是一个普通的 RNN 结构,经过传递在最后一个时刻会包含前面全部的信息,最终的输出表示为 **H**；根据图 1-10 可以发现,解码器与编码器有些不一样,主要体现在输入的参数上,解码器每个时刻有 3 个输入。

(1) 上一个时间步的输出:在解码器生成序列的每个时间步,它需要知道上一个时间步生成的元素,例如,如果在生成一个单词序列 love,则在生成当前单词时,解码器需要知道上一个时间步生成的单词 I。

(2) 隐藏状态:解码器是一个循环神经网络,它维护一种隐藏状态,这种状态包含了到目前为止生成序列的历史信息。在每个时间步,解码器会根据上一个时间步的隐藏状态来生成当前时间步的输出。

(3) 编码器的输出:解码器还需要访问编码器的输出,这通常是通过编码器的最后一个隐藏状态来实现的,也就是图 1-10 中的 **H**。

2) 解码器的第 1 个时刻输入

理论上在解码器的第 1 个时间步,由于在此之前还没有生成任何输出,所以没有上一个时间步的输出作为输入,因此第 1 个时间步的输入相比于其他时间点确实少了一个参数,即上一个时间步的输出,但是在实际 NLP 任务中,在句子的起始位置会有一个特殊的标记,<sos>,代表 Start of Sentence,即句子的开始。它用于指示一个序列的开始,特别是在序列到序列模型中。

1.2.2　Seq2Seq 代码实践

本节介绍使用 PyTorch 来实现 Seq2Seq 的翻译模型,主要包括数据处理和模型构建的关键步骤:

首先,进行数据处理,选择适当的中英文数据集。为了简化模型的开发和训练,选取数据集中的前 8000 条样本,并确保源数据和目标数据一一对应。在数据处理过程中,分别为源语言和目标语言构建词汇表,以便后续编码输入和解码输出。

在模型定义部分,首先创建编码器和解码器两个模块。编码器负责将源语言数据转换为上下文向量,解码器则使用这个上下文向量生成目标语言。随后,将编码器和解码器组合成完整的 Seq2Seq 网络结构,用于定义整个翻译模型。

最后,对模型进行训练。先将输入数据送入编码器,再利用解码器生成相应的翻译结果,利用损失函数来计算误差,并通过反向传播算法不断优化模型的参数,以提高翻译质量。

1. 数据加载

本次实践使用的数据集是 2018 年第三届机器翻译会议(WMT18)的官方网站的开源数据集,网址为 https://www.statmt.org/wmt18/translation-task.html♯download,该会议的重点在于评估和展示不同领域的机器翻译系统。使用的数据集是 News Commentary v13,下载后数据集包括 8 个文件,选择 news-commentary-v13.zh-en.en 和 news-commentary-v13.zh-en.zh 这两文件进行处理,本次只选取其中 8000 条数据进行测试,代码如下:

```
import pandas as pd
data = pd.read_csv('../data/translate.csv')
```

打印数据查看,代码如下:

```
data
```

数据输出结果见表 1-2。

表 1-2　翻译数据集数据展示

ID	Chinese	English
0	1929 年还是 1989 年	1929 or 1989
1	巴黎: 随着经济危机不断加深和蔓延,整个世界一直在寻找历史上的类似事件希望有助于我们了解目前正在发生的情况	PARIS: As the economic crisis deepens and widens, the world has been searching for historical analogies to help us understand what has been happening
2	一开始,很多人把这次危机比作 1982 年或 1973 年所发生的情况,这样的类比是令人宽心的,因为这两段时期意味着典型的周期性衰退	At the start of the crisis, many people likened it to 1982 or 1973, which was reassuring, because both dates refer to classical cyclical downturns

续表

ID	Chinese	English
3	如今人们的心情却是沉重多了,许多人开始把这次危机与1929年和1931年相比,即使一些国家政府的表现仍然似乎把目前的情况视为是典型的而看见的衰退	Today, the mood is much grimmer, with references to 1929 and 1931 beginning to abound, even if some governments continue to behave as if the crisis was more classical than exceptional
4	目前的趋势是,要么是过度的克制(欧洲),要么是努力的扩展(美国)	The tendency is either excessive restraint (Europe) or a diffusion of the effort (the United States)
…	…	…
8000	尽管如此,平均而言政府债务会在严重金融危机后增加86%,因此2008—2012年联邦债务增加70%并不令人奇怪	However, government debt soars by an average of 86% after severe financial crises, so the increase in the federal debt by 70% between 2008 and 2012 is not surprising

2. 数据集划分

从原始数据集中选取 Chinese 和 English 列,将 Chinese 列重新命名为 trg,代表目标语言(Target Language),而原 English 列则被命名为 src,代表源语言(Source Language)。这样有助于明确数据列的含义,便于在后续数据处理和模型构建过程中进行引用,代码如下:

```
data = data[['Chinese', 'English']]
data.columns = ['trg', 'src']
```

调用 train_test_split 函数将原始数据集分割为两部分,其中80%的数据用于训练模型,剩余20%的数据用于验证模型的性能。设置了一个固定的随机种子(Random State),其值为42,这样每次执行分割操作时都会产生相同的结果,有助于在不同的实验设置之间保持一致性,从而使研究结果更加可靠和稳定,代码如下:

```
train_data, valid_data = train_test_split(data, test_size=0.2, random_state=42)
```

3. 数据预处理

1) 定义分词器

由于文本数据需要转换为适合序列到序列模型处理的格式,所以需要针对中英文文本设置不同的分词和预处理函数,代码如下:

```
Import re
def tokenize_english(text):
    return re.findall(r"\w+|\'\w|[.!?\'\"]", text.lower())
```

tokenize_english 函数用于处理英文文本,该函数采用正则表达式 re.findall 来识别并提取英文单词。正则表达式\w+|\'\w|[.!?\'\"]能够匹配连续的字母数字字符序列(单词)、带撇号的单词(例如缩写或所有格形式),以及标点符号(包括句号、问号、感叹号、单引号和双引号)。此外,函数通过 text.lower()将所有文本转换为小写,以统一文本的大小写

形式,减少词汇表的重复性,代码如下:

```python
def tokenize_chinese(text):
    return list(text)
```

tokenize_chinese 函数用于处理中文文本,由于中文文本中的字词不是通过空格分隔的,而是连续的字符序列,因此该函数简单地通过 list(text)将输入的文本字符串转换为字符列表。每个中文字符被视为一个单独的标记,这适用于中文文本的分词。

2)创建词汇表

构建一个 Seq2Seq 模型理解和处理的语言模型,需要实现一个词汇表类 Vocabulary,将源语言和目标语言中的文本数据转换成数值形式,便于模型进行训练和推断,代码如下:

```python
#第 1 章/1.2 Seq2Seq.ipynb
class Vocabulary:
    def __init__(self):
        self.word2idx = {"<pad>": 0, "<sos>": 1, "<eos>": 2, "<unk>": 3}
        self.idx2word = {0: "<pad>", 1: "<sos>", 2: "<eos>", 3: "<unk>"}
        self.word_count = 4

    def add_sentence(self, sentence):
        for word in sentence:
            if word not in self.word2idx:
                self.word2idx[word] = self.word_count
                self.idx2word[self.word_count] = word
                self.word_count += 1

    def numericalize(self, sentence):
        return [self.word2idx.get(word, self.word2idx["<unk>"]) for word in
sentence]

    def denumericalize(self, indices):
        return [self.idx2word[idx] for idx in indices]
```

(1)初始化两个字典 word2idx 和 idx2word,以及一个计数器 word_count。word2idx 字典将单词映射到唯一的整数索引,而 idx2word 字典则执行相反的映射,将整数索引映射回单词。预先添加到词汇表中 4 个特殊的标记填充、序列开始、序列结束、未知单词,表示为 < pad >、< sos >、< eos >和< unk >,并分配初始的索引。

(2)add_sentence 方法允许将一个句子中的单词逐个添加到词汇表中。如果单词尚未出现在词汇表中,则将其添加到 word2idx 和 idx2word 字典中,并递增 word_count 计数器。

(3)numericalize 方法负责将一个句子转换为其对应的数值索引列表。对于句子中的每个单词,方法都会查找其在词汇表中的索引。如果单词不在词汇表中,则会用< unk >的索引代替。

(4)denumericalize 方法执行 numericalize 方法的逆操作,将数值索引列表转换回单词列表。

3) 初始化词汇表实例

为了将源语言和目标语言的文本数据转换成数值表示,需要初始化两个词汇表实例,分别对应于源语言和目标语言,代码如下:

```
src_vocab = Vocabulary()
trg_vocab = Vocabulary()

for _, row in train_data.iterrows():
    src_vocab.add_sentence(tokenize_english(row['src']))
    trg_vocab.add_sentence(tokenize_chinese(row['trg']))
```

首先创建了两个 Vocabulary 类的实例,分别命名为 src_vocab 和 trg_vocab,这两个实例分别用于存储源语言和目标语言的词汇信息。

接着,研究通过遍历训练数据集中的每行,对 src_vocab 和 trg_vocab 进行填充。对于数据集中的每行,使用之前定义的 tokenize_english 和 tokenize_chinese 函数对源语言和目标语言的文本进行分词处理。在遍历过程中,add_sentence 方法被调用,用来将分词后的句子中的每个单词添加到相应的词汇表中。如果单词尚未出现在词汇表中,则它将被添加进去,并分配一个唯一的索引。

4) 自定义数据集

为了有效地将预处理后的数据提供给 Seq2Seq 模型,需要实现一个自定义的数据集类 TranslationDataset,继承自 PyTorch 的 Dataset 类,代码如下:

```
#第 1 章/1.2 Seq2Seq.ipynb
class TranslationDataset(Dataset):
    def __init__(self, data, src_vocab, trg_vocab):
        self.data = data
        self.src_vocab = src_vocab
        self.trg_vocab = trg_vocab

    def __len__(self):
        return len(self.data)

    def __getitem__(self, idx):
        src = tokenize_english(self.data.iloc[idx]['src'])
        trg = tokenize_chinese(self.data.iloc[idx]['trg'])
        src_indices = [self.src_vocab.word2idx['<sos>']] + self.src_vocab.
numericalize(src) + [self.src_vocab.word2idx['<eos>']]
        trg_indices = [self.trg_vocab.word2idx['<sos>']] + self.trg_vocab.
numericalize(trg) + [self.trg_vocab.word2idx['<eos>']]
        return torch.tensor(src_indices), torch.tensor(trg_indices)

train_dataset = TranslationDataset(train_data, src_vocab, trg_vocab)
valid_dataset = TranslationDataset(valid_data, src_vocab, trg_vocab)
```

(1) TranslationDataset 类在初始化时接收 3 个参数:原始数据集 data、源语言词汇表

src_vocab 和目标语言词汇表 trg_vocab。这些参数用于构建数据集实例,使每个实例都能够访问其对应的词汇表及原始数据。

(2) 实现__len__()方法,返回数据集的长度。这是 Dataset 类的一个基本要求,用于获取 PyTorch 数据集中的样本数量。

(3) 实现__getitem__()方法,接收一个索引 idx 并返回对应的数据样本。首先对源语言和目标语言的数据进行分词处理,然后使用之前创建的词汇表将分词后的文本转换为数值索引列表。为了表示序列的开始和结束,源语言和目标语言的索引列表分别以< sos >和< eos >的索引开头和结尾。

最后,该方法返回两个 PyTorch 张量,分别对应于源语言和目标语言的数值索引列表。

5) 批处理函数

为了确保 Seq2Seq 模型能够处理不同长度的句子,自定义了一个批处理函数 collate_fn,它与 PyTorch 的 DataLoader 结合使用,以便在批处理过程中自动对序列进行填充,代码如下:

```
#第1章/1.2 Seq2Seq.ipynb
from torch.nn.utils.rnn import pad_sequence
def collate_fn(batch):
    src_batch, trg_batch = zip(*batch)
    src_batch = pad_sequence(src_batch, padding_value=src_vocab.word2idx['<pad>'],
batch_first=True)
    trg_batch = pad_sequence(trg_batch, padding_value=trg_vocab.word2idx['<pad>'],
batch_first=True)
    return src_batch, trg_batch
```

(1) collate_fn 函数被定义为接受一个批次的数据,其中每个元素是一个包含源语言和目标语言索引列表的元组。使用 zip(* batch)将批次数据解包为两个单独的元组:src_batch 和 trg_batch,分别包含源语言和目标语言的索引列表。

(2) 为了处理不同长度的句子,使用 PyTorch 的 pad_sequence 函数对 src_batch 和 trg_batch 进行填充。pad_sequence 函数将所有序列填充到批次中最长序列的长度,并使用< pad >符号的索引值作为填充值。

(3) 通过设置 batch_first=True,确保填充后的序列的批次维度位于第 1 个维度,这是大多数深度学习模型期望的输入格式。

(4) 最后,collate_fn 函数返回填充后的源语言和目标语言批次,这些批次可以直接用于模型的训练。

6) 创建 DataLoader

为了有效地在训练过程中迭代数据,利用 PyTorch 的 DataLoader 类创建了两个数据迭代器:train_iterator 和 valid_iterator,代码如下:

```
from torch.utils.data import DataLoader, Dataset
BATCH_SIZE = 64
```

```
train_iterator = DataLoader(train_dataset, batch_size=BATCH_SIZE, shuffle=
True, collate_fn=collate_fn)
valid_iterator = DataLoader(valid_dataset, batch_size=BATCH_SIZE, shuffle=
False, collate_fn=collate_fn)
```

（1）定义一个常量 BATCH_SIZE 并将其设置为 64。批量大小是每个训练步骤中同时处理的数据样本数量，它对模型的训练效率和性能有显著影响。

（2）使用 DataLoader 类创建一个迭代器 train_iterator，负责在每个训练步骤中提供一批随机打乱的数据，这对于模型的泛化能力和训练效率至关重要。同时创建了一个 valid_iterator 的迭代器，用于处理验证数据集，设置 shuffle＝False，因为在评估模型性能时不需要对数据进行打乱。

4. 定义模型

在实现序列到序列模型时，需要定义两个主要组件，即编码器和解码器。

1）编码器

编码器的任务是将输入序列转换为隐藏状态和细胞状态，并将其传递给解码器。每个输入序列中的单词首先通过嵌入层映射为向量表示，然后通过 LSTM 网络进行处理，代码如下：

```
#第 1 章/1.2 Seq2Seq.ipynb
class Encoder(nn.Module):
    def __init__(self, input_dim, emb_dim, hidden_dim, n_layers, dropout):
        super().__init__()
        self.embedding = nn.Embedding(input_dim, emb_dim)
        self.rnn = nn.LSTM(emb_dim, hidden_dim, n_layers, dropout=dropout, batch_
first=True)
        self.dropout = nn.Dropout(dropout)

    def forward(self, src):
        embedded = self.dropout(self.embedding(src))
        outputs, (hidden, cell) = self.rnn(embedded)
        return hidden, cell
```

首先进入 Embedding 层，将输入的单词索引映射为稠密向量，以降低维度，帮助模型更好地学习词与词之间的关系。接下来进入 LSTM 网络，编码器会逐步读取输入序列，生成隐藏状态 hidden 和细胞状态 cell，用于捕捉序列的上下文信息。为了防止模型过拟合，在嵌入层后使用了 DropOut。

2）解码器

解码器负责生成输出序列。它在每个时间步使用上一个时间步的输出作为输入，并结合编码器传递的隐藏状态来生成下一个单词的预测，代码如下：

```
#第 1 章/1.2 Seq2Seq.ipynb
class Decoder(nn.Module):
    def __init__(self, output_dim, emb_dim, hidden_dim, n_layers, dropout):
```

```
        super().__init__()
        self.embedding = nn.Embedding(output_dim, emb_dim)
        self.rnn = nn.LSTM(emb_dim, hidden_dim, n_layers, dropout=dropout, batch_
first=True)
        self.fc_out = nn.Linear(hidden_dim, output_dim)
        self.dropout = nn.Dropout(dropout)

    def forward(self, input, hidden, cell):
        input = input.unsqueeze(1)
        embedded = self.dropout(self.embedding(input))
        output, (hidden, cell) = self.rnn(embedded, (hidden, cell))
        prediction = self.fc_out(output.squeeze(1))
        return prediction, hidden, cell
```

解码器的网络结果与编码器类似,在初始化中多了一个线性层,因为解码器需要进行预测输出,所以使用全连接层将 LSTM 的输出映射为目标词汇表大小的向量,表示每个词的概率。

3) Seq2Seq 整体实现

下面实现一个整体的 Seq2Seq 模型,首先处理输入序列源语言句子,然后生成输出序列翻译后的目标语言句子。该代码中的模型主要包含两部分:编码器和解码器,编码器将输入序列转换为隐藏状态和细胞状态,随后解码器根据这些状态逐步生成目标序列,代码如下:

```
#第1章/1.2 Seq2Seq.ipynb
class Seq2Seq(nn.Module):
    def __init__(self, encoder, decoder, device):
        super().__init__()
        self.encoder = encoder
        self.decoder = decoder
        self.device = device

    def forward(self, src, trg):
        trg_len = trg.shape[1]
        batch_size = trg.shape[0]
        trg_vocab_size = self.decoder.embedding.num_embeddings

        #初始化用于存储解码器输出的张量
        outputs = torch.zeros(trg_len, batch_size, trg_vocab_size).to(self.device)

        #编码器将输入序列转换为隐藏状态和细胞状态
        hidden, cell = self.encoder(src)

        #初始化解码器的输入,起始符为 <sos>
        input = trg[:, 0]

        #逐步生成目标序列
```

```
for t in range(1, trg_len):
    #使用解码器生成当前时间步的输出
    output, hidden, cell = self.decoder(input, hidden, cell)

    #存储当前时间步的预测结果
    outputs[t] = output

    #获取概率最高的词作为下一个时间步的输入
    top1 = output.argmax(1)

    #将该预测作为解码器的下一步输入
    input = top1

return outputs
```

（1）在初始化方法中,将编码器和解码器分别赋值给类的属性 self. encoder 和 self. decoder。同时,将设备信息赋值给 self. device,以确保模型可以在正确的设备上运行。

（2）forward 前向传播方法接收源序列 src 和目标序列 trg 作为输入,首先计算目标序列的长度 trg_len、批量大小 batch_size 和目标词汇的大小 trg_vocab_size。

（3）初始化一个零张量 outputs,其维度为[trg_len, batch_size, trg_vocab_size],用于存储解码器的输出。

（4）使用编码器处理源序列 src,得到隐藏状态 hidden 和细胞状态 cell。初始化解码器的输入 input,通常为目标序列的第 1 个元素,使用特殊的起始符号< sos >。

（5）通过一个循环,从时间步 1 到 trg_len － 1 生成输出序列。在每个时间步,使用解码器生成当前时间步的输出 output、新的隐藏状态 hidden 和新的细胞状态 cell。将 output 存储在 outputs 张量的相应位置,计算当前时间步输出中概率最高的词的索引 top1。使用这个概率最高的词作为下一个时间步解码器的输入 input。

（6）最后,返回整个解码器输出的张量 outputs。

4) 模型实例化

接下来需要定义 Seq2Seq 模型所需的超参数,并进行模型的实例化。首先定义超参数,包括词汇表维度、嵌入层维度、隐藏层大小、网络层数和 DropOut 比率的设定,以及用于选择运行设备(CPU 或 GPU),代码如下:

```
input_dim = len(src_vocab.word2idx)
output_dim = len(trg_vocab.word2idx)
enc_emb_dim = dec_emb_dim = 256
hidden_dim = 512
n_layers = 2
enc_dropout = dec_dropout = 0.1
device = torch.device('cuda' if torch.cuda.is_available() else 'cpu')
```

input_dim 是指输入序列(源语言)词汇表的大小,即源语言中所有单词的数量。output_dim 为输出序列(目标语言)词汇表的大小,即目标语言中的单词数量。

在定义 device 时,先检测当前系统是否有可用的 GPU,如果有,则使用 GPU,否则使用 CPU 运行模型。

根据设定的超参数,将编码器、解码器和 Seq2Seq 模型组合起来,完成整个模型的实例化,代码如下:

```
enc = encoder(input_dim, enc_emb_dim, hidden_dim, n_layers, enc_dropout)
dec = decoder(output_dim, dec_emb_dim, hidden_dim, n_layers, dec_dropout)
model = Seq2Seq(enc, dec, device).to(device)
```

5. 模型训练

最后根据参数配置来进行模型的最终训练。

1) 模型配置

在模型训练前,需要配置 Seq2Seq 模型的优化器、学习率调度器及损失函数,代码如下:

```
optimizer = optim.Adam(model.parameters(), lr=0.01)
scheduler = optim.lr_scheduler.StepLR(optimizer, step_size=20, gamma=0.5)
#Learning rate scheduler
criterion = nn.CrossEntropyLoss(ignore_index=trg_vocab.word2idx['<pad>'])
#Corrected ignore index to trg_vocab
```

(1) 使用 Adam 优化器,传入模型的所有可训练参数,将初始学习率设为 0.01,控制参数更新的步长。较大的学习率会加快训练速度,但也可能会导致不稳定;较小的学习率则可能会导致训练缓慢。可以配合使用 weight_decay 参数,用于实现权重衰减(也称为 L2 正则化)。权重衰减有助于防止模型过拟合,在损失函数中添加一个与模型权重的大小成正比的惩罚项。

(2) StepLR 是一种学习率调度器,每隔一定的步数就按比例降低学习率。step_size=20 表示每经过 20 个 epoch,学习率降低一次。gamma=0.5 表示学习率降低的比例,即当前学习率会乘以 0.5。调度器的作用是在训练的后期降低学习率,避免模型参数在损失收敛时剧烈波动。

(3) 使用交叉熵损失,ignore_index=trg_vocab.word2idx['<pad>'] 表示将忽略索引设置为目标词汇表中的<pad>标记的索引。这样做是为了避免模型在计算损失时考虑填充标记<pad>,因为这些标记对序列的实际含义没有贡献。

2) 训练模型

通过迭代多个 epoch,并在每个 epoch 内对训练数据进行批量处理,模型逐步学习输入和输出序列之间的映射关系,代码如下:

```
#第1章/1.2 Seq2Seq.ipynb
for epoch in range(10):
    model.train()                    #将模型设置为训练模式
    epoch_loss = 0                   #初始化每个 epoch 的损失
```

```
for batch in train_iterator:
    src, trg = batch                                #获取批次中的源序列和目标序列
    src, trg = src.to(device), trg.to(device)
    #将数据移动到指定设备(GPU 或 CPU)

    optimizer.zero_grad()                           #清空梯度
    output = model(src, trg)                        #前向传播,生成模型输出

    #调整输出和目标序列的形状,便于计算损失
    output_dim = output.shape[-1]
    output = output[1:].view(-1, output_dim)        #忽略第 1 个时间步的输出(<sos>)
    trg = trg[:, 1:].reshape(-1)                    #忽略第 1 个时间步的目标(<sos>)

    loss = criterion(output, trg)                   #计算损失
    loss.backward()                                 #反向传播,计算梯度

    nn.utils.clip_grad_norm_(model.parameters(), max_norm=0.5)
    #梯度裁剪
    optimizer.step()                                #更新模型参数

    epoch_loss += loss.item()                       #累加批次损失

scheduler.step()                                    #更新学习率
print(f'Epoch {epoch+1}, Loss: {epoch_loss/len(train_iterator)}')
#打印每个 epoch 的平均损失
```

(1) model.train()用于将模型设置为训练模式,使其可以启用 DropOut 等正则化操作。

(2) 从 train_iterator 中逐批次读取数据,每个批次包含源序列和目标序列。将源序列和目标序列通过 to(device)移动到指定设备。

(3) 调用模型的 forward()方法,将源序列和目标序列传入模型,得到输出。忽略第 1 个时间步的输出和目标序列,只计算其余时间步的损失。

(4) loss.backward()进行反向传播,计算梯度。梯度裁剪(Gradient Clipping)是为了防止梯度爆炸,确保梯度的最大范数不超过 0.5。

(5) optimizer.step():根据计算出的梯度更新模型参数。

(6) 在每个 epoch 结束时调用 scheduler.step(),更新学习率。

最后每个 epoch 完成后,计算并打印该 epoch 的平均损失,训练结果如下:

```
Epoch 1, Loss: 42.14547432422638
Epoch 2, Loss: 12.315094547271729
Epoch 3, Loss: 9.888958539962768
Epoch 4, Loss: 9.019887895584107
Epoch 5, Loss: 8.756057958602906
Epoch 6, Loss: 8.338143138885497
Epoch 7, Loss: 8.200319480895995
Epoch 8, Loss: 7.962611169815063
Epoch 9, Loss: 7.903048772811889
Epoch 10, Loss: 7.9762462759017945
```

经过 10 个 epoch 的训练,Seq2Seq 模型的损失从初始的 42.14 快速下降至 7.97,表明模型逐渐掌握了输入和输出序列之间的映射关系,并进入了稳定收敛阶段。损失在第 5 个 epoch 后趋于平稳,表明当前的优化策略基本有效,但模型的性能可能已接近瓶颈。

然而,由于代码中仅使用了数据集的一小部分,模型的学习受到限制,所以可能会导致其泛化能力不足。在未来的训练中,需要扩大数据集规模或引入额外的优化方法,以便进一步提升模型的表现。

1.2.3 注意力机制的崛起

在 Seq2Seq 模型中,尽管其结构能够较好地处理序列数据的转换问题,但随着序列长度的增加,模型在捕捉长距离依赖和处理全局信息时变得困难。为了解决这一局限,注意力机制应运而生。注意力机制不仅大幅提升了模型对长距离信息的捕捉能力,还为并行计算提供了可能性。下面将深入探讨 Seq2Seq 模型的局限性,并详细介绍注意力机制如何逐步崛起,成为自然语言处理领域的核心技术之一。

1. Seq2Seq 模型局限性

尽管 Seq2Seq 模型在某些领域取得了显著的成果,但是仍然存在一些局限性。

(1) 信息遗忘问题(Information Forgetting):在 Seq2Seq 模型中,编码器负责将输入序列转换为固定大小的上下文向量,而解码器则基于这个上下文向量生成输出序列。对于循环神经网络及其变体,例如长短期记忆网络和门控循环单元,随着序列长度的增加,模型会逐渐丢失早期输入信息,导致在生成输出序列时无法充分利用所有相关信息。这种信息丢失可能会降低模型的性能,特别是在需要长期依赖关系的复杂任务中。

(2) 信息不对齐问题(Information Misalignment):在 Seq2Seq 模型的解码阶段,模型需要生成与输入序列相对应的输出序列,然而,模型在处理输入序列时,可能会对所有单词给予相同的关注度,而不是根据它们对输出序列的相关性进行加权。这种信息不对齐可能会导致模型无法准确地捕捉输入序列中的关键信息,从而影响输出序列的质量和相关性,例如,在机器翻译任务中,某些词汇或短语可能会对翻译的整体意义至关重要,但模型可能无法识别并给予适当的重视。

2. 注意力机制

注意力机制(Attention Mechanism)近些年来在机器学习领域中被广泛应用,特别是在自然语言处理、图像识别和语音识别等任务中表现卓越,其核心思想是模仿人类的视觉注意力:在观察事物时会选择性地关注重要信息。这种机制允许在面对大量信息时,模型能够像人类视觉系统那样,通过将注意力集中在关键点上,从而筛选出重要信息并忽略无关内容,这显著地提升了处理信息的效率和准确性。在深度学习中,这种注意力机制使模型能够在众多信息中精准定位并关注那些对任务至关重要的部分。

1) 注意力机制的原理

在传统的 Seq2Seq 中,解码器对于编码器的输入信息全部来自 H(图 1-9),对于解码器的每个时刻其输入信息为

I$=f(\boldsymbol{H}, s_0, <\text{sos}>)$

love$=f(\boldsymbol{H}, s_1, I)$

China$=f(\boldsymbol{H}, s_2, I, \text{love})$

注意力模型的一个关键特点是它对传统的编码器-解码器架构进行了改进,使解码器在生成每个新的输出单词时,不是依赖于整个输入序列编码成的固定长度的中间语义向量$\boldsymbol{H}$,而是能够动态地计算并关注输入序列中与当前生成的单词最相关的部分,如图 1-11 所示,注意力机制解码器的每个时刻其输入信息如下:

I$=f(c_1, s_0, <\text{sos}>)$

love$=f(c_2, s_1, I)$

China$=f(c_3, s_2, I, \text{love})$

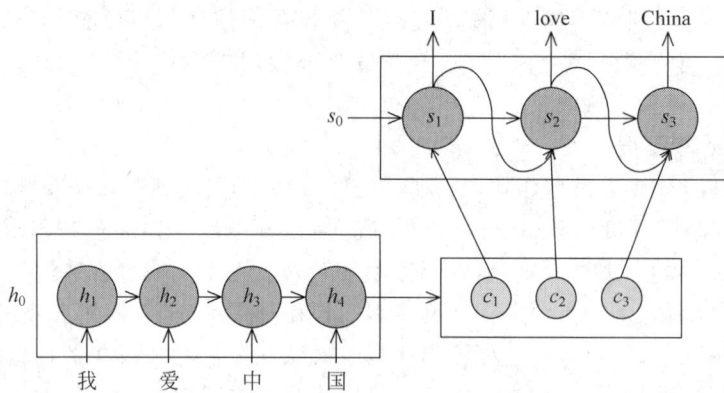

图 1-11　Seq2Seq 接入注意机制

2) 注意力权重

接下来讲解注意力机制中 c_1, c_2, c_3 是如何计算的,这也是注意力机制的重点。c_1 注意力权重的示例,如图 1-12 所示。

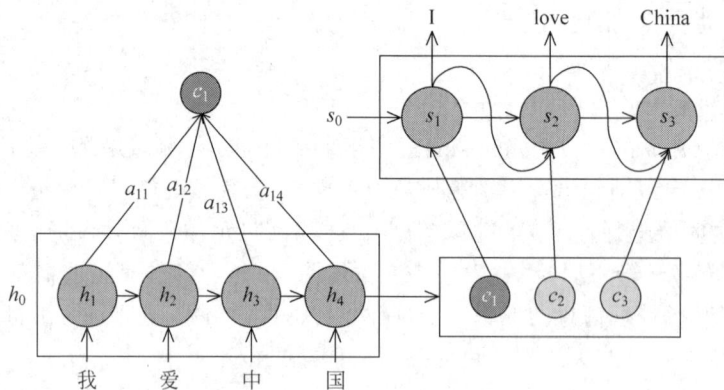

图 1-12　注意力权重的示例

（1）h_1、h_2、h_3、h_4 是编码器每个时间状态的隐藏层信息。

（2）a_{ij} 是输入序列中第 j 个词对解码时间步 i 的注意力权重，例如 a_{12} 是编码器第 2 个时刻 h_2 对于解码器第 1 个时刻的注意力权重。

（3）$c_1 = a_{11}h_1 + a_{12}h_2 + a_{13}h_3 + a_{14}h_4$，$a_{ij}$ 可以看成解码器在生成第 1 个单词 I 时和编码器中每个时刻生成的隐藏层 h_j 的相关性；因为 h_j 是每个时刻生成的隐藏状态，其实包含了当前时间点输入的主要内容，所以可以理解为这里需要计算的是单词 I 和"我""爱""中""国"每个时刻输入内容的相关性。当然这里的 h_j 其实包含了部分上文信息（在默认情况下需要采用双向的 RNN，也就是包含上下文信息），所以在生成单词 I 时，理论上与"我"的相关性最大，与其他的汉字"爱""中""国"的相关性较小，在其他的时间节点同理。

（4）解码步骤中的上下文向量 c_i 的计算方式是：

$$c_i = \sum_{j=1}^{n} a_{ij} h_j \tag{1-15}$$

其中，a_{ij} 是输入序列中第 j 个词对解码时间步 i 的注意力权重，h_j 是编码器输出的第 j 个词的隐藏状态，n 是输入序列的长度。

3）注意力权重计算

下面来讲解注意力权重 a_{ij} 是如何计算出来的，以 decode 中第 1 个时刻为例，如图 1-13 所示，在前面介绍传统 Seq2Seq 的 decode 中，输入有 3 个：encode 的隐藏状态、前一个时刻的输入和 decode 前一个隐藏状态；在注意力机制中使用 encode 前一个时刻的隐藏状态 s_{i-1} 和 decode 中每个时刻的隐藏状态 h_j 进行计算，从而得到 a_{ij}。

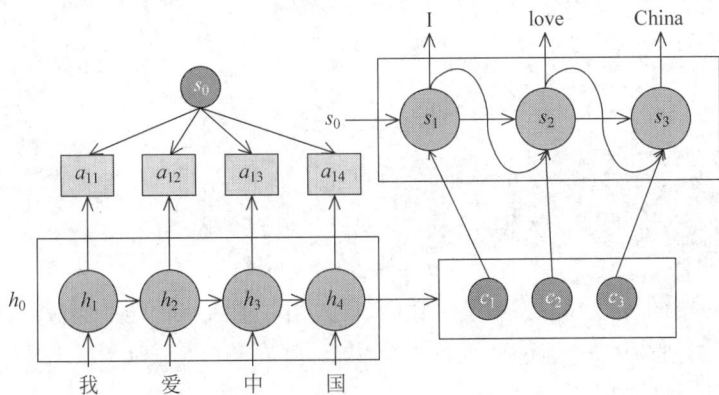

图 1-13　注意力权重计算

例如第 1 个 decode 中的注意力权重就是隐藏状态 s_0 与 decode 中每个时刻的隐藏状态 h_j 进行计算，从而得到 a_{1j}，a_{ij} 的具体计算方式：

（1）首先生成一个可学习的权重矩阵 $W_{i-1,j}$，用于学习解码器和编码器状态之间的关系，这个矩阵依赖于解码器的 i 时刻（$i-1$ 是指要与 i 时刻的输入 s_{i-1} 进行作用）和编码器的 j 时刻，使用权重矩阵 $W_{i-1,j}$ 将编码器的隐藏向量 h_j 转换为一个新的向量。

（2）然后将解码器的隐藏状态 s_{i-1} 与转换后的编码器隐藏向量进行点积，得到匹配得

分 e_{ij}。

（3）对匹配得分 e_{ij} 通过 Softmax 函数进行归一化，以便得到最终的注意力权重 $a_{ij} = \dfrac{\exp(e_{ij})}{\sum \exp(e_{ij})}$。

通过学习注意力机制的原理可以看到，加入了注意力机制的 Seq2Seq 架构，在解码器阶段进行训练时，每个时刻的编码器输入内容不再是同样的隐藏层，而是根据不同时刻得到不同的输入，这样一是会根据不同输入与编码器学习和关注不同的信息，另外也解决了在长序列下信息丢失的问题。

1.2.4　注意力机制代码解读

本节介绍在 Seq2Seq 模型的基础上引入注意力机制，由于数据处理及训练部分代码基本一致，所以这里只介绍注意力机制的网络架构。主要介绍编码器、解码器、注意力机制和整体的网络结构。

1. 编码器

定义一个 Encoder 类，继承自 PyTorch 的 nn.Module，负责将输入序列编码为隐藏状态，具体的代码如下：

```
#第1章/1.2 Seq2Seq.ipynb
class Encoder(nn.Module):
    def __init__(self, input_dim, emb_dim, hid_dim, n_layers, dropout):
        super().__init__()
        self.embedding = nn.Embedding(input_dim, emb_dim)
        self.rnn = nn.LSTM(emb_dim, hid_dim, n_layers, dropout=dropout)
        self.dropout = nn.Dropout(dropout)

    def forward(self, src):
        embedded = self.dropout(self.embedding(src))
        outputs, (hidden, cell) = self.rnn(embedded)
        return outputs, hidden, cell
```

编码器与一般的 Seq2Seq 模型是一致的，嵌入层将输入标记转换为嵌入向量，后面接入 LSTM 层，用于处理嵌入后的序列，最后加上防止过拟合的 DropOut 层。

2. 注意力机制模型

Attention 类继承自 nn.Module，实现了一个 Bahdanau 注意力机制。Bahdanau 注意力机制（Bahdanau Attention Mechanism）是由 Dzmitry Bahdanau 等在 2015 年提出的，通过为每个解码时间步提供一个动态调整的上下文向量，使解码器能够更有效地关注输入序列中最相关的信息，从而提高了传统 Seq2Seq 模型在处理长序列时的性能，代码如下：

```
#第1章/1.2 Seq2Seq.ipynb
class Attention(nn.Module):
    def __init__(self, hid_dim):
```

```
        super().__init__()
        self.attn = nn.Linear((hid_dim *2), hid_dim)
        self.v = nn.Linear(hid_dim, 1, bias=False)

    def forward(self, hidden, encoder_outputs):
        src_len = encoder_outputs.shape[0]
        hidden = hidden[-1].repeat(src_len, 1, 1)
        energy = torch.tanh(self.attn(torch.cat((hidden, encoder_outputs), dim=2)))
        attention = self.v(energy).squeeze(2)
        return torch.softmax(attention, dim=0)
```

（1）self.attn 实现了一个线性层，用于将解码器隐藏状态和编码器输出连接起来。self.v 是另一个线性层，将能量值转换为单一值，用于注意力分数的计算。

（2）forward 方法中先将解码器的隐藏状态和编码器的输出拼接起来，并通过线性层计算注意力权重，然后使用 Softmax 归一化，得到对每个时间步的注意力分布。

3. 解码器

定义解码器类 Decoder，其目的是用于一个序列到序列模型，并结合注意力机制，使在解码阶段可以选择编码器的输出，代码如下：

```
#第1章/1.2 Seq2Seq.ipynb
class Decoder(nn.Module):
    def __init__(self, output_dim, emb_dim, hid_dim, n_layers, dropout,
attention):
        super().__init__()
        self.output_dim = output_dim
        self.attention = attention
        self.embedding = nn.Embedding(output_dim, emb_dim)
        self.rnn = nn.LSTM((hid_dim *2) + emb_dim, hid_dim, n_layers, dropout=
dropout)
        self.fc_out = nn.Linear((hid_dim *2) + emb_dim + hid_dim, output_dim)
        self.softmax = nn.LogSoftmax(dim=1)
        self.dropout = nn.Dropout(dropout)

    def forward(self, input, hidden, cell, encoder_outputs):
        input = input.unsqueeze(0)
        embedded = self.dropout(self.embedding(input))
        a = self.attention(hidden, encoder_outputs)
        a = a.unsqueeze(1)
        encoder_outputs = encoder_outputs.permute(1, 0, 2)
        weighted = torch.bmm(a, encoder_outputs)
        weighted = weighted.permute(1, 0, 2)
        rnn_input = torch.cat((embedded, weighted), dim=2)
        output, (hidden, cell) = self.rnn(rnn_input, (hidden, cell))
        embedded = embedded.squeeze(0)
        output = output.squeeze(0)
        weighted = weighted.squeeze(0)
        prediction = self.fc_out(torch.cat((output, weighted, embedded), dim=1))
```

```
prediction = self.softmax(prediction)
return prediction, hidden, cell
```

初始化方法与Seq2Seq模型一致,主要介绍forward方法。

(1) 首先,input.unsqueeze(0)用于将input增加一个维度,通常是将[batch_size]变为[1, batch_size],以便后续操作中能匹配LSTM输入的形状。

(2) 通过嵌入层将输入转换为向量表示,再使用DropOut来避免过拟合。self.attention(hidden, encoder_outputs)使用注意力层计算解码器隐藏状态与编码器输出之间的注意力权重,得到一个注意力权重序列。

(3) a.unsqueeze(1)用于对注意力权重增加一个维度,使其可以与编码器输出进行矩阵乘法。encoder_outputs.permute(1, 0, 2)表示调整编码器输出的维度,使其从[src_len, batch_size, hid_dim]变为[batch_size, src_len, hid_dim],以便与注意力权重进行批次矩阵乘法。

(4) torch.bmm(a, encoder_outputs)实现的是批次矩阵乘法(bmm),将注意力权重与编码器的输出结合,得到加权的上下文向量。weighted.permute(1, 0, 2)再次调整维度,将加权的上下文向量从[batch_size, 1, hid_dim]变回[1, batch_size, hid_dim]。torch.cat((embedded, weighted), dim=2)用于将嵌入的词向量和加权的上下文向量拼接起来,得到LSTM的输入。

(5) 将组合后的输入传递给LSTM,得到新的隐藏状态hidden和记忆状态cell,然后去掉之前增加的额外维度,以便全连接层能够处理。

(6) self.fc_out(torch.cat((output, weighted, embedded), dim=1))用于将LSTM的输出、加权的上下文向量和嵌入向量拼接起来,传递给全连接层,以便预测下一个输出的类别。

(7) 使用Softmax将全连接层的输出转换为概率分布,从而得到每个单词的概率,最后返回预测的单词分布及新的隐藏状态和记忆状态,用于解码的下一时间步。

注意: ①注意力机制的使用。通过计算注意力权重,解码器可以有效地选择编码器输出中最相关的部分,避免仅依赖单一的上下文向量。这使解码器在每个时间步都有一个不同的"视角"来理解输入序列。②结合多个输入源。在解码过程中,当前的输入单词的嵌入向量与来自编码器的加权上下文向量结合在一起,再输入LSTM,从而使模型能够更好地利用输入序列的信息。③Softmax层输出。最终的输出是经过Softmax的单词分布,用于确定下一个生成的词。

1.2.5 论文"Attention is All You Need"简介

融入注意力机制的Seq2Seq模型显著地改善了处理长距离信息依赖的能力,但该模型依旧保持了时序性架构,所以即便注意力机制提升了模型性能,在训练过程中依旧必须按序进行,特别是在处理大规模时序数据时,无法实现有效的并行处理,从而影响了训练效率。针对这一瓶颈,研究者发展出了自注意力机制,这一技术大幅提升了数据处理速度。"Attention is All You Need"这篇里程碑式的论文,即为自注意力机制的诞生地,它为时序问题的解决提供了创新思路和方法。

"Attention is All You Need"由 Vaswani 等在 2017 年发表,标志着 Transformer 架构的诞生。该论文提出的基于自注意力机制的 Transformer 网络,彻底摒弃了传统的循环神经网络和卷积神经网络。Transformer 在机器翻译等多项任务中取得了突破性成果,其并行处理能力和对长距离依赖的有效管理,迅速使其成为自然语言处理领域的研究焦点。

Transformer 模型的核心在于自注意力机制,它通过计算序列内各位置的相互关联,深入挖掘序列的语义信息。论文还引入了多头注意力、位置编码、残差连接和层归一化等创新技术,进一步地提升了模型的表征能力。

"Attention is All You Need"的发表,不仅确立了自注意力机制的重要地位,也为 Transformer 在自然语言处理领域的发展开启了新的篇章,对后续研究和技术应用产生了深远影响,接下来就对这篇论文进行整体介绍。

该论文一共分为 8 部分,分别是摘要、引言、背景、模型架构、自注意力的优势、训练、评估和结论,最后是附录、致谢和参考文献,下面将简要地介绍每部分的内容,而关于 Transformer 模型的深入解析将在后续章节详细展开。

(1) 摘要(Abstract):论文摘要简要地介绍了 Transformer 模型,这是一种基于注意力机制的序列到序列学习模型。摘要提到,Transformer 摒弃了传统的循环和卷积层,完全依赖于注意力机制来实现输入和输出序列之间的关联。实验结果表明,在翻译质量并行能力和所需训练时间方面,Transformer 优于此前的方法。

(2) 引言(Introduction):引言部分首先回顾了传统的序列到序列模型,特别是基于 RNN 和 CNN 的模型,并指出了它们在处理长距离依赖和并行计算方面的局限性。随后,作者介绍了注意力机制,并强调了其在机器翻译等任务中的重要性。最后,作者总结了 Transformer 模型的主要特点和实验结果,指出其在翻译质量和模型效率方面的优势。

(3) 背景(Background):在这一部分,作者简要地回顾了与 Transformer 模型相关的先前工作,包括传统的序列到序列模型、基于注意力机制的模型及一些优化技术。这些工作为 Transformer 模型的设计提供了理论基础和实践经验。

(4) 模型架构(Model Architecture):这是论文的核心部分,详细地介绍了 Transformer 模型的架构。作者首先描述了模型的总体架构,包括编码器和解码器。编码器由 $N=6$ 个相同的层组成,解码器也由 $N=6$ 个相同的层组成。每层包括两个子层:一个是多头自注意力机制,另一个是位置全连接前馈网络。这两个子层之间通过残差连接,并进行了层归一化。此外,作者还介绍了多头注意力机制、位置编码和掩码机制,以及模型中的缩放点积注意力。

(5) 为什么是自注意力(Why Self-Attention):在这一部分,作者探讨了自注意力机制的优点,包括计算复杂度、路径长度并行能力及理论上的最优性能。作者通过与基于 RNN

和 CNN 的模型进行比较,突出了自注意力在这些方面的优势。

(6) 训练(Training):这一部分详细地介绍了 Transformer 模型的训练过程,包括数据预处理、优化器选择、学习率策略、正则化技术等。作者还讨论了在训练过程中遇到的一些问题,例如梯度消失和梯度爆炸,以及如何通过改进模型结构和训练技巧来解决这些问题。

(7) 结果(Results):论文在这一部分展示了 Transformer 模型在两个机器翻译任务上的实验结果:WMT 2014 英-德翻译和 WMT 2014 英-法翻译。作者通过与其他模型进行比较,证明了 Transformer 在翻译质量并行能力和训练时间方面的优势。此外,作者还通过消融实验验证了模型中各个组件的有效性。

(8) 结论(Conclusion):在结论部分,作者总结了 Transformer 模型的主要贡献,并指出其可能的改进方向和应用场景。作者认为,Transformer 模型不仅在机器翻译领域具有巨大潜力,还可以应用于其他需要处理序列数据的任务。

Transformer 架构解析

Transformer 模型的核心思想是自注意力机制,能够有效地捕捉序列数据中不同位置之间的相互关联。这种机制不仅提高了模型的并行处理能力,还增强了其对长期依赖关系的建模能力。

本章将详细介绍 Transformer 模型的架构,包括编码器、解码器、多头注意力机制、位置编码、残差连接和层归一化等关键组件。将通过代码示例和实际应用案例,深入解析 Transformer 模型的工作原理,并探讨其在自然语言处理任务中的优势和应用。通过学习 Transformer 模型,将能够更好地理解自然语言文本的深层结构,并为开发更强大的自然语言处理应用提供新的思路和工具。

2.1 Transformer 总览

Transformer 通过词嵌入技术(例如独热编码和 Word2Vec),将文本转换为数字形式,帮助模型捕捉关键信息。其自注意力机制根据上下文调整词向量,从而解决了字词的歧义问题。整个模型采用 Seq2Seq 结构,由编码器和解码器构成,编码器用于处理输入数据,解码器用于生成目标序列,二者通过多头注意力机制和前馈神经网络进行交互。这种设计提升了信息提取和识别能力,使 Transformer 成为现代深度学习的重要工具。

2.1.1 Transformer 的核心思想

Transformer 模型目前在自然语言处理、计算机视觉等多个领域和场景中得到了广泛应用,其卓越性能主要得益于自注意力机制,这一机制能够有效地捕捉输入数据中的关键信息。下面来探讨 Transformer 模型是如何提升信息提取和识别能力的。

1. 词嵌入

以自然语言处理任务为例,人类交流最普遍的方式是通过自然语言,即使用自然语言进行信息传递和接收。人脑能够自然地理解和识别这些信息,但计算机并不具备直接理解自然语言的能力。为了使计算机能够解读人类的表达,需要一个中介来架起这座沟通的桥梁。

这个中介就是词嵌入,如图 2-1 所示。在自然语言处理领域,词嵌入是最关键的技术之一。它将文本内容转换为数字形式,确保每个单词或文本段落都有一个精确的数字表示。

这样的转换极大地简化了问题的复杂性,使模型处理起来更加高效,优质的词嵌入能够显著地提升模型的性能,常见的嵌入方法主要有独热编码(One-Hot Encoding)和 Word2Vec。

图 2-1　嵌入转换连接

1) 独热编码

独热编码是一种将数据转换为二进制表示的方法,其中每个元素都被转换为一个唯一的二进制数。假设有一个简单的数据集,其中包含 5 个数据:["苹果","橙子","手机","手机","苹果"],想要对这些内容进行独热编码。首先,需要确定数据集中的唯一类别数量。在这个例子中,有 3 个唯一的值:苹果、橙子和手机,接下来需要为每个唯一值创建一个二进制向量,向量的长度等于类别的总数。每个值将对应一个向量,其中该值的位置为 1,其余位置为 0。

独热编码的步骤,首先,确定类别数量为 3(苹果、橙子、手机),然后创建独热编码矩阵,苹果 =[1, 0, 0]、橙子 =[0, 1, 0]、手机 =[0, 0, 1],向量坐标表示如图 2-2 所示。

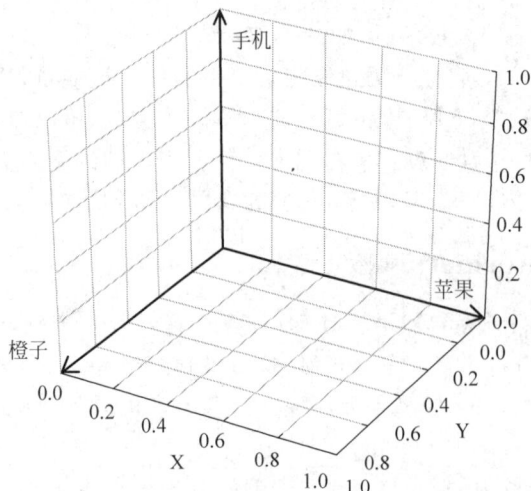

图 2-2　独热向量表示

独热编码虽然简洁易懂,但其高维度和稀疏性是一大缺陷,同时它也无法捕捉词汇间的语义关联。所谓稀疏性,指的是在数据集中,每个唯一类别的向量表示长度等于类别总数,例如,常见的汉字超过 3000 个,若加上特殊词汇,这一数字将更大。在这种情况下,每个汉字的向量将有 3000 个维度,而其中仅有一个维度为 1,其余均为 0。独热编码产生的向量是正交的,意味着词语间的关系无法体现,例如,"苹果"与"橙子"在语义上比"苹果"与"手机"更接近,但它们的独热编码表示却无法反映出这种相似性,因此在自然语言处理任务中,独热编码往往不是最佳选择,因为它无法根据词汇的语义含义进行有效编码。embedding 的一个重要作用就是相似的词语会被赋予相似的向量表示。

2) Word2Vec

Word2Vec 是一种流行的词嵌入方法,由谷歌在 2013 年提出,旨在将词汇映射到高维空间的向量中,这些向量能够捕获词汇的语义和句法信息。Word2Vec 模型的核心思想是通过上下文来学习单词的向量表示,使语义上相似的单词在向量空间中彼此靠近。

还是以苹果、橙子、手机为例,假设已经有一个训练好的词嵌入模型(一般情况下会使用开源的词嵌入模型,根据自己的任务和数据进行训练),根据匹配得到每个值的向量表示,苹果 $= [0.5, 0.3]$、橙子 $= [0.6, 0.2]$、手机 $= [0.1, 0.8]$。

在这个简化的向量空间中,如图 2-3 所示,"苹果"和"橙子"的向量比较接近,这反映了它们在语义上的相似性(都是水果),而"手机"的向量则相对远离"苹果"和"橙子",这表明它在语义上与前两者不同。一旦有了这些向量表示,就可以使用它们来完成各种自然语言处理任务,例如计算单词之间的相似性,例如,可以计算"苹果"和"橙子"之间的余弦相似性,这将给出一个数值,表示这两个单词在语义上的接近程度。

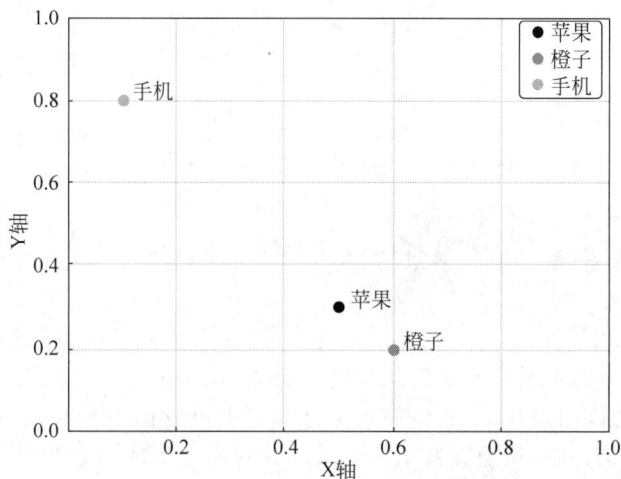

图 2-3　Word2Vec 向量表示

3) Word2Vec 的问题

虽然 Word2Vec 已经改善了独热编码的一些缺点,并且可以提取语义信息,但是 Word2Vec 还有一个问题,也就是当面对歧义词时就无能为力了,还是上面的例子,当苹果和橙子出现在一起时,就会理所应当地认为苹果是一种水果,可是当上下文中没有提到橙子,而只提到了苹果这个词时,它一定是表示水果吗? 例如有一句话"相对于苹果我更喜欢华为手机",在当前的语境下,很明显不能将苹果划分到水果的分类中。

2. 自注意力机制

该如何解决这个问题呢？下面注意力就要出场了，首先准备两个句子，text1＝我喜欢的水果是橙子和苹果，text2＝相比苹果我更加喜欢国产的华为手机。

在前文提到 embedding 需要将相似的字、词赋予相似的向量表示，所以绘制一个简单的坐标轴来进行简单演示，以此来说明自注意力机制的核心思想(Transformer 的核心思想就是注意力)。

1) 初始状态

如图 2-4 所示，一个二维坐标轴，横轴表示科技属性，纵轴表示水果属性，由于华为有手机属性，所以坐落于科技属性的横轴上，其坐标是(5,0)，橙子是水果，坐标表示在纵轴上，其坐标是(0,5)。当苹果这个词出现时，在没有上下文的情况下就不知道它应该是什么属性了，所以暂时将其放在坐标的中间位置表示，坐标为(2.5 ,2.5)。

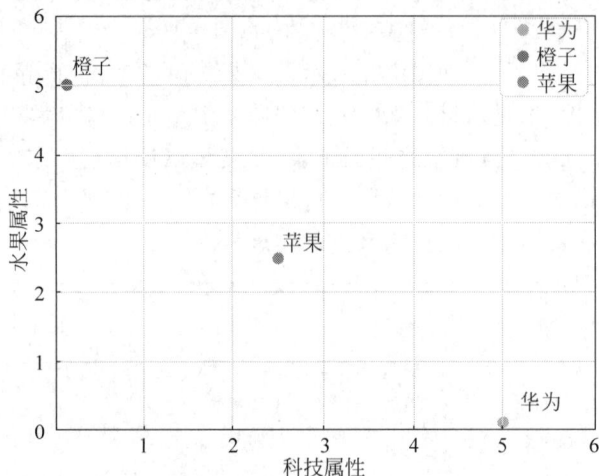

图 2-4 自注意力机制初始状态坐标

2) 移动

当苹果这个词出现在 text1＝我喜欢的水果是橙子和苹果中时，发现句子中出现了水果、橙子，这个句子中的苹果很明显就是指吃的苹果(水果)，这时"苹果"应该向橙子的方向移动，而当苹果这个词出现在 text2＝相比苹果我更加喜欢国产的华为手机时，这里的苹果应该是与华为手机相关的，很明显这里的苹果应该是指手机的那个苹果，这时"苹果"应该向华为的方向移动，如图 2-5 所示，自注意力机制就是根据上下文来捕捉当前字词的信息来调整 embedding 表示的，最终让每个词都找到最合适的向量表示，然后代入模型来训练，从而让模型取得更好的预测效果。

2.1.2 Transformer 的总体架构

Transformer 模型整体采用了一个 Seq2Seq 的架构，由编码器和解码器两部分组成，如图 2-6 所示。每部分由若干层堆叠而成，每层包含子层和归一化操作。编码器和解码器的子层主要包括多头注意力机制和前馈神经网络。

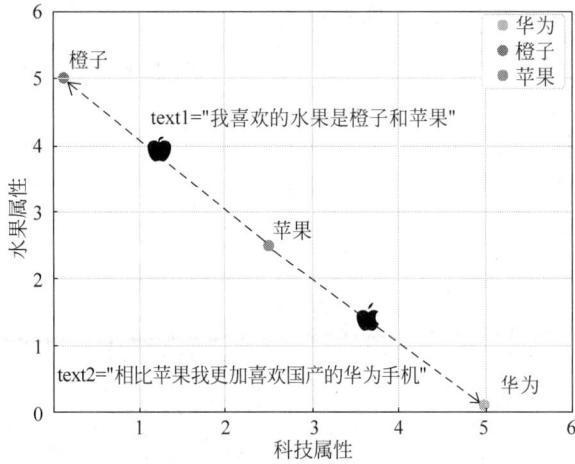

图 2-5　距离相似移动方式

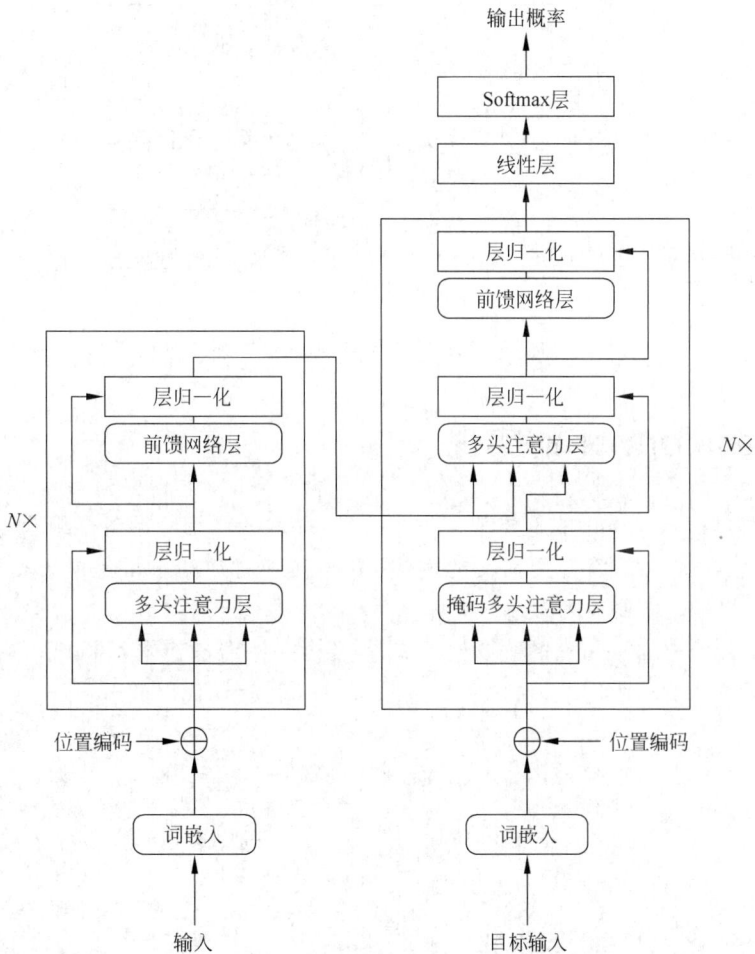

图 2-6　Transformer 模型架构图

编码器：编码器由多个相同的层堆叠而成，每层包括两个子层，即多头自注意力机制和前馈神经网络。输入数据首先经过嵌入层，然后加上位置编码（Positional Encoding），最后通过编码器各层进行处理。

解码器：解码器同样由多个相同的层堆叠而成，每层包括 3 个子层：多头自注意力机制、编码器-解码器注意力机制和前馈神经网络。解码器通过接受编码器的输出和解码器自身的输入生成目标序列。Transformer 模型的数据流向如图 2-7 所示。

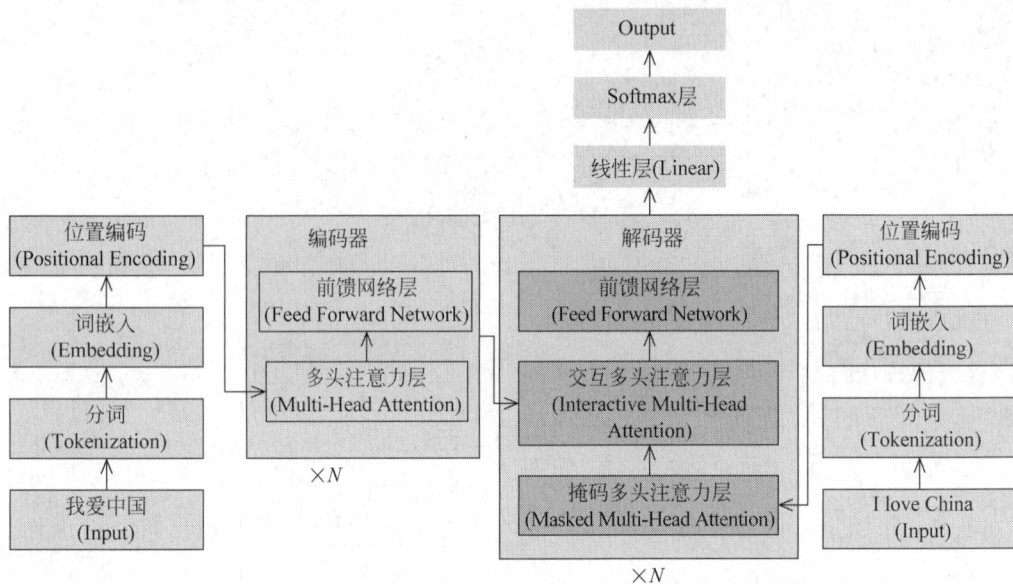

图 2-7　Transformer 模型的数据流向

2.2　Transformer 的实现

▶ 38min

本节将对 Transformer 的整体架构进行拆解，并逐一详细介绍各个组成部分。为了更好地理解自注意力机制，将使用前文的例句，text1＝我喜欢的水果是橙子和苹果，并结合 Transformer 的实现步骤和代码进行讲解。

在正式介绍 Transformer 的主要架构前，需要做一些准备工作。根据图 2-6 的步骤，首先需要进行词嵌入，这里使用开源的工具包 spacy 进行演示，代码如下：

```
#第 2 章/2.2transformer_过程拆解.ipynb
import spacy
import pandas as pd
nlp = spacy.load('zh_core_web_sm')          #加载预训练中文语言模型
doc = nlp(text1)                            #nlp 对象将文本转换为 doc 对象
dics = {}
for token in doc:
```

```
    dics[token.text] = token.vector[:10]    #依次将嵌入向量存储在一个字典中
    X = pd.DataFrame(dics).T                 #将嵌入向量字典转换为DataFrame,并进行转置
```

注意：token. vector[:10]，spacy 中的 zh_core_web_sm 模型默认将每个字词编码为 96 维，这里为了便于演示，只截取前 10 个维度展示；如果第 1 次使用 zh_core_web_sm 模型，则需要先运行代码 python -m spacy download zh_core_web_sm 进行下载。

图 2-8 展示了每个字词(token)的词嵌入表示，其中第 1 列是每个字词的索引，后面的每列代表该索引的一个维度，每行代表每个字词的词嵌入向量。

	0	1	2	3	4	5	6	7	8	9
我	-1.324775	-1.668875	0.749357	0.859416	-0.226342	-1.670868	0.034034	1.376507	0.642628	1.557622
喜欢	-1.370327	-0.602875	0.274090	-0.380367	-0.497612	0.203198	-0.129605	0.064625	-0.420950	-1.204177
的	0.341538	0.600030	-1.723902	-0.728517	1.158524	-0.858372	1.263434	1.010932	-1.289856	-0.743657
水果	-0.558530	-0.200320	-0.024082	-0.040102	-1.301574	-1.320408	-0.786152	0.636234	-0.444866	-0.212000
是	-0.627179	-1.698853	0.144489	2.466194	-0.099349	-0.376032	2.619675	0.551595	-0.421074	1.006839
橙子	1.078435	-0.732497	0.591076	-0.209849	-0.071781	1.719593	-0.295367	-0.154403	0.773509	-1.587893
和	0.322416	2.647843	2.612501	0.236240	0.500240	0.762496	3.632153	1.523306	0.669406	2.868554
苹果	0.628400	-0.493155	1.145407	-0.822133	-0.707903	-0.963297	0.743129	0.423888	-0.995425	0.157017

图 2-8　词嵌入向量结果

2.2.1　自注意力机制的原理和实现

自注意力机制是 Transformer 的核心组件之一。在 2.1.1 节中讲到，自注意力机制就是根据上下文来捕捉当前字词的信息来调整 embedding 表示的，最终让每个词找到最合适的向量表示，然后代入模型来训练，从而让模型取得更好的预测效果。在本节将介绍注意力机制是如何捕捉当前字词的信息来调整 embedding 的。

论文"Attention is All You Need"中的注意力计算流程如图 2-9 所示。

先看图 2-9(a)的自注意力机制部分，公式为

$$\text{Attention}(\boldsymbol{Q},\boldsymbol{K},\boldsymbol{V}) = \text{Softmax}\left(\frac{\boldsymbol{Q}\boldsymbol{K}^{\text{T}}}{\sqrt{d_k}}\right)\boldsymbol{V} \tag{2-1}$$

其中，$\boldsymbol{Q}$、$\boldsymbol{K}$、$\boldsymbol{V}$ 分别表示查询、键和值矩阵，d_k 是键的维度，具体计算步骤包括线性变换、计算注意力得分和加强求和。

1. 线性变换

将输入序列通过 3 个线性变换得到查询(Query)、键(Key)和值(Value)矩阵。

(1)查询向量：查询向量代表了在计算注意力时，当前要关注的那个词或元素。它用于对序列中其他词的重要性进行"询问"或"查询"。

(2)键向量：键向量是查询向量用来对比的对象。每个输入元素都会有一个对应的键向量，查询向量会与这些键向量进行比较，以确定当前词对其他词的重要性。

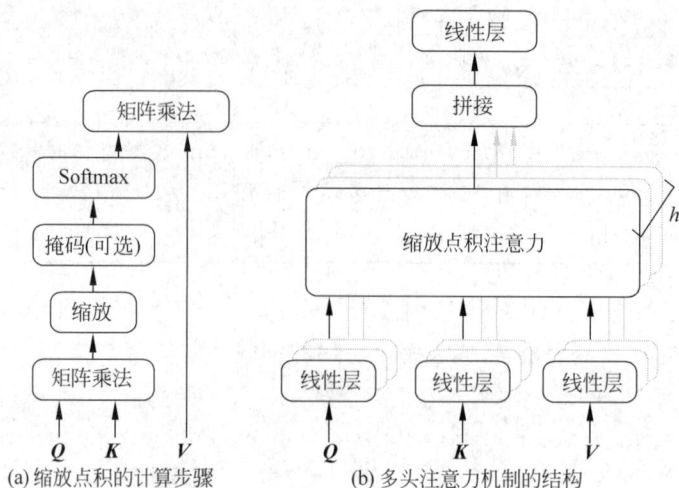

图 2-9 自注意力机制整体结构图

(3) 值向量：值向量表示输入序列中每个词的实际内容或信息。当计算出查询向量与键向量之间的注意力权重后,这些权重就会应用到对应的值向量上,从而生成加权的输出。

为了创建查询矩阵、键矩阵和值矩阵,需要先创建 3 个权重矩阵,分别为W^Q、W^K、W^V,用输入矩阵 X 分别乘以这 3 个权重矩阵,就可以依次创建查询矩阵 Q、键矩阵 K 和值矩阵 V。在图 2-9 中可以看到,首先是进行 Q、K 的相乘 $QK^T = XW^Q(XW^K)^T = XW^Q W^K X$,矩阵 W^Q、W^K 其实就是为了做线性变换的,如图 2-10 所示,"苹果"和"手机"这两个词不是直接相乘求点积,而是"苹果"先乘以矩阵 W^Q,W^K 乘以"手机"的转置,再进行相乘,其中 $W^Q W^K$ 的部分就是创建一个线性变换修改原始的词嵌入矩阵,实现词嵌入的优化。

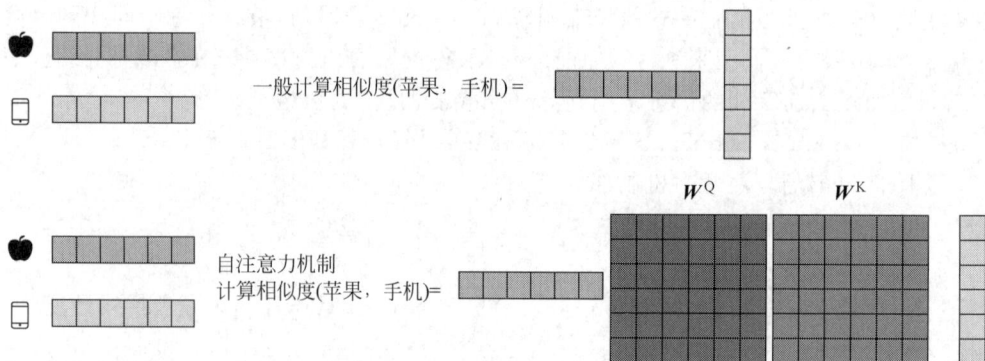

图 2-10 W^Q、W^K 矩阵计算相似度

所以整个过程就是修改词嵌入中的相似性,在不同度量维度上采用相似性以实现更优的词嵌入表示,而键和查询矩阵则是将词嵌入转换为更契合词注意力机制的表达形式的关键手段。

注意：权重矩阵 W^Q、W^K、W^V 的初始值是随机的，但最优值需要通过训练获得。通过计算所得到的查询矩阵、键矩阵和值矩阵的值也会随着调整。

下面用代码来实现这个过程，因为 3 个权重矩阵的初始值是随机的，所以可以使用 NumPy 的 random 函数来随机初始化，这里需要注意的是权重矩阵的维度。因为权重矩阵需要与输入矩阵 X 相乘，所以权重矩阵的第 1 个维度应该是输入矩阵 X 中每个词的词嵌入维度，这里也就是 emd_dim＝10，可以再取一个值作为权重矩阵的另一个维度，例如定义 d_k＝6，代码如下：

```
#第 2 章/2.2transformer_过程拆解.ipynb-注意机制
import numpy as np
emd_dim, d_k = 10, 6          #Q、K、V 向量的维度
Wq = np.random.randn(emd_dim, d_k)
Wk = np.random.randn(emd_dim, d_k)
Wv = np.random.randn(emd_dim, d_k)
print(Wq)
```

打印数据查看结果，权重矩阵维度为 8×6，输出的内容如下：

```
[[ 1.39969674  0.12747809 -0.41632391  0.52985566  0.38111957 -1.4923474 ]
 [ 1.01753066  0.70626562 -1.37338999 -0.13430751  0.79179285  1.32351134]
 [-0.91812112 -1.8697723  -0.63401633 -0.66429707  0.13228822  0.77972411]
 [ 0.32920483  0.45549985  0.87755302 -0.7312244   1.67336422 -0.51918915]
 [ 1.82532839 -1.13267096 -1.51274908 -0.22094868  1.37826972 -1.40996356]
 [-0.1721598  -2.47870767  2.21205937 -2.03098807 -0.85745841 -0.1225817 ]
 [-0.23867998  0.5741566   2.49799609 -3.11916339  0.92663369  0.18270872]
 [ 0.18566335  1.19463472  2.45601621 -2.15827367  0.25949801 -0.1433021 ]
 [-1.33496998  1.01736508  0.65294931  0.80918937  1.26789705 -0.64456138]
 [ 0.42930129 -0.89211408 -0.13884124 -0.31696065 -1.36063119 -0.47511054]]
```

定义好 3 个权重矩阵后，就可以使用输入矩阵 X 分别乘以这 3 个权重矩阵来得到查询矩阵 Q、键矩阵 K 和值矩阵 V，代码如下：

```
#第 2 章/2.2transformer_过程拆解.ipynb
Q = X.T @  Wq
K =  X.T @  Wk
V =  X.T @  Wv
Print(Q)
```

打印结果，查看查询矩阵的格式和内容如下：

	0	1	2	3	4	5
我	-4.024741	2.968927	3.438052	-1.211229	-0.084142	-0.915000
喜欢	-3.763705	-0.577465	1.820461	-0.545968	-1.458528	3.145498
的	5.982784	5.458486	0.736035	-3.665113	2.300431	-0.939050

水果	-2.316432	4.606693	-1.126311	3.531863	-1.942476	2.720032
是	-1.572371	1.454456	11.469323	-11.239349	3.414089	-2.101427
橙子	-1.947153	-3.912208	3.519033	-0.662263	0.812155	-1.894611
和	1.360293	-3.295435	8.563327	-18.736694	3.702661	2.789863
苹果	-0.773216	0.185507	0.133660	-1.735740	-2.202010	1.487700

2. 计算注意力得分

根据式(2-1),首先通过点积计算查询和键的相似度,然后使用 Softmax 函数计算注意力权重。计算查询向量和键向量之间的点积是为了得到它们之间的相似性分数,如果向量的维度很大,点积的值就可能非常大。Softmax 函数对输入的数值范围非常敏感。当输入值的范围很大时,Softmax 的输出会趋于 0 或 1(非常极端),这使在反向传播中,梯度的大小变得很小,容易导致梯度消失问题。通过对点积进行缩放(除以 $\sqrt{d_k}$),确保它们的值不会过大,可以让 Softmax 函数的输出更加平滑,避免梯度消失,从而稳定模型的训练过程,代码如下:

```
#第 2 章/2.2transformer_过程拆解.ipynb
df_QK = Q@K.T/ np.sqrt(d_k) # QK^T / √d_k    #计算查询和键的相似度点积,并进行缩放
#计算 Softmax
for i in range(len(df_QK)):
    exp_v = np.exp(df_QK.iloc[i])
    softmax = exp_v / np.sum(exp_v)
    df_QK.iloc[i] = softmax
```

计算后打印结果,输出的结果如下:

	我	喜欢	的	水果	是	橙子	和	苹果
我	0.0000	0.0000	0.7585	0.0000	0.0003	0.2412	0.0000	0.0000
喜欢	0.0001	0.0125	0.0000	0.0063	0.8907	0.0022	0.0006	0.0877
的	0.0000	0.0000	0.0000	0.0000	0.0000	0.0000	1.0000	0.0000
水果	0.0000	0.0174	0.2842	0.0001	0.2080	0.4126	0.0000	0.0778
是	0.0000	0.0000	0.0000	0.0000	0.0177	0.9284	0.0539	0.0000
橙子	0.1003	0.0128	0.0000	0.8797	0.0029	0.0000	0.0000	0.0043
和	0.7497	0.0000	0.0000	0.0000	0.0000	0.0000	0.2503	0.0000
苹果	0.0000	0.0001	0.8837	0.0000	0.0000	0.0915	0.0247	0.0000

现在经计算得到的就是每个词语与其他所有词之间的相似性。

注意:相似度矩阵并非对称矩阵,例如,在上述结果中,苹果对橙子的关注度为 0.0915,而橙子对苹果的关注度仅为 0.0043。这表明在一个句子中,当探索一个词对其他词的关注度或影响时会受到词语顺序、上下文及主体与客体关系等多种因素影响,因此相似度矩阵不对称是自注意力机制的正常表现,反映了词语之间的复杂关系。

3. 加权求和
查询矩阵和键矩阵是通过计算将词嵌入变成更好的相似性词嵌入,但是这个过程其实

没有发生任何移动,只是实现了所有词向量的相似度计算,也就是说在 Q 和 K 的过程中,Q 和 K 两个矩阵没有实际修改 embedding,但是这个过程实现了对词嵌入矩阵的理解,其输出的结果就是所有的单词之间相似性,这时就需要利用前面经计算得到的相似性对 V 矩阵进行操作,代码如下:

```
#加权求和
attention = df_QK @V
print(attention)
```

打印后输出的内容如下:

	0	1	2	3	4	5
我	3.475860	-0.409928	-2.994100	-2.376883	0.284445	3.958438
喜欢	-0.622700	0.147729	-3.859024	4.621934	-3.723569	3.545506
的	-6.059700	0.296374	7.769264	5.939434	6.069608	1.454496
水果	1.083282	1.001244	-1.248118	-2.598714	-0.428864	1.487279
是	-0.166793	2.813190	2.955331	-7.121159	0.637622	-2.026708
橙子	0.287425	-1.253834	-2.079467	1.736248	-1.463917	-0.649496
和	-0.990042	-3.278597	0.951645	5.068708	-0.096373	0.910818
苹果	3.865559	-1.041527	-3.827803	-1.086217	0.402794	5.090786

V 矩阵其实与 K 和 Q 一样,都是由输入矩阵乘以一个初始化的权重矩阵得到的,其实就是所有单词的初始化的 embedding,主要区别就是,V 矩阵才是最后用于模型表示的,而 Q 和 K 只是中间参与,是用于调整 V 的。

为什么求得相似度后会得到更好的 embedding 呢?观察下前面 df_QK 矩阵的输出,在进行 df_QK@V 时,计算的第 1 个值是 df_QK 第 1 行乘以 V 的第 1 列,df_QK 第 1 行代表的是整个句子中所有其他词对当前词"我"的关注度权重,V 的第 1 列是指整个句子每个词的第 1 个(索引是 0)维度的向量表示。df_QK 第 1 行乘以 V 的第 1 列得到的结果就是整个句子在第 1 个维度上的上下文表示,它是一个通过注意力权重加权后的向量,代表了该词在句子中的语义信息,这种加权求和的操作会对句子中每个词、每个维度都进行,从而生成新的上下文表示矩阵。

相乘的过程其实是每个单词对其他所有单词在所有维度(特征)上的关注度的计算。V 矩阵的每列代表词的一个维度,最后求出的注意力矩阵的长度其实是和 V 矩阵一样的,也就是最后的特征数量一致,没有改变。

2.2.2　多头注意力的原理和实现

多头注意力机制通过引入多个注意力头,使用多个 Q、K、V 矩阵来捕捉不同子空间的特征表示,如图 2-9(b)所示。

1. 线性变换

将输入序列分别通过多个线性变换得到多组查询、键和值矩阵。这里定义注意力头的数量 num_heads=8,需要初始化 8 个 W^Q、8 个 W^K、8 个 W^V,然后使用 X 乘以初始化的权重

矩阵,从而得到 8 个查询矩阵 Q、8 个键矩阵 K、8 个值矩阵 V,代码如下:

```
#第 2 章/2.2transformer_过程拆解.ipynb--多头注意力
num_heads = 8  #注意力头的数量使用 8 个头
#为多个头初始化权重矩阵
Wq_multi = [np.random.randn(emd_dim, d_k) for _ in range(num_heads)]
Wk_multi = [np.random.randn(emd_dim, d_k) for _ in range(num_heads)]
Wv_multi = [np.random.randn(emd_dim, d_k) for _ in range(num_heads)]
#计算每个头的 Q, K, V
queries = [np.dot(X.T, Wq) for Wq in Wq_multi]
keys = [np.dot(X.T, Wk) for Wk in Wk_multi]
values = [np.dot(X.T, Wv) for Wv in Wv_multi]
```

注意:Wq_multi 是一个包含 8 个矩阵(NumPy 数组)的列表,每个列表的 shape 是 10 * 6[emd_dim,d_k],Wk_multi 和 Wv_multi 也一样;queries 是一个包含 8 个矩阵的列表,每个列表的 shape 是 8 * 6[sequence_length,d_k],sequence_length 指序列的长度,也就是 X 中有几个词。

2. 计算每个头的注意力

对每组查询、键和值矩阵分别计算注意力得分,根据 2.2.1 节中的步骤定义一个函数 scaled_dot_product_attention 来实现式(2-1),代码如下:

```
#第 2 章/2.2transformer_过程拆解.ipynb
def scaled_dot_product_attention(Q, K, V, d_k):
    #计算 queries 和 keys 之间的点积并进行缩放
    scores = np.dot(Q, K.T) / np.sqrt(d_k)
    #对分数应用 Softmax,得到注意力权重
    attention_weights = np.exp(scores) / np.sum(np.exp(scores), axis=-1, keepdims=
True)
    #使用注意力权重乘以 values
    return np.dot(attention_weights, V)

attention_heads = [scaled_dot_product_attention(Q, K, V, d_k) for Q, K, V in zip
(queries, keys, values)]
```

注意:attention_heads 是一个包含 8 个矩阵(NumPy 数组)的列表,每个列表的 shape 是 8 * 6=[sequence_length,d_k]。

3. 拼接和线性变换

将所有注意力头的输出拼接起来,并通过一个线性变换得到最终输出,拼接起来后得到的 shape 是 8 * 48([sequence_length,d_k * num_heads]),需要将其转换为 8 × 10([sequence_length,emd_dim])的格式,进行线性变换以转换回原始词嵌入维度是为了将多个注意力头的结果整合成一个统一的表示,确保模型层之间的维度一致性,并增强模型的表

达能力。公式表示如下：

$$\text{MultiHead}(\boldsymbol{Q},\boldsymbol{K},\boldsymbol{V})=\text{Concat}(\text{head}_1,\cdots,\text{head}_n)\boldsymbol{W}^O \qquad (2\text{-}2)$$

式(2-2)中 head_i 是指每个注意力头，$\boldsymbol{W}^O$ 是输出的线性变换矩阵，代码如下：

```
#沿着最后一个维度拼接所有注意力头的输出
multi_head_attention = np.concatenate(attention_heads, axis=-1)
#初始化最后线性变换的权重矩阵
W_out = np.random.randn(d_k *num_heads, emd_dim)
#应用最后的线性变换
output = np.dot(multi_head_attention, W_out)
```

output 的 shape 为 $8\times10=[\text{sequence\_length},\text{emd\_dim}]$。

注意：最后进行线性变换并转换回原来的词嵌入维度的原因有以下几点。①融合多个注意力头的结果。多头注意力机制通过多个注意力头来捕捉不同子空间的特征。每个头独立地对输入进行自注意力计算，得到一组注意力输出，这些输出代表了从不同角度理解的输入信息。通过线性变换，模型可以将这些独立的注意力头的结果整合起来，得到一个固定维度的表示。②保持维度一致性。输入嵌入的维度是固定的，在 Transformer 模型中，输入和输出的词嵌入维度需要保持一致，以便模型可以顺利地在各层之间传递信息。如果多头注意力机制的输出维度与输入的嵌入维度不一致，则后续的层(例如残差连接或层归一化)将无法正常工作。通过线性变换，将多头注意力的输出重新映射到原始的词嵌入维度(embedding_dim)，确保在各层之间的维度一致性。③增强模型的表达能力。最后的线性变换不仅是一个简单的维度变换，它还增加了模型的表达能力。通过引入更多的参数(线性变换的权重矩阵)，模型可以学习到如何最有效地组合来自不同注意力头的信息，从而生成更有意义、更有用的输出表示。

2.2.3　位置编码的作用和实现

在第 1 章介绍 RNN 模型时，提到 RNN 是一种递归神经网络，它在训练时会按顺序逐字将文本输入网络。通过逐字处理，RNN 能够根据字词的前后顺序理解语义，从而全面掌握整个句子的含义。与 RNN 不同，Transformer 不依赖于递归循环的模式。相反，它是并行处理的，也就是说，句子中的所有词会同时输入神经网络中，并行输入不仅缩短了训练时间，还更有效地捕捉了长期依赖关系。

但问题来了，如果词是并行输入的，词的顺序信息就丢失了。没有词序，Transformer 如何理解句子的意思呢？毕竟，词在句子中的位置对于理解句子至关重要。

Transformer 确实需要了解词序信息才能更好地理解句子，如何才能实现这一点呢？答案是通过位置编码。由于 Transformer 模型本身不具备处理序列顺序的能力，所以位置编码被用来引入位置信息，如图 2-6 所示，根据原论文的结构图可以看到，位置编码位于 embedding 后，在正式进入注意力机制前面。这种位置编码通常通过固定的三角函数(例如

14min

正弦和余弦函数)来实现,公式如下:

$$P_{(pos,2i)} = \sin\left(\frac{pos}{10000^{2i/d_{model}}}\right)$$

$$P_{(pos,2i+1)} = \cos\left(\frac{pos}{10000^{2i/d_{model}}}\right) \tag{2-3}$$

其中,pos 表示词在序列中的位置,i 表示维度索引号,d_{model} 是词向量的维度。

还是以前面讲过的例子进行说明,如图 2-8 所示,每个字词的词嵌入维度是 10,即位置编码公式中的 d_model=10(也就是前面提到的 emd_dim,后面统一用 d_model 表示)。因为位置编码和 embedding 是相加的,所以位置编码的形状大小必须和原始的 embedding 保持一致,应该也是 8×10 的。

以"我"为例来看一下,"我"的位置是在第 1 行,它的 pos=0(公式中的 pos,取值为 0~7);公式中是指维度的索引,因为这里同时使用了正弦和余弦函数,在式(2-3)中使用 2 进行计算,所以需要注意在计算时的取值不是-1~0,而是 0~4;所以"我"的每个索引对应的索引 2 取值应该是(0,0,2,2,4,4,6,6,8,8),同理,根据上面的计算方法可以得到全部位置编码信息,如图 2-11 所示。

$$P = \begin{bmatrix} \sin\left(\frac{0}{10000^{0/10}}\right) & \cos\left(\frac{0}{10000^{0/10}}\right) & \sin\left(\frac{0}{10000^{2/10}}\right) & \cos\left(\frac{0}{10000^{2/10}}\right) & \cdots & \sin\left(\frac{0}{10000^{8/10}}\right) & \cos\left(\frac{0}{10000^{8/10}}\right) \\ \sin\left(\frac{1}{10000^{0/10}}\right) & \cos\left(\frac{1}{10000^{0/10}}\right) & \sin\left(\frac{1}{10000^{2/10}}\right) & \cos\left(\frac{1}{10000^{2/10}}\right) & \cdots & \sin\left(\frac{1}{10000^{8/10}}\right) & \cos\left(\frac{1}{10000^{8/10}}\right) \\ \sin\left(\frac{2}{10000^{0/10}}\right) & \cos\left(\frac{2}{10000^{0/10}}\right) & \sin\left(\frac{2}{10000^{2/10}}\right) & \cos\left(\frac{2}{10000^{2/10}}\right) & \cdots & \sin\left(\frac{2}{10000^{8/10}}\right) & \cos\left(\frac{2}{10000^{8/10}}\right) \\ & & \cdots\cdots & \cdots\cdots & \cdots\cdots & & \\ \sin\left(\frac{7}{10000^{0/10}}\right) & \cos\left(\frac{7}{10000^{0/10}}\right) & \sin\left(\frac{7}{10000^{2/10}}\right) & \cos\left(\frac{7}{10000^{2/10}}\right) & \cdots & \sin\left(\frac{7}{10000^{8/10}}\right) & \cos\left(\frac{7}{10000^{8/10}}\right) \end{bmatrix}$$

图 2-11 位置编码矩阵

实现代码如下:

```
#第 2 章/2.2transformer_过程拆解.ipynb-位置编码
#初始化位置编码矩阵
pos_encoding = np.zeros((8, 10))#(position, d_model)
#计算每个位置的索引值
position_indices = np.arange(position)[:, np.newaxis]
#计算每个维度对应的缩放因子(分母)10000^(2i/d_model)
div_term = np.exp(np.arange(0, d_model, 2) *-(np.log(10000.0) / d_model))
#偶数维度使用正弦函数
pos_encoding[:, 0::2] = np.sin(position_indices *div_term)
#奇数维度使用余弦函数
pos_encoding[:, 1::2] = np.cos(position_indices *div_term)
```

注意:pos_encoding 最终输出的 shape 为 8×10。

使用正弦和余弦函数来生成位置编码在 Transformer 模型中主要具有以下几个优点。

（1）周期性和规律性：正弦和余弦函数的周期性特点使位置编码具有一种平滑的可预测的变化。这种规律性使模型可以通过学习这些模式来理解输入序列中的位置关系，例如，相邻位置的编码值差异很小，而距离较远的位置编码值差异较大，这有助于模型捕捉到序列中的相对位置信息。

（2）不同频率的编码：正弦和余弦函数通过指数缩放不同维度的频率，使每个维度捕捉不同尺度的位置信息。低频维度编码较大的位移，高频维度编码较小的位移。这样，模型可以同时理解序列中的局部关系和全局关系，有效地处理短期和长期依赖。

（3）无限扩展性：由于正弦和余弦函数是基于位置和维度的简单数学计算，所以它们可以轻松地扩展到任意长度的序列。这意味着位置编码可以在不增加额外复杂性的情况下，处理任意长度的输入序列。

（4）不依赖于训练数据：正弦和余弦函数生成的位置编码是基于固定的公式的，而不依赖于训练数据。这意味着模型可以在不通过额外训练的情况下直接使用这些编码，从而降低了模型的复杂性，并且不需要额外的参数学习。

（5）位置编码的可加性：由于正弦和余弦函数具有对称性和周期性特点，所以位置编码在某些操作（例如平移）下是可加的。这种特性使模型在处理不同位移的序列时仍然能够保持一定的泛化能力。

（6）轻量级实现：正弦和余弦函数的计算非常简单且高效，无需额外的存储或计算资源。这使位置编码的实现非常轻量，适用于大规模的深度学习模型。

2.2.4 前馈网络层

在图 2-6 中，进行完多头注意力机制计算后，上面是一个 Feed Forward（前馈网络层），前馈网络由两个有 ReLU 激活函数的全连接层组成。前馈网络的参数在句子的不同位置上是相同的，但在不同的编码器模块上是不同的。

自注意力机制主要负责捕捉输入序列中不同位置之间的关系，而前馈神经层则进一步对这些关系进行处理和抽象，通过对输入进行非线性变换，使模型能够学习和表达更加复杂的特征，帮助模型更好地理解和生成数据。同时通过加入前馈神经层，Transformer 模型能够引入更多的非线性变换和处理不同领域的数据，使模型的表达能力更强，学习到更加复杂的函数关系，从而提高模型的通用性，代码如下：

```
#第 2 章/2.2transformer_过程拆解.ipynb-前馈网络层
import torch
import torch.nn as nn
import torch.nn.functional as F
#创建 Linear 层
d_ff = 16  #中间层的维度
#第 1 个全连接层，映射到更高维度 d_ff
fc1 = nn.Linear(d_model, d_ff)
#第 2 个全连接层，将高维度映射回 d_model
fc2 = nn.Linear(d_ff, d_model)
```

使用 2.2.2 节中的最后输出的结果 output 作为输入进行实现,代码如下:

```
#应用 ReLU 激活函数
output = F.relu(fc1(output))
#通过第 2 个全连接层
output = fc2(output)
print(output.shape)    #输出的形状 torch.Size([8, 10])
```

在 Transformer 模型中的前馈神经层使用两个全连接层,并且通过先映射到更高维度 d_ff(一般默认值为 2048),然后映射回原始的维度 d_model。首先通过将输入映射到更高的维度,前馈层可以学习到更复杂的特征和模式。高维度空间提供了更多的自由度,同时模型可以在非线性激活函数(例如 ReLU)的作用下,打破线性性,使模型能够学习到更复杂的非线性关系,捕捉到输入数据中更丰富的特征。第 2 个全连接层将高维度的特征重新映射回原始的 d_model 维度,这一步相当于对之前扩展的高维度特征进行信息压缩。在压缩的过程中,模型能够提取出在高维度空间中发现的重要特征,从而形成更加紧凑和有效的表示。

注意:通常在前馈神经网络层的中间(两个全连接层之间)添加 DropOut 层。这种做法有助于防止过拟合,提高模型的泛化能力。

2.2.5 残差连接和层归一化

为了避免梯度消失和梯度爆炸问题,Transformer 模型引入了残差连接(Residual Connection)和层归一化(Layer Normalization),在图 2-6 中可以看到多头注意力机制和前馈网络层后面都加入了残差连接和层归一化。

1. 残差连接

残差连接是深度神经网络(尤其是 ResNet 和 Transformer 模型)中的一种技术,它的主要目的是解决深层神经网络在训练过程中出现的梯度消失问题,同时也帮助网络更好地收敛。残差连接允许信息绕过一层或多层的非线性变换,直接传递到更深的层。公式表示为 Output=LayerNorm(x+SubLayer(x)),其中 x 是输入,SubLayer(x)是子层的输出。残差连接可以使模型在执行复杂的特征变换时保留原始的输入信息,从而使模型训练更加稳定。

残差模型的主要作用表现。①缓解梯度消失问题:随着网络层数的加深,梯度消失问题会变得更加严重。通过残差连接,梯度可以直接反向传播到前面的层,从而缓解梯度消失问题,使深层网络的训练变得更加可行;②提高网络的可训练性:残差连接使网络可以学习到"残差"而不是完整的映射。这意味着网络可以选择不学习复杂的特征变换,而是将其作为一个"增量"调整,这样网络更容易训练;③增强网络的表现力:残差连接允许模型在深层次上融合原始输入信息和提取出的高级特征,从而提高网络的表现力和泛化能力。

2. 层归一化

层归一化是用于标准化神经网络层输入的技术,特别是在处理变长输入序列时表现良好。与批归一化不同,层归一化是针对每个样本在特征维度上进行标准化,而不是在批次维度上进行标准化。通过对每个批次的输入进行归一化,使每个子层的输入分布更加稳定,从而加速模型训练。

层归一化的主要作用:①消除内部协变量偏移,通过将输入数据归一化,层归一化可以减少不同输入分布之间的偏移,使每层的输入具有相似的分布,这有助于提高模型训练的稳定性;②提高训练效率,通过归一化输入,层归一化可以加速模型的收敛速度,并且减少对学习率设置的敏感性;③适用于变长序列,层归一化在处理变长序列(例如 NLP 任务中的文本序列)时特别有效,因为它是在特征维度上进行标准化的,不依赖于批次大小,代码如下:

```
#自注意力机制 + 残差连接 + 层归一化
x = x + attn_output
x = nn.LayerNorm(x)

#前馈神经网络 + 残差连接 + 层归一化
x = x + ffn_output
x = nn.LayerNorm(x)
```

结合残差连接和层归一化,可以让模型在保留原始输入信息的同时,对新学习到的特征进行归一化处理,从而提升模型的表现和训练稳定性。

2.2.6 解码器的结构和功能

在前面的讨论中,主要分析了图 2-6 左侧的编码器部分。接下来,将重点转向图 2-6 右侧的解码器。尽管解码器的整体结构与编码器相似,但它引入了一些额外的重要组件,如图 2-12 所示。

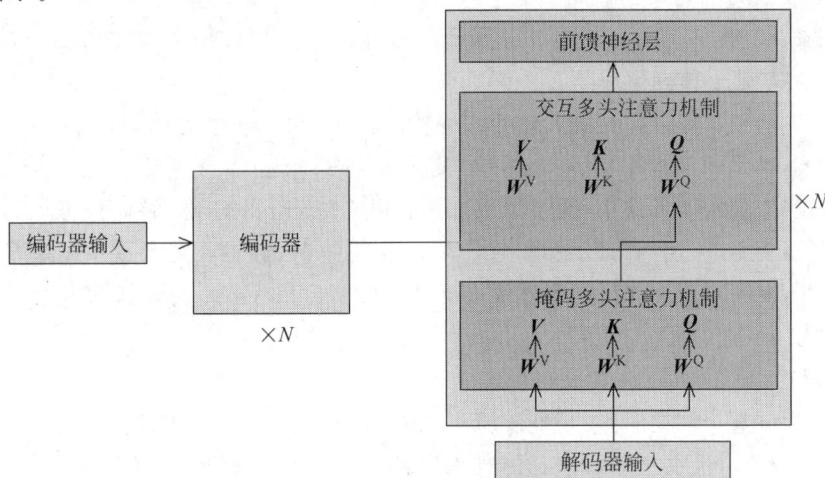

图 2-12 解码器组成

1. 掩码多头注意力层

首先,在解码器中引入了掩码多头注意力(Masked Multi-Head Attention)层,这是与编码器不同的关键之处。该层通过掩码操作确保解码器在生成每个词语时,仅能访问当前词语之前的信息,而不会预先看到未来词语的信息。这一机制对于训练自回归模型至关重要,因为它能够有效地防止信息泄露,确保每个生成步骤的独立性和准确性。

1) 解码器工作原理

为了更好地理解掩码注意力机制的工作原理,需要先了解解码器是如何生成目标句子的,其生成过程可参考 1.2.1 节的内容。由于 Transformer 本质上是一个 Seq2Seq 模型,因此解码器的生成过程与传统的 Seq2Seq 模型相似,即在每个时刻根据上一个时刻的输出逐步预测下一个词。以翻译任务为例来进行说明:

假设中文句子为"我爱中国",目标英文翻译为 I love China。具体生成过程如图 2-13 所示。

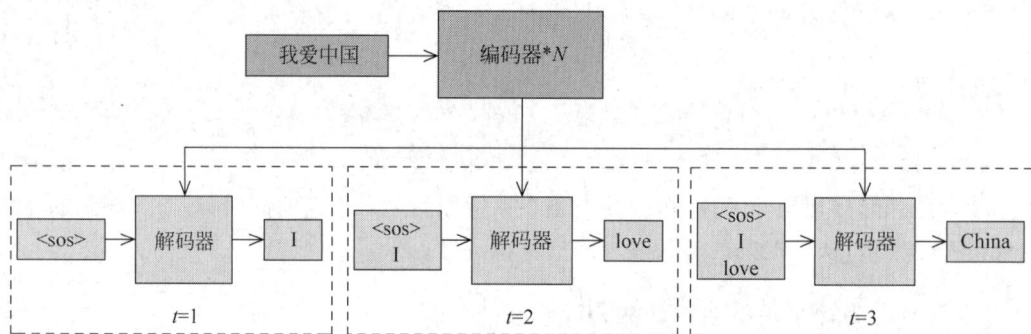

图 2-13 解码器预测过程

(1) 时刻 $t=1$:解码器的输入包括编码器的输出和句子开始的标识符< sos >,解码器根据这些输入预测生成第 1 个词 I。

(2) 时刻 $t=2$:解码器的输入包括编码器的输出、句子开始的标识符< sos >及第 1 个词 I,解码器在此基础上预测生成第 2 个词 love。

(3) 时刻 $t=3$:解码器的输入包括编码器的输出、句子开始的标识符< sos >、第 1 个词 I 和第 2 个词 love,解码器根据这些输入预测生成第 3 个词 China。

当解码器生成句子的结束标识符< eos >(End Of Sentence)时,解码任务即告完成。通过分析解码器的生成过程,可以发现,在序列生成任务中,解码器需要逐步生成序列中的每个词语,例如,在时刻 $t=2$ 时,解码器需要预测第 2 个词 love,此时输入解码器的只能是前面的标识符< sos >和单词 I。

2) 掩码

如果在生成某个词语时,模型能够看到未来的词语信息,就会出现信息泄露的问题。在这种情况下,模型可能会依赖未来的信息来生成当前词语,从而破坏模型的训练效果。在实际预测中,为了加快训练速度,通常采用矩阵操作的方式,即将整个解码器部分的输入经过词嵌入后一起输入解码器。这时,为了避免信息泄露,需要在每步预测时,遮挡住当前时刻的预测内容及后续的内容,这个遮挡过程就是通过掩码机制来实现的。

因此,通过掩码操作,模型只能看到当前时刻及其之前的词语,确保生成过程的正确性和模型训练的有效性。

3)代码实现

接下来,通过代码示例来具体演示掩码的实现方式。掩码注意力机制的计算方法与2.2.1节中的自注意力机制基本相同,唯一的区别是在计算自注意力 QK^T 之后增加了一层掩码操作以屏蔽未来的时间步,从而确保模型只关注当前及之前的时间步,代码如下:

```
QKT = Q@K.T
print(QKT) #输出的相似度矩阵 QKT 如下所示
            <sos>          I        love      China
<sos>   -33.216338 -23.967733 -16.745646 -48.127223
I         3.662955  21.006677  -8.159184  22.436083
love    -32.606001 -13.229870 -25.590892 -97.620361
China     2.462841   2.671438   6.871162  -1.412900
```

接下来,使用 np.triu 函数创建一个掩码矩阵。这个掩码矩阵是一个上三角矩阵,用于屏蔽未来的时间步,从而确保模型只关注当前及之前的时间步,代码如下:

```
mask = np.triu(np.ones(QKT.shape), k=1)
mask #k=1 表示保留主对角线上方的元素,将主对角线及其以下的部分置为 0
array([[0., 1., 1., 1.],
       [0., 0., 1., 1.],
       [0., 0., 0., 1.],
       [0., 0., 0., 0.]])
```

然后将 mask 矩阵与相似度矩阵 QK^T 相加,在 mask 为 1 的位置上,将对应的 QK^T 值设置为一个非常大的负数(通常是 $-1e9$),以确保这些位置的权重在 Softmax 计算中接近于零,代码如下:

```
QKT += (mask *-1e9) #将掩码矩阵中 1 对应的位置设置为一个非常大的负数(通常是 -1e9)
QKT
            <sos>            I          love         China
<sos>   -33.216338 -1.000000e+09 -1.000000e+09 -1.000000e+09
I         3.662955  2.100668e+01 -1.000000e+09 -1.000000e+09
love    -32.606001 -1.322987e+01 -2.559089e+01 -1.000000e+09
China     2.462841  2.671438e+00  6.871162e+00 -1.412900e+00
```

计算 Softmax 的代码如下:

```
#计算 Softmax
for i in range(len(QKT)):
    exp_v = np.exp(QKT.iloc[i])
```

```
    softmax = exp_v / np.sum(exp_v)
    QKT.iloc[i] = np.round(softmax, 6)
print(QKT)
```

打印输出的结果如下：

	<sos>	I	love	China
<sos>	1.000000	0.000000	0.000000	0.000000
I	0.000000	1.000000	0.000000	0.000000
love	0.000000	0.999996	0.000004	0.000000
China	0.011851	0.014599	0.973304	0.000246

在进行 Softmax 操作后，可以看到被掩码的位置(对应未来的时间步)都得到了接近于零的权重。这意味着在训练过程中，当前时刻的输入不会对未来的内容产生任何注意力关注，从而确保模型仅依赖前面的信息进行学习和训练。这样，模型能够正确地在序列生成任务中逐步生成每个词语，避免未来信息泄露。

2. 交互多头注意力层

在解码器的结构中还包含一个多头注意力机制层，与编码器中的类似。不同之处在于，这一层不仅接收解码器前一层的输出，还包括来自编码器的输出。通过这一设计，解码器在生成输出时可以参考编码器编码的上下文信息，从而更精准地捕捉输入序列的全局语义，如图 2-12 所示，这正是交互多头注意力层的核心功能，其计算过程与多头注意力机制的计算过程是一样的，代码如下：

```
Q =  decode_input @  Wq
K =  encode_output @  Wk
V =  encode_output @  Wv
```

Q 矩阵如下：

	0	1	2	3	4	5
<sos>	-3.531603	4.587109	-0.165461	-3.551444	1.117569	-5.660329
I	2.564433	1.760677	1.421278	1.839837	-1.347925	-3.098078
love	-2.529545	4.766858	1.239474	-2.940616	3.548334	0.042696
China	3.394391	-1.847023	1.582371	-7.010835	7.735863	-6.410108,

K 矩阵如下：

	0	1	2	3	4	5
我	-4.365287	-4.425975	3.320010	3.710602	2.410109	7.082546
爱	1.237889	1.426106	1.813198	-0.605699	-3.326096	-2.872162
中国	0.161291	-1.692111	-6.036928	2.581942	3.119707	1.948777,

V 矩阵如下：

	0	1	2	3	4	5
我	0.556574	-0.387408	2.335216	-2.797853	-9.151225	-0.867749
爱	1.999854	-1.644072	-2.898936	-0.819533	2.253972	4.371753
中国	-2.681513	-6.492899	-3.721697	2.366969	0.000479	3.254952

注意:交互多头注意力层 Q 矩阵由掩码注意力矩阵的输出与 W^Q 相乘得到,而 K、V 矩阵是由编码器的输出与 W^K、W^V 相乘得到的。

计算相似矩阵,代码如下:

```
QKT = Q@K.T
             我           爱          中国
<sos>  -56.009364   16.561303  -24.046482
I      -32.632560   20.529576  -16.638036
love    -7.997929   -4.229439  -12.396189
China  -54.159152    1.364077  -12.339616
```

Softmax 计算,代码如下:

```
#第 2 章/2.2transformer_过程拆解.ipynb-交互多头注意力机制
for i in range(len(QKT)):
    exp_v = np.exp(QKT.iloc[i])
    softmax = exp_v / np.sum(exp_v)
    QKT.iloc[i] = np.round(softmax, 6)
attention = QKT_attention@V
attention
             0         1         2         3         4         5
<sos>  0.701786 -2.405404 -1.963980 -0.563470 -0.640876  3.024590
I      0.701786 -2.405404 -1.963980 -0.563470 -0.640876  3.024590
love   0.683856 -2.405785 -1.930861 -0.570831 -0.720285  2.987957
China  0.701786 -2.405404 -1.963980 -0.563470 -0.640876  3.024590
```

注意:在交互多头注意力层中,QK^T 矩阵反映了两种语言之间的相似性,这可以视为一种对齐操作,例如,love 这个单词是从掩码注意力层得到的,这意味着模型已经关注了 love 之前的所有内容,并对这部分的嵌入向量进行了优化,然后这些优化后的嵌入向量与编码器的输出("我""爱""中国"的嵌入向量)进行相似度计算。这个过程帮助模型实现了针对 love 这一查询词的相应计算。

此外,解码器中还包含了与编码器相同的前馈神经网络层。该层结构上与编码器部分一致,使用两次线性变换和中间的 ReLU 激活函数,确保模型具备足够的非线性表达能力,以捕捉复杂的特征和模式。

最后,解码器的输出经过线性变换并通过 Softmax 层转换为概率分布,用于预测下一个词语的可能性。这一过程完成了从输入序列到输出序列的映射,充分体现了解码器在序列生成任务中的核心作用。

综上所述,尽管解码器与编码器在结构上有高度相似性,但通过在解码器中引入额外的机制,例如交互多头注意力机制,模型在处理序列生成任务时变得更加有效和准确。这些机制不仅使解码器能够依赖于之前生成的内容,还能够充分地利用编码器提供的上下文信息,从而生成与输入语义高度一致的精确输出。

第 3 章

训练 Transformer

本章深入探讨如何训练 Transformer 模型。在第 2 章中，介绍了 Transformer 模型的基本原理，并通过部分代码示例加深了对模型的理解，然而，这些代码主要用于理论讲解，不具备广泛的实用性和可扩展性，因此本章将使用 Python 和 PyTorch 来实现一个完整的 Transformer 模型。

本章内容分为两部分：第一部分将手写一个 Transformer 模型的实现，旨在整合第 2 章的代码，以更清晰地展示 Transformer 模型的整体架构。第二部分将使用开源数据集进行实践训练，展示如何在实际任务中应用 PyTorch 来训练 Transformer 模型。

注意：3.1 节内容主要根据第 2 章的内容对整体代码进行梳理，以此来辅助理解 Transformer 的基本原理，在实践中不具备实用性。

3.1 自定义 Transformer 代码

1. 代码环境介绍

Python 提供了丰富的科学计算类库，是深度学习领域的首选语言，所以在本书中，选用 Python 作为开发的主要语言，然而，仅仅依赖原生 Python 环境进行开发，可能会遇到包管理和依赖问题，尤其是在多个项目并行开发时。为了解决这些问题，并简化科学计算环境的配置，推荐使用 Anaconda。Anaconda 不仅包含了 Python 和许多常用的科学计算库，还提供了强大的包管理和虚拟环境管理功能，使开发过程更加顺畅和高效，可进入 Anaconda 的官网进行下载和安装，这里不进行详细介绍。

2. 安装虚拟环境

在正式进行代码训练前，建议使用 Anaconda 创建一个虚拟环境，可以有效地管理和隔离依赖，简化开发和部署流程，确保项目的稳定性和复现性。不同的 Python 项目可能需要同一库的不同版本。在虚拟环境中工作可以防止版本冲突。

创建虚拟环境步骤如下。

（1）打开 Anaconda Prompt：依次单击"开始"→"所有程序"→Anaconda3→Anaconda

Prompt,这将启动类似于 CMD 的控制台窗口。

(2) 使用以下命令创建一个新的虚拟环境,其中 python=3.11 指定了 Python 版本(可以根据需要选择不同的版本)。如果未指定版本,则 Conda 将使用默认的 Python 版本创建环境,代码如下:

```
conda create --name transformer python=3.11 -y
```

conda create:这是 Conda 命令,用于创建一个新的虚拟环境。

--name transformer:将虚拟环境的名称指定为 transformer。在激活环境时,可以使用这个名称来引用该环境。

python=3.11:将在该虚拟环境中安装的 Python 版本指定为 3.11。Conda 会自动从可用的包中选择兼容 Python 3.11 的包并进行安装。

-y:这个参数表示自动确认安装所有必要的包,而不需要在安装过程中手动确认。这可以简化命令执行过程,使其不再需要人工干预。

(3) 创建环境后,需要先激活环境,执行的命令如下:

```
conda activate transformer
```

激活虚拟环境后会自动进入此环境,当前面的默认的环境 base 变成要激活的环境(Transformer)时,如图 3-1 所示,表示激活成功并进入了当前的虚拟环境。

图 3-1 Conda 激活虚拟环境

3. 安装依赖包

在 Conda 创建的虚拟环境中,默认已安装了一些 Python 核心包和工具包,包括包管理工具 pip。Conda 作为一个强大的包管理器,非常适合处理复杂的科学计算包和环境配置,然而,Conda 的包管理渠道可能不包含 Python 生态系统中的所有包。在这种情况下,可以使用 pip 从 PyPI 仓库安装特定的 Python 包,因此在进入虚拟环境后,通过 pip 安装所需的依赖包是一种常见的做法,安装的命令为 pip install name,name 为需要安装的依赖包的名称,例如要安装 Pandas,命令如下:

```
pip install pandas

#卸载命令
pip uninstall name
```

在本章中需要安装的主要包为 PyTorch,PyTorch 是通用的深度学习框架,很多深度学习的运行过程需要借助 PyTorch 来完成相关计算,本书关于 Transformer 理论介绍部分也是借助 PyTorch 来进行演示的。PyTorch 的安装要比一般的依赖包复杂一些,主要是需要考虑 GPU 的配置。如果读者在本机没有 GPU,则可直接下载 CPU 版本的 PyTorch,使用

pip install torch 命令进行安装。

　　安装 GPU 版本的 PyTorch 需要根据 CUDA 版本选择 PyTorch 框架,在 Windows 操作系统上查看当前的 CUDA 版本的方式如下,在终端输入的命令如下:

```
nvidia-smi
```

　　显示内容如图 3-2 所示,右上角的 CUDA Version 为 12.5,表示当前驱动最高支持的 CUDA 版本为 12.5,在选择 PyTorch 的 CUDA 版本时,可以选择与 CUDA 12.5 兼容的版本(或更低的版本),只要确保安装的 PyTorch 二进制版本与当前的驱动程序和 CUDA 版本兼容即可。

图 3-2　GPU 配置信息

　　例如,使用的驱动支持 CUDA 12.5,可以安装 torch with cu121(CUDA 12.1 支持)版本,因为这是目前与 CUDA 12.5 驱动兼容的最高版本。如果 CUDA 12.5 是最高版本且使用的是官方支持的驱动程序版本,则可以选择 cu125 版本的 PyTorch。下载 PyTorch 时既可以进入官网(https://pytorch.org/)进行选择,如图 3-3 所示,也可以选择历史版本进行下载。

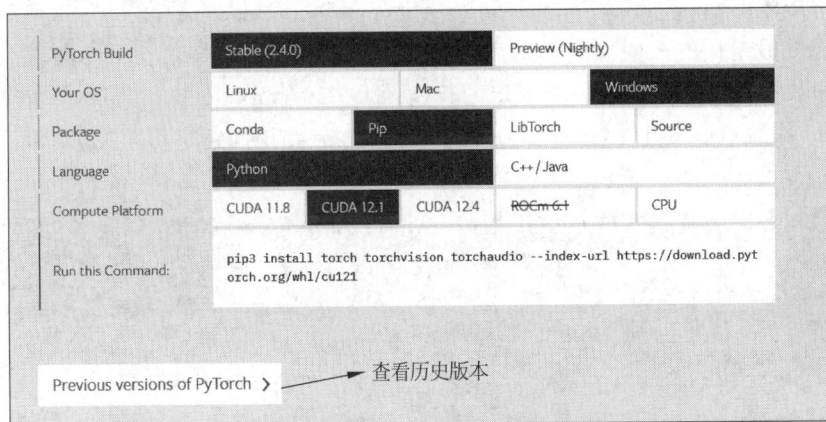

图 3-3　PyTorch 官网下载命令

建议选择历史版本(稳定性会更好些)2.1.2进行下载,下载的代码如下:

```
pip install torch==2.1.2 torchvision==0.16.2 torchaudio==2.1.2 --index-url
https://download.pytorch.org/whl/cu121
```

下载完成后,在终端输入 python 进入 Python 语言环境,命令如下:

```
>>> import torch
>>> torch.__version__
'2.1.2+cu121'
```

如果输出的结果为'2.1.2+cu121',则表示使用的 PyTorch 版本是 2.1.2,并且它是针对 CUDA 12.1 编译的。这意味着目前 PyTorch 安装支持使用 CUDA 12.1 的 GPU 加速功能。

3.1.1 词嵌入和位置编码

在完成基本的环境设置后,开始设计 Transformer 模型的代码实现,按照图 2-7 的架构进行编码。本节将介绍词嵌入和位置编码的代码实现。在整个代码讲解过程中,有两点需要特别注意:一是数据的流向,二是数据的维度。

1. 词嵌入

与前文一致,使用开源工具包 Spacy 来生成词嵌入。Spacy 会将每个词编码为 96 维,因此 embed_dim=96,代码如下:

```
import spacy
nlp = spacy.load('zh_core_web_sm')
embed_dim = nlp("我").vector.shape[0]        #获取词嵌入的维度
print(embed_dim)                            #输出 96
```

除了需要设定词嵌入的维度,还需要设定输入序列的长度,即每次训练时输入的序列包含的 token 数量。通常会设定一个固定的长度,例如 10(max_length=10)。当输入的序列长度超过 10 时,取前 10 个 token;若不足 10 个 token,则用固定字符填充,确保序列长度一致,代码如下:

```
#第 3 章/3.1 自定义 Transformer 编码.ipynb-数据处理
from torch.utils.data import  Dataset
class TranslationDataset(Dataset):#继承自 torch.utils.data.Dataset
    def __init__(self, data, max_length=10):
        self.data = data
        self.max_length = max_length
    def __len__(self):
        return len(self.data)

    def __getitem__(self, index):
        src_sentence, tgt_sentence = self.data[index]
```

```
        src_tokens = [token.vector for token in nlp(src_sentence)]
        tgt_tokens = [token.vector for token in nlp(tgt_sentence)]

        #将序列填充到最大长度
        src_tokens = self.pad_sequence(src_tokens, self.max_length)
        tgt_tokens = self.pad_sequence(tgt_tokens, self.max_length)
        #转换为张量,并确保为 float32
        return torch.tensor(src_tokens, dtype=torch.float32),
                torch.tensor(tgt_tokens, dtype=torch.float32)

    def pad_sequence(self, tokens, max_length):
        if len(tokens) < max_length:
            #如果序列比 max_length 短,则用零填充
            padding = [np.zeros(tokens[0].shape)] * (max_length - len(tokens))
            tokens.extend(padding)
        return tokens[:max_length]
```

（1）__len__()方法：返回数据集的长度，即句子对的数量，这是后续在训练过程中按索引访问数据集的基础。

（2）__getitem__()方法：根据索引 index 获取数据集中对应的句子对，并将其转换为词向量。通过调用 pad_sequence()方法填充或截断词向量列表，使其符合指定的最大长度 max_length，最后转换为 PyTorch 张量并返回，作为模型的输入和目标。

（3）pad_sequence()方法：用于填充或截断词向量列表，使其达到规定的最大长度。经过 TranslationDataset 处理后，输出的数据维度为 max_length * embed_dim（10 * 96）。

2. 位置编码

根据图 2-6 所示，位置编码与词嵌入相加，因此其形状必须与原始词嵌入保持一致，具体的代码逻辑可参考 2.2.3 节，代码如下：

```
#第 3 章/3.1 自定义 Transformer 编码.ipynb-位置编码
import math
import torch
class PositionalEncoding(nn.Module):#继承自 nn.Module
    def __init__(self, embed_dim, max_len=5000):
        super(PositionalEncoding, self).__init__()
        #创建一个足够长的 `position` tensor
        position = torch.arange(0, max_len, dtype=torch.float).unsqueeze(1)
        #根据维度创建分母
        div_term = torch.exp(torch.arange(0, embed_dim, 2).float() * (-math.log
(10000.0) / embed_dim))
        #生成正弦和余弦的位置编码
        pe = torch.zeros(max_len, embed_dim)
        pe[:, 0::2] = torch.sin(position *div_term)
        pe[:, 1::2] = torch.cos(position *div_term)
        pe = pe.unsqueeze(0).transpose(0, 1)
            #使其适应(batch_size, seq_len, embed_dim)的 shape
```

```
        self.register_buffer('pe', pe)

    def forward(self, x):
        x = x + self.pe[:x.size(0), :]
        return x
```

在 PositionalEncoding 类中,embed_dim 和 max_len 为输入参数,最终输出的维度同样为 max_length * embed_dim(10 * 96)。

注意:self.register_buffer('pe',pe)将位置编码张量 pe 注册为模型的一部分,以确保在保存和加载模型时保留,但这些张量不参与梯度计算和优化过程,非常适合位置编码这种不需要更新的参数。

3.1.2　多头注意力层

在实现多头注意力层时,按照图 2-9 的架构进行编写。首先需要确定头的数量 num_heads,每个头独立计算注意力,然后将结果拼接起来并通过一个线性层输出。关键参数包括头的数量 num_heads、词嵌入维度 embed_dim 及每个注意力头的维度 head_dim(公式中的 d_k),整体的数据流程与 2.2.2 节类似。

注意:在定义该模块的结构和参数时,需要确保嵌入维度 embed_dim 能被头的数量 num_heads 整除。这是为了在多头自注意力机制中,保证每个头能够均匀地分割嵌入维度,这样每个头都能独立处理数据的一部分。同时,这也确保了在多头注意力过程中输入和输出的维度保持一致,在分割和合并嵌入向量时不会导致信息丢失。

多头注意力层定义的代码如下:

```
#第 3 章/3.1 自定义 Transformer 编码.ipynb-多头注意力层
import torch.nn.functional as F
class MultiHeadSelfAttention(nn.Module):#继承自 nn.Module
    def __init__(self, embed_dim, num_heads):
        super(MultiHeadSelfAttention, self).__init__()
        self.embed_dim = embed_dim
        self.num_heads = num_heads
        assert embed_dim % num_heads == 0, "Embedding dimension must be divisible
by the number of heads."
        self.head_dim = embed_dim //num_heads
        self.scaling = self.head_dim **-0.5
        #线性层,用于变换输入 query、key、value 和最后的输出
        self.query = nn.Linear(embed_dim, embed_dim)
        self.key = nn.Linear(embed_dim, embed_dim)
        self.value = nn.Linear(embed_dim, embed_dim)
```

```
        self.out_proj = nn.Linear(embed_dim, embed_dim)

    def forward(self, query, key=None, value=None,mask = None):
        if key is None and value is None:
            key = value = query
        batch_size, seq_length, embed_dim = query.size()

        #线性变换得到 Q、K、V
        Q = self.query(query)      #(batch_size, seq_length, embed_dim)
        K = self.key(key)          #(batch_size, seq_length, embed_dim)
        V = self.value(value)      #(batch_size, seq_length, embed_dim)

        #多头分割,将 Q、K、V 的维度转换为 (batch_size,num_heads,seq_length, head_dim)
        Q = Q.view(batch_size, seq_length, self.num_heads, self.head_dim).
transpose(1, 2)                #(batch_size, num_heads, seq_length, head_dim)
        K = K.view(batch_size, seq_length, self.num_heads, self.head_dim).
transpose(1, 2)                #(batch_size, num_heads, seq_length, head_dim)
        V = V.view(batch_size, seq_length, self.num_heads, self.head_dim).
transpose(1, 2)                #(batch_size, num_heads, seq_length, head_dim)
        #缩放点积运算
        scores = torch.matmul(Q, K.transpose(-2, -1)) *self.scaling
#(batch_size, num_heads, seq_length, seq_length)
        #掩码处理
        if mask is not None:
            scores = scores.masked_fill(mask == 0, float('-inf'))
attention_weights = F.softmax(scores, dim=-1)
                            #(batch_size, num_heads, seq_length, seq_length)
        attention_output = torch.matmul(attention_weights, V)
                            #(batch_size, num_heads, seq_length, head_dim)
        #合并多头,将维度转换回 (batch_size, seq_length, embed_dim)
attention_output = attention_output.transpose(1, 2).contiguous().view(batch_
size, seq_length, embed_dim)    #(batch_size, seq_length, embed_dim)
        #输出
        output = self.out_proj(attention_output)
                            #(batch_size, seq_length, embed_dim)
        return output
```

（1）参数传递判断：如果只传入一个输入，则表示编码器的多头注意力；如果传入 3 个参数，则为解码器的多头注意力。

（2）线性变换：对输入的 query、key、value 分别进行线性变换，得到 Q、K、V 矩阵。

（3）多头分割：将 Q、K、V 按 num_heads 分割为多个子空间，使每个头独立计算注意力。分割后的维度从（batch_size，seq_length，embed_dim）变为（batch_size，num_heads，seq_length，head_dim）。

（4）缩放点积计算：按照公式进行缩放点积计算，得到注意力得分 scores。

（5）掩码处理与归一化：先根据是否有掩码进行处理，并对得分进行归一化，再与 V 矩阵相乘，得到最终的注意力输出。

（6）多头合并：将多头的输出维度从(batch_size，num_heads，seq_length，head_dim)转换为(batch_size，seq_length，embed_dim)。

（7）线性层输出：通过线性层得到最终的输出结果。

注意：在多头自注意力机制中，在计算完注意力权重后，需要将其与 V 张量相乘以获得最终输出。为确保点积运算得到正确执行，首先需要将注意力权重的形状转换为与 V 张量一致，即(batch_size，seq_length，embed_dim)，然后通过.contiguous()方法将其转换为连续的内存布局，以确保高效的矩阵运算。

3.1.3　前馈网络层

前馈网络层的主要作用是在 Transformer 模型中对每个位置的词嵌入独立地进行非线性变换。整个过程包含两个线性变换：首先将嵌入维度 embed_dim 映射到一个更高的维度 ff_dim，然后将其映射回原始的嵌入维度。前馈网络提供了更强的表达能力，并通过非线性激活函数来增强模型的复杂性，代码如下：

```
#第3章/3.1自定义 Transformer 编码.ipynb-前馈网络层
import torch.nn.functional as F
class FeedForwardNetwork(nn.Module):
    def __init__(self, embed_dim, ff_dim):
        super(FeedForwardNetwork, self).__init__()
        self.fc1 = nn.Linear(embed_dim, ff_dim)
        self.fc2 = nn.Linear(ff_dim, embed_dim)
        self.dropout = nn.Dropout(dropout)         #防止过拟合的 DropOut 层
    def forward(self, x):
        x = self.fc1(x)                            #(batch_size, seq_length, ff_dim)
        x = F.relu(x)                              #非线性激活函数
        x = self.dropout(x)                        #添加 DropOut 防止过拟合
        x = self.fc2(x)                            #(batch_size, seq_length, embed_dim)
        return x
```

（1）升维与降维：前馈网络首先通过线性层 fc1 将嵌入维度 embed_dim 映射到一个更高的维度 ff_dim，然后通过 fc2 将其重新映射回 embed_dim。这种结构使网络能够捕获更多的特征表示。

（2）非线性激活：在线性升维后，使用 ReLU 激活函数对输出进行非线性变换。这种激活函数引入了非线性特性，使模型更具表达能力。

（3）DropOut 正则化：为了防止过拟合，加入了 DropOut 层（默认值为 0.1）。这会在训练过程中随机丢弃一部分神经元，有助于提高模型的泛化能力。

（4）输出维度：最后使输出维度与输入保持一致，即(batch_size，seq_length，embed_dim)，这样可以方便与后续的模型层进行连接。

注意：激活函数的选择：ReLU 是一种常见的激活函数,能够提高网络的非线性表达能力,然而在某些任务中,可能需要尝试其他激活函数,例如 GELU,以获得更好的效果。DropOut 的使用：在实际任务中,DropOut 可以根据模型的复杂度和数据的规模进行调整。通常,较小的数据集或者较复杂的模型会使用更高的 DropOut 率,以防止过拟合。

3.1.4 编码器层和解码器层

1. 编码器层

编码器层的主要任务是首先进行多头注意力计算,然后进入前馈网络层。在这两个步骤中都需要加入层归一化和残差连接,以提高训练的稳定性和模型的表现。多头注意力计算使用 3.1.2 节定义的 MultiHeadSelfAttention 函数,前馈网络层使用 3.1.3 节中的 FeedForwardNetwork,代码如下：

```
#第 3 章/3.1自定义 Transformer 编码.ipynb-编码器
class TransformerEncoderLayer(nn.Module):
    def __init__(self, embed_dim, num_heads, ff_dim):
        super(TransformerEncoderLayer, self).__init__()
        self.self_attention = MultiHeadSelfAttention(embed_dim, num_heads)
        self.feed_forward = FeedForwardNetwork(embed_dim, ff_dim)
        self.norm1 = nn.LayerNorm(embed_dim)
        self.norm2 = nn.LayerNorm(embed_dim)

    def forward(self, src):
        #多头注意力机制,结合残差连接和层归一化
        attn_output = self.self_attention(src)
        src = self.norm1(src + self.dropout(attn_output))  #(batch_size, seq_length,
                                                           #embed_dim)

        #前馈网络层,结合残差连接和层归一化
        ff_output = self.feed_forward(src)
        src = self.norm2(src + self.dropout(ff_output))    #(batch_size, seq_length,
                                                           #embed_dim)
        return src
```

（1）多头注意力机制：首先对输入的源序列进行多头注意力计算,然后将结果与原始输入进行残差连接,并通过层归一化处理,以保持模型的稳定性和深度训练的可行性。

（2）前馈网络层：随后,经过前馈网络层处理,再次进行残差连接和层归一化,输出最终的编码器层结果。

（3）DropOut 的引入：在残差连接前使用 DropOut,有助于防止过拟合并提高模型的泛化能力。

（4）最终,编码器层的输出维度为(batch_size, seq_length, embed_dim)。

2. 解码器层

相比于编码器层,解码器层稍显复杂,主要增加了两部分内容：掩码多头注意力机制和

交互多头注意力机制。在训练时,解码器需要传入一个掩码矩阵 tgt_mask,以确保模型不会在预测下一个词时看到后面的词。此外,交互多头注意力机制的 Q 矩阵来自掩码注意力层的输出,而 K、V 矩阵则来自编码器层的输出,代码如下:

```
#第 3 章/3.1 自定义 Transformer 编码.ipynb-解码器
class TransformerDecoderLayer(nn.Module):
    def __init__(self, embed_dim, num_heads, ff_dim):
        super(TransformerDecoderLayer, self).__init__()
        self.self_attention = MultiHeadSelfAttention(embed_dim, num_heads)
        self.cross_attention = MultiHeadSelfAttention(embed_dim, num_heads)
        self.feed_forward = FeedForwardNetwork(embed_dim, ff_dim)
        self.norm1 = nn.LayerNorm(embed_dim)
        self.norm2 = nn.LayerNorm(embed_dim)
        self.norm3 = nn.LayerNorm(embed_dim)


    def forward(self, tgt, memory, tgt_mask):
        #掩码多头注意力机制,加上残差连接和层归一化
        self_attn_output = self.self_attention(tgt,tgt,tgt,tgt_mask)
        tgt = self.norm1(tgt + self_attn_output)    #(batch_size, seq_length,
                                                    #embed_dim)
        #交互多头注意力机制,加上残差连接和层归一化
        cross_attn_output = self.cross_attention(tgt, memory, memory)
        tgt = self.norm2(tgt + self.dropout(cross_attn_output)) #(batch_size, seq_
                                                    #length,embed_dim)
        #前馈网络层,加上残差连接和层归一化
        ff_output = self.feed_forward(tgt)
        tgt = self.norm3(tgt + self.dropout(ff_output))         #(batch_size, seq_
                                                    #length,embed_dim)
        return tgt
```

(1) 掩码多头注意力机制:首先进行掩码多头注意力计算,保证在预测下一个词时,模型不会看到未来的词。注意这里的 Q、K、V 参数都需要显式传递,并传入掩码 tgt_mask。

(2) 交互多头注意力机制:使用编码器输出的 memory 作为 K、V 矩阵,对经过掩码多头注意力处理后的序列进一步地进行交互注意力计算。

(3) 前馈网络层:最后,通过前馈网络层进行非线性变换,结合残差连接和层归一化,输出最终的解码器层结果。

注意:在多头注意力层 MultiHeadSelfAttention 的 forward 方法中,有 4 个参数(Q、K、V 和 mask)。在掩码多头注意力机制中,即使 Q、K、V 相同,也需要显式传递,并附带掩码矩阵 tgt_mask。

3.1.5　构建 Transformer 模型

在完成各个组件的实现后,需要将这些组件组合起来,形成完整的 Transformer 模型。

Transformer 模型的具体实现代码如下：

```
#第3章/3.1自定义Transformer编码.ipynb
class TransformerModel(nn.Module):
    def __init__(self, embed_dim, num_heads, ff_dim, num_encoder_layers, num_
decoder_layers, max_len=5000):
        super(TransformerModel, self).__init__()
        self.positional_encoding = PositionalEncoding(embed_dim, max_len)
        self.encoder_layers = nn.ModuleList([TransformerEncoderLayer(embed_
dim, num_heads, ff_dim) for _ in range(num_encoder_layers)])
        self.decoder_layers = nn.ModuleList([TransformerDecoderLayer(embed_
dim, num_heads, ff_dim) for _ in range(num_decoder_layers)])

    def forward(self, src, tgt, tgt_mask):
        #加上位置编码
        src = self.positional_encoding(src)
        tgt = self.positional_encoding(tgt)
        #遍历编码器层
        memory = src
        for layer in self.encoder_layers:
            memory = layer(memory)
        #遍历解码器层
        output = tgt
        for layer in self.decoder_layers:
            output = layer(output, memory ,tgt_mask)
        return output
```

（1）位置编码：首先，对输入的源序列 src 和目标序列 tgt 添加位置编码，这一步将序列中的位置信息编码到词嵌入中，使模型能够考虑序列的顺序。

（2）编码器计算：遍历所有的编码器层，将输入数据逐层传递，最终得到编码器的输出 memory，该输出将被用于解码器的交互多头注意力计算。

（3）解码器计算：将目标序列和编码器的输出 memory 一起传递到解码器层，解码器逐层处理，最终输出解码结果。

注意：nn. ModuleList 是 PyTorch 中的一个特殊容器，它用于存储子模块。与普通 Python 列表不同，nn. ModuleList 能够在训练时正确地注册这些子模块，使它们的参数能够被自动管理。这样，可以轻松地遍历和调用编码器层和解码器层，而无须手动索引。

3.1.6 训练 Transformer 模型

Transformer 模型的训练过程与常见的深度学习流程类似，主要包括超参数设置、模型初始化、训练过程及结果分析。

1. 参数设置

在开始训练之前，需要设置一些关键的超参数。这些参数包括词嵌入维度、编码器和解

码器的层数、多头注意力头的数量、最大序列长度及掩码矩阵的创建,代码如下:

```
#第 3 章/3.1 自定义 Transformer 编码.ipynb-训练
import torch
import spacy
#获取词嵌入维度
input_dim = nlp("我").vector.shape[0]    #从 Spacy 获取词嵌入的维度
ff_dim = 512                              #前馈神经网络的中间维度
n_layers = 2                              #编码器和解码器的层数
n_heads = 8                               #多头注意力的头数
max_len = 100                             #最大序列长度
#创建目标序列掩码
def create_target_mask(size):
    mask = torch.tril(torch.ones((size, size))).unsqueeze(0).unsqueeze(0)
    return mask                           #返回形状为 (1, 1, size, size) 的掩码矩阵
```

注意:编码器和解码器的层数可以不一致,根据任务需求进行调整。

2. 模型初始化

接下来,需要实例化模型,准备训练数据,并定义损失函数和优化器,代码如下:

```
#第 3 章/3.1 自定义 Transformer 编码.ipynb-训练
from torch.utils.data import DataLoader
import torch.nn as nn
import torch.optim as optim
#准备训练数据
train_data = [
    ("我爱中国", "I love China"),
    ("我喜欢的水果是橙子", "I like oranges"),
    ("我喜欢吃苹果", "I like eating apples"),
    ("我很喜欢华为手机", "I really like Huawei phones")
]
#实例化模型
model = TransformerModel(input_dim, n_heads, ff_dim, n_layers, n_layers, max_len=
max_len)
#数据预处理
dataset = TranslationDataset(train_data)
dataloader = DataLoader(dataset, batch_size=1, shuffle=True)
#定义损失函数和优化器
criterion = nn.MSELoss()                                      #损失函数
optimizer = optim.Adam(model.parameters(), lr=0.001)         #优化器
```

3. 训练过程

在训练过程中,需要迭代地进行前向传播、损失计算、反向传播和参数更新,代码如下:

```
#第 3 章/3.1 自定义 Transformer 编码.ipynb-训练
loss_values = []                    #保存损失值
```

```
for epoch in range(100):                          #设置训练轮数
    model.train()                                 #确保模型处于训练模式
    total_loss = 0                                #初始化总损失
    for src, tgt in dataloader:
        optimizer.zero_grad()

        #获取目标序列的长度并创建掩码
        tgt_len = tgt.size(1)
        tgt_mask = create_target_mask(tgt_len)

        #前向传播:将输入和目标输入传入模型,同时传入掩码
        output = model(src, tgt, tgt_mask)
        #计算损失
        loss = criterion(output, tgt)
        total_loss += loss.item()
        #反向传播和优化
        loss.backward()
        optimizer.step()

    #输出每轮训练的平均损失
    avg_loss = total_loss / len(dataloader)
    loss_values.append(avg_loss)
    print(f'Epoch {epoch+1}, Loss: {avg_loss:.4f}')     #打印loss
```

注意:解码器层需要使用掩码矩阵以确保在训练过程中模型不会看到未来的词。

4. 结果分析

训练完成后,可以绘制损失值随训练轮数变化的折线图,以直观地观察模型的收敛情况,代码如下:

```
#第3章/3.1自定义Transformer编码.ipynb-训练
import matplotlib.pyplot as plt
#绘制损失的折线图
plt.figure(figsize=(10, 6))
plt.plot(loss_values, linestyle='-', color='b')
plt.title('Training Loss Over Epochs')
plt.xlabel('Epoch')
plt.ylabel('Loss')
plt.grid(True)
plt.show()
```

Matplotlib绘图结果如图3-4所示。

根据图中展示的结果可以看到,损失值随着训练的进行而递减,但是训练数据量极少(仅4条记录),模型并不具备实际的预测能力。本节的主要目的是通过代码实践帮助理解Transformer的理论部分,接下来的章节将进一步地对模型进行训练和优化。

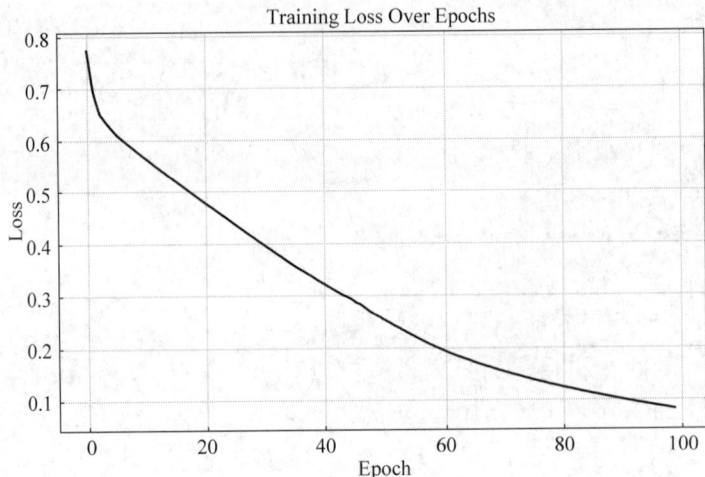

图 3-4   Matplotlib 绘图结果

3.2　实践训练

在本节中,将使用一个开源的新闻数据集进行实践演练,任务是利用 Transformer 模型进行中文文本分类。为了简化流程并提高性能,将直接调用 PyTorch 提供的高效封装模块,这些模块已经针对内存优化等问题进行了处理,更适合在实际应用中使用。

3.2.1　数据准备

首先对新闻数据集进行预处理,具体步骤包括数据加载、文本预处理(例如分词)、词嵌入的生成及数据集的构建。词嵌入部分将使用 Gensim 库中的 Word2Vec 模型。

1. 读取数据

供使用的数据集是一个包含 1000 条记录的开源新闻数据集,对此数据集进行训练,数据集包含 10 个类别,分别为['教育', '体育', '科技', '时尚', '房产', '家居', '财经', '时政', '娱乐', '游戏'],代码如下:

```
import pandas as pd
from sklearn.preprocessing import LabelEncoder
#加载数据
data_path = './data/news.csv'
news_data = pd.read_csv(data_path)
#将标签从字符串转换为数值型
label_encoder = LabelEncoder()
news_data['label'] = label_encoder.fit_transform(news_data['label'])
```

注意:新闻数据集中的标签最初是字符串(例如'教育', '体育'等),为了使其适应模型训练,需要将这些字符串标签转换为数值标签。使用 LabelEncoder 实现这一转换。

2．文本分词

文本分词是文本预处理的重要步骤。在中文文本处理中,分词是一项必不可少的任务。中文分词的方式有很多,Python 提供了很多开源的依赖包,这些包可以完成此任务,这里还是使用前面用过的 Spacy 来实现,代码如下:

```
import spacy
nlp = spacy.load('zh_core_web_sm')
def preprocess_text(text):
    #使用 Spacy 进行中文分词
    return [token.text for token in nlp(text)]
news_data['tokenized'] = news_data['text'].apply(preprocess_text)
```

分词之后,需要检查数据的效果,如图 3-5 所示,确保分词过程符合预期。

	label	text	tokenized
0	4	澳移民子女成长记: 带着中国心融入主流社会新华网悉尼5月31日电 无论哪个国家的父母与子女间都…	[澳, 移民, 子女, 成长, 记, :, 带, 着, 中国, 心, 融入, 主流, 社会,…
1	0	快船vs火箭首发: 休城旨在练兵 小德帕特森进先发新浪体育讯北京时间4月10日消息, 在常规赛还…	[快, 船, vs, 火箭, 首发, :, 休, 城旨, 在, 练兵, 小德帕特, 森进,…
2	8	3英寸屏高清闪存DV 三洋TH1特价1499 作者: 中关村在线 飘雪…	[3, 英寸, 屏, 高, 清闪, 存, D, V, 三洋TH1, 特价, 1499,…
3	5	贝嫂乏味归乏味 还有人买账Victoria Beckham 乏味归乏味 还有人买账大姐大的阵…	[贝嫂, 乏味, 归, 乏, 味, 还有, 人, 买, 账Victoria, Beckham,…
4	3	三亚岭南赶房集 金九银十再兴购房游纯粹的旅行闲适有余却"收获"不足, 设计一条可以兼容曼妙风景…	[三亚, 岭南, 赶房, 集, 金九, 银, 十, 再, 兴购, 房, 游, 纯粹, 的,…
…	…	…	…
995	1	组图: 本·斯蒂勒与布莱克助阵《寻找伴郎》首映新浪娱乐讯 北京时间3月18日(美国当地时间)3月…	[组图, :, 本, ·, 斯蒂勒, 与, 布莱克, 助阵, 《, 寻找, 伴郎, 》, 首…
996	3	房源阶段性不足价格高涨 楼市将上演新一轮疯狂对话中, 中海地产(企业专区,旗下楼盘)以70.06…	[房源, 阶段性, 不足, 价格, 高涨, 楼市, 将, 上演, 新, 一, 轮, 疯狂…
997	8	宽屏广角高清DC! 佳能110IS仅售1980【山东IT在线报道】佳能IXUS 110 IS装…	[宽屏, 广角, 高清DC!, 佳能, 110, IS, 仅售, 1980, 【, 山东…
998	6	公安部建成打拐DNA数据库通缉50名人贩▪不到1个月, 侦破拐卖儿童、妇女案件300起, 解救…	[公安部, 建成, 打拐, DNA, 数据库, 通缉, 50, 名, 人贩, ▪, 不, 到…
999	0	全场打铁44次也能赢球? 公牛两项利器杀翻步行者新浪体育讯NBA季后赛东区首轮征战中, 此前大…	[全场, 打铁, 44, 次, 也, 能, 赢球, ?, 公牛, 两, 项, 利器, 杀翻…

1000 rows × 3 columns

图 3-5 新闻数据集查看

3．词嵌入

为了将文本转换为模型可处理的数值形式,使用 Gensim 库中的 Word2Vec 模型来训练词嵌入。Word2Vec 模型通过上下文学习每个词的向量表示,这些向量可以捕捉到词语之间的语义关系,代码如下:

```
from gensim.models import Word2Vec
#训练 Word2Vec 模型
w2v_model = Word2Vec(sentences=news_data['tokenized'], vector_size=100, window=5,
min_count=1, workers=4)
```

(1) news_data['tokenized']:是预处理后的分词文本列表,Word2Vec 会根据这些分词的句子来训练词嵌入。每个句子是一个单词的列表,Word2Vec 会使用这些句子来学习每个词在上下文中的关系。

(2) vector_size=100:是词嵌入向量的维度,Word2Vec 将每个单词嵌入一个 100 维的向量空间中。选择多大的 vector_size 取决于实际的数据和任务。较小的值(例如 50 或 100)通常适用于小数据集或简单任务,而较大的值(例如 300)适用于更复杂的任务或更大规模的数据集。

(3) window=5：这是窗口大小,表示模型在训练过程中会考虑每个单词前后5个词的上下文。换句话说,模型会在句子中查看距离当前单词5个位置内的其他单词,以学习它们的关系。较大的窗口值可以捕捉到更远的上下文信息。

(4) min_count=1：这是最低词频限制,表示只考虑出现次数至少为1的词。如果一个单词在整个语料库中只出现了少于 min_count 的次数,则它将被忽略。在当前例子中,由于是一个小型数据集,min_count=1,也就是所有词都被考虑进去。在较大的数据集上,通常会设置一个更高的值,例如5或10,以去除低频词。

(5) workers=4：这是用于训练的线程数。多线程可以加速训练过程,特别是在大规模数据集上。在这个例子中,workers=4 表示将使用4个 CPU 核心来进行训练。

4. 构建数据集

为了将数据转换为 PyTorch 能够使用的格式,需要构建一个自定义的 Dataset 类,并将文本数据转换为词向量,代码如下：

```
#3.2pytorch中文分类.ipynb-构建数据集
from torch.utils.data import Dataset
class NewsDataset(Dataset):
    def __init__(self, data, w2v_model, max_length=100):
        self.data = data
        self.w2v_model = w2v_model
        self.max_length = max_length
    def __len__(self):
        return len(self.data)
    def __getitem__(self, idx):
        tokens = self.data.iloc[idx]['tokenized']
        label = self.data.iloc[idx]['label']

        #将 tokens 转换为词向量,并进行 padding
        vectors = [self.w2v_model.wv[token] for token in tokens if token in self.w2v_model.wv]
        if len(vectors) < self.max_length:
            vectors += [torch.zeros(self.w2v_model.vector_size)] *
                    (self.max_length - len(vectors))
        else:
            vectors = vectors[:self.max_length]

        return torch.tensor(vectors, dtype=torch.float32),
                torch.tensor(label, dtype=torch.long)
```

(1) 数据转换：将 tokens 列表中的每个词都通过 Word2Vec 模型的 w2v_model 转换为对应的词向量,在 Word2Vec 词汇表中查找所有的 token,使用 w2v_model.wv[token] 获取其词向量。

(2) 数据填充：如果文本 vectors 的长度(词向量的数量)小于 max_length,则在列表

vectors 的末尾添加零向量(torch. zeros)以填充到 max_length。

torch. zeros(self. w2v_model. vector_size)创建了一个全零的向量,维度与词向量的维度一致。如果文本的长度大于 max_length,则截断列表 vectors,仅保留前 max_length 个词向量。

(3)类型转换:最后将 vectors 列表转换为 PyTorch 的 FloatTensor,以便用于模型训练。标签 label 也被转换为 PyTorch 的 LongTensor,这是分类任务中常用的张量类型。

5. 划分数据集

为了验证模型的效果,将数据集划分为训练集和测试集,并使用 DataLoader 进行批处理和数据加载,代码如下:

```
#3.2pytorch中文分类.ipynb-
from torch.utils.data import DataLoader
from sklearn.model_selection import train_test_split
#划分训练集和测试集
train_data, test_data = train_test_split(news_data, test_size=0.2, random_state=42)
train_dataset = NewsDataset(train_data, w2v_model)
test_dataset = NewsDataset(test_data, w2v_model)


#构建 DataLoader
train_dataloader = DataLoader(train_dataset, batch_size=32, shuffle=True)
test_dataloader = DataLoader(test_dataset, batch_size=32, shuffle=False)
```

(1) train_test_split:以 80∶20 的比例划分训练集和测试集,random_state=42 用于设置随机种子,以确保每次运行时划分结果相同,保证实验的可重复性。

(2) DataLoader:使用 DataLoader 进行批量加载数据,batch_size=32 表示每个批次包含 32 条记录,shuffle=True 确保训练数据在每个 epoch 时被随机打乱,帮助模型更好地泛化。

3.2.2 模型定义及训练

在实际的深度学习模型的开发过程中,使用 PyTorch 提供的内置模块可以显著地简化开发流程。在本节的实践中,将使用 torch. nn 中的 Transformer 模块来构建一个文本分类模型,并对其进行训练和评估。

1. 模型定义

模型的定义基于 PyTorch 的 nn. Module,并使用 nn. Transformer 来实现 Transformer 架构。通过添加位置编码来保留序列中单词的顺序信息,并使用一个线性分类器来输出分类结果,代码如下:

```
#3.2pytorch中文分类.ipynb-模型定义
import torch
import torch.nn as nn
import math
```

```python
class TransformerTextClassifier(nn.Module):
    def __init__(self, input_dim, n_heads, ff_dim, num_encoder_layers, num_
decoder_layers, num_classes, max_len=100):
        super(TransformerTextClassifier, self).__init__()
        #使用正弦-余弦位置编码
        self.positional_encoding = self.create_positional_encoding(input_dim,
max_len)
        self.transformer = nn.Transformer(#Transformer 模型初始化
            d_model=input_dim,
            nhead=n_heads,
            num_encoder_layers=num_encoder_layers,
            num_decoder_layers=num_decoder_layers,
            dim_feedforward=ff_dim,
            dropout=0.1
        )
        self.classifier = nn.Linear(input_dim, num_classes)        #分类器
        self.max_len = max_len

    def create_positional_encoding(self, d_model, max_len):
        pe = torch.zeros(max_len, d_model)
        position = torch.arange(0, max_len, dtype=torch.float).unsqueeze(1)
        div_term = torch.exp(torch.arange(0, d_model, 2).float() * (-math.log
(10000.0) / d_model))

        pe[:, 0::2] = torch.sin(position *div_term)
        pe[:, 1::2] = torch.cos(position *div_term)
        pe = pe.unsqueeze(0)                     #形状为 (1, max_len, d_model)
        return pe

    def add_positional_encoding(self, x):
        batch_size, seq_len, embed_dim = x.size()
        #确保位置编码的形状为 (1, seq_len, embed_dim)
        position_encoding = self.positional_encoding[:, :seq_len, :]
        position_encoding = position_encoding.expand(batch_size, seq_len, embed_
dim)                                #扩展到 (batch_size, seq_len, embed_dim)
        x = x + position_encoding.to(x.device)
        return x

    def forward(self, src, tgt):
        src = self.add_positional_encoding(src)
        tgt = self.add_positional_encoding(tgt)

        src = src.transpose(0, 1)              #转换成(seq_len, batch_size, input_dim)
        tgt = tgt.transpose(0, 1)

        transformer_output = self.transformer(src, tgt)
        output = self.classifier(transformer_output[0])
                                        #取序列的第 1 个时间步的输出进行分类
        return output
```

（1）位置编码实现：create_positional_encoding 生成位置编码，用于为输入序列中的每个位置编码，这些编码将被加到词向量中，以便保留词语的顺序信息。add_positional_encoding 将生成的位置编码添加到输入的词向量中，并确保维度匹配。

（2）Transformer 实现：nn. Transformer 是 PyTorch 中的一个强大的模块，提供 Transformer 架构的实现。也就是一个模块中封装了 Transformer 实现的全部功能，包括自注意力机制、交互注意力机制、前馈神经网络和残差连接等内容，在实际使用时只需定义里面的超参数。

注意：使用 transformer_output[0]取序列的第 1 个时间步的输出进行分类，这是因为第 1 个时间步的输出已经通过 Transformer 的自注意力机制充分整合了整个序列的上下文信息。自注意力机制使每个时间步的输出不仅包含该位置的信息，还包括序列中所有其他位置的信息，因此第 1 个时间步的输出通常能够很好地代表整个序列的全局语义，成为一个有效的序列表征。在不增加计算复杂度的情况下，这种方法提供了一个合理且高效的全局特征表示。

当然，根据具体任务的需求，也可以选择其他时间步的输出进行训练和预测，例如，在序列标注任务（例如命名实体识别）中，每个时间步的输出都可能被用于预测标签。或者，在一些任务中，可能需要使用最后一个时间步的输出，或者对所有时间步的输出进行聚合来获得更全面的序列表征。

尽管如此，通常情况下会优先选择第 1 个时间步的输出来完成分类等任务，这是因为它在简洁性和性能之间取得了良好的平衡，尤其适合全局性的序列分类任务。

---

2. 模型训练

下面根据前面处理好的数据和定义的模型进行训练，首先检查当前的计算环境是否有可用的 GPU，并根据检测结果选择使用 GPU 还是 CPU 作为计算设备。在深度学习任务中，使用 GPU 可以大大地加速模型训练和推理的速度，因此在有可用的 GPU 时通常会优先选择 GPU，代码如下：

```
device = torch.device("cuda" if torch.cuda.is_available() else "cpu")
```

设定相关参数并初始化模型，代码如下：

```
#3.2pytorch中文分类.ipynb-开始训练
input_dim = w2v_model.vector_size
ff_dim = 512
n_layers = 2
n_heads = 5
max_len = 100
num_classes = news_data['label'].nunique()
```

```
model = TransformerTextClassifier(input_dim, n_heads, ff_dim, n_layers, n_
layers, num_classes, max_len).to(device)

#定义损失函数和优化器
criterion = nn.CrossEntropyLoss().to(device)
optimizer = optim.Adam(model.parameters(), lr=0.001)
```

开始训练,代码如下:

```
#3.2pytorch中文分类.ipynb-训练
from sklearn.metrics import accuracy_score
#记录每个epoch的loss和accuracy
train_losses = []
test_losses = []
train_accuracies = []
test_accuracies = []

num_epochs = 10    #每次完整的遍历训练数据集都称为一个epoch
for epoch in range(num_epochs):#开始迭代
    #测试模型
    model.train()
    total_train_loss = 0
    all_train_preds = []
    all_train_labels = []

    for src, labels in train_dataloader:
        src, labels = src.to(device), labels.to(device)

        optimizer.zero_grad()

        tgt = src
        output = model(src, tgt)

        loss = criterion(output, labels)
        total_train_loss += loss.item()

        loss.backward()
        optimizer.step()

        preds = torch.argmax(output, dim=1)
        all_train_preds.extend(preds.cpu().NumPy())
        all_train_labels.extend(labels.cpu().NumPy())

    avg_train_loss = total_train_loss / len(train_dataloader)#计算loss
    train_accuracy = accuracy_score(all_train_labels, all_train_preds)#auc
    train_losses.append(avg_train_loss)
    train_accuracies.append(train_accuracy)

    #测试模型
```

```
    model.eval()
    total_test_loss = 0
    all_test_preds = []
    all_test_labels = []
    with torch.no_grad():
        for src, labels in test_dataloader:
            src, labels = src.to(device), labels.to(device)

            tgt = src
            output = model(src, tgt)

            loss = criterion(output, labels)
            total_test_loss += loss.item()

            preds = torch.argmax(output, dim=1)
            all_test_preds.extend(preds.cpu().NumPy())
            all_test_labels.extend(labels.cpu().NumPy())

    avg_test_loss = total_test_loss / len(test_dataloader)
    test_accuracy = accuracy_score(all_test_labels, all_test_preds)
    test_losses.append(avg_test_loss)
    test_accuracies.append(test_accuracy)

    print(f'Epoch {epoch+1}, Train Loss: {avg_train_loss:.4f}, Train Accuracy:
{train_accuracy:.4f}, Test Loss: {avg_test_loss:.4f}, Test Accuracy: {test_
accuracy:.4f}')
```

训练结果如下：

```
Epoch 1, Train Loss: 2.0935, Train Accuracy: 0.2325, Test Loss: 1.5293, Test
Accuracy: 0.4400
Epoch 2, Train Loss: 1.4415, Train Accuracy: 0.5050, Test Loss: 1.0853, Test
Accuracy: 0.6100
Epoch 3, Train Loss: 1.1685, Train Accuracy: 0.5625, Test Loss: 0.9928, Test
Accuracy: 0.6700
Epoch 4, Train Loss: 0.9713, Train Accuracy: 0.6450, Test Loss: 0.8241, Test
Accuracy: 0.7250
Epoch 5, Train Loss: 0.8789, Train Accuracy: 0.6725, Test Loss: 0.7548, Test
Accuracy: 0.7450
Epoch 6, Train Loss: 0.7791, Train Accuracy: 0.7350, Test Loss: 0.6973, Test
Accuracy: 0.7700
Epoch 7, Train Loss: 0.6696, Train Accuracy: 0.7612, Test Loss: 0.6397, Test
Accuracy: 0.7700
Epoch 8, Train Loss: 0.5857, Train Accuracy: 0.7975, Test Loss: 0.5596, Test
Accuracy: 0.8300
Epoch 9, Train Loss: 0.5688, Train Accuracy: 0.8013, Test Loss: 0.7821, Test
Accuracy: 0.7450
Epoch 10, Train Loss: 0.4875, Train Accuracy: 0.8287, Test Loss: 0.5690, Test
Accuracy: 0.8250
```

随着训练的进行,模型的损失不断下降,准确率不断提升,表明模型在逐步收敛。在实际的任务中通过合理地选择模型的超参数和训练策略,能够有效地提高模型的性能。

3.2.3 模型预测

在模型训练完成后,定义一个 predict_new_data 函数,用于对新的文本数据进行分类预测。该函数首先对输入的文本进行预处理并转换为词向量,然后使用训练好的模型进行预测,并将预测结果映射回原始的文本标签,代码如下:

```
#3.2pytorch中文分类.ipynb-预测
def predict_new_data(model, new_text, w2v_model, label_encoder, device, max_len=100):
    model.eval()                        #将模型设置为评估模式
    tokens = preprocess_text(new_text)
    vectors = [w2v_model.wv[token] for token in tokens if token in w2v_model.wv]
                                #将分词结果转换为词向量
    if len(vectors) < max_len:
        vectors += [torch.zeros(w2v_model.vector_size)] * (max_len - len(vectors))
    else:
        vectors = vectors[:max_len]
    #将词向量转换为 PyTorch 张量,并添加批次维度
    input_tensor = torch.tensor(vectors, dtype=torch.float32).unsqueeze(0).to(device)
    tgt = input_tensor
    with torch.no_grad():#关闭梯度计算进行推理,减少内存消耗
        output = model(input_tensor, tgt)
        pred = torch.argmax(output, dim=1).item()
    #使用 label_encoder.inverse_transform 将数值标签转换为原始文本标签
    return label_encoder.inverse_transform([pred])[0]
```

为了验证 predict_new_data 函数的正确性,可以用原始数据集中的一条记录进行预测,代码如下:

```
#预测新数据
new_text = news_data["text"][0]
predicted_label = predict_new_data(model, new_text, w2v_model, label_encoder, device)
print(f'Predicted Label : {predicted_label}')
```

打印结果如下:

```
Predicted Label : 教育
```

预测时的数据处理逻辑与训练过程基本是一致的,最后需要将经预测得到的数值标签 pred 转换回原始的文本标签(预测的分类标签)。

Transformer 变体与进阶

▶ 15min

Transformer 及其变体已经成为自然语言处理领域的核心技术。本章将深入探讨 BERT、GPT 系列及其他重要的 Transformer 变体模型,并结合实际应用和代码示例进行详细介绍。为了更好地理解这些模型的理论基础和实际应用,将通过代码示例展示如何使用这些模型来完成具体的 NLP 任务。

4.1 BERT

▶ 38min

BERT(Bidirectional Encoder Representations from Transformers)是由谷歌于 2018 年提出的预训练模型,彻底改变了 NLP 的研究和应用方式。BERT 的最大创新在于其双向上下文建模能力,使模型能够更好地理解句子的语义。

全名:Bidirectional Encoder Representations from Transformers

发布日期:2018 年

研发团队:Google AI Language(谷歌旗下的一个研究团队)

主要特点:双向理解人类语言;擅长阅读理解、文本分类、问答系统、命名实体识别等自然语言处理任务

模型属性:预训练语言模型

关键技术:掩蔽语言模型(Masked Language Model,MLM)与下一句预测(Next Sentence Prediction,NSP)相结合

预训练语言模型是一种在大型语料库上预先训练的模型,它可以学习到语言的结构、词汇关系和上下文信息。这种模型在完成预训练后,可以通过微调(fine-tuning)在特定的下游任务(例如文本分类、命名实体识别、机器翻译等)上继续训练,适应不同的具体应用。

BERT 配置主要有两种,BERT-base 模型的配置表示为 $L=12$、$A=12$、$H=768$,它的网络参数总数可达 1.1 亿个。BERT-large 模型的配置表示为 $L=24$、$A=16$、$H=1024$,它的网络参数总数可达 3.4 亿个,其中 L 表示编码器的层数,A 表示注意力头的数量,H 表示隐藏神经元的数量。

4.1.1 BERT 架构与原理

BERT 的架构基于 Transformer 编码器,由多层双向 Transformer 编码器堆叠而成。Transformer 采用的是一种 Seq2Seq 的架构,由编码器和解码器构成,但是 BERT 只是用了其中的编码器。BERT 的预训练过程主要通过掩蔽语言模型和下一句预测两类策略实现。

1. 掩蔽语言模型

在介绍掩码语言模型前需要先了解一下语言模型构建的方法,以及自动回归语言模型和自动编码语言模型,如图 4-1 所示。

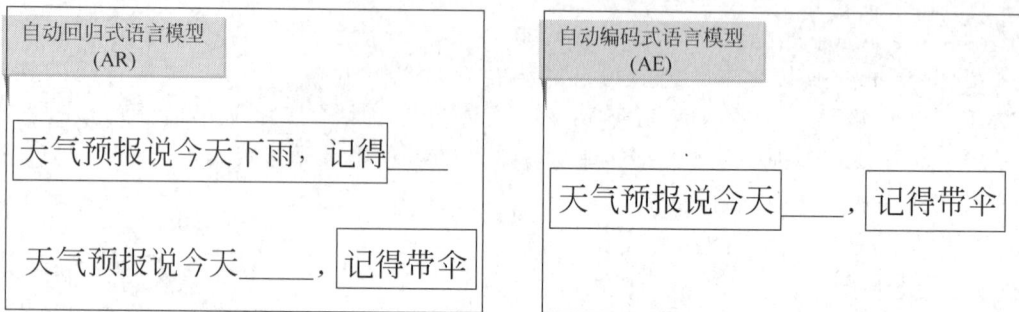

图 4-1 语言模型构建方法图

1) AR 模型

AR 模型是语言模型的一种类型,它通过预测序列中下一个词的概率来生成文本。这种模型从左到右或从右到左逐词进行处理,每步预测下一个词时都依赖于之前的词语(已经生成的序列部分)。AR 模型的特点主要有两个,即单向性和自回归。

单向性是指每个词的预测仅依赖于它前面的词(从左到右生成)或后面的词(从右到左生成),因此是一种单向的语言模型。

自回归表示在生成过程中,每个词都依赖于之前已经生成的词语,形成自回归的生成模式。

如图 4-1 所示,左边展示了自动回归语言模型的操作。在第一句话"天气预报说今天下雨,记得____",AR 模型参考"天气预报说今天下雨,记得"这一部分信息来预测下一个词。在这种情况下,模型可以比较容易地推测出要填的词可能是"带伞",然而,在第二句话"天气预报说今天____,记得带伞"中,AR 模型在预测时,只能看到"天气预报说今天"这一部分。由于它无法看到"记得带伞"这条信息,所以它可能会在最后预测出与"带伞"无关的词语,导致上下文不一致。从右到左也是同理。

注意:因为 AR 模型只能使用单向的上下文,它无法同时考虑句子中的前后文,所以导致对语义的理解不完整。这在需要综合考虑全局信息的任务中是一个重要的缺点。

2）AE 模型

AE 模型（在这里指的是双向语言模型）则是另一种方式，它允许模型同时访问序列中所有的词语，捕捉到全局上下文信息。AE 模型不依赖于自回归的生成方式，而是通过编码整个序列的上下文，预测特定位置的词语。AE 模型的特点是双向性和自动编码。

双向性：模型同时使用左侧和右侧的上下文信息进行预测，因此能够捕捉到更丰富的语义信息。

自动编码：通过编码整个句子来理解语境，之后在特定的位置进行预测或填充。

如图 4-1 所示，右边的图展示了自动编码语言模型的操作。模型对句子"天气预报说今天＿＿＿，记得带伞"的上下文进行编码，同时使用前后文来预测被掩蔽的词语"下雨"。这意味着模型可以利用句子中的所有信息来进行预测，从而具有更好的上下文理解能力。

掩蔽语言模型可以看作 AE 模型的一种具体应用。MLM 随机掩蔽句子中的部分词语，"天气预报说今天 MASK，记得带伞"，然后要求模型根据上下文预测这些被掩蔽的词语。由于 MLM 使用了双向上下文，因此它能够比 AR 模型捕捉到更丰富的语义信息。

掩蔽机制在预训练过程中，大约有 15％的词语会被随机选择并进行掩蔽处理。这些被掩蔽的词语按照比例进行实际遮蔽、随机词替换和保持原词。

（1）实际遮蔽，在大约 80％的情况下，选中的词会被替换为特殊标记［MASK］，例如，对于句子"天气预报说今天下雨"，如果"下雨"被选中并进行掩蔽处理，则在实际遮蔽中，句子可能会变为"天气预报说今天［MASK］"。这种处理方式直接告诉模型哪些词被掩蔽了，模型需要利用上下文信息来预测被［MASK］掩蔽的词。

（2）随机词替换，在 10％的情况下，选中的词不会被替换为［MASK］，而是会被随机选择的另一个词替换。对于句子"天气预报说今天下雨"，如果"下雨"被选中进行掩蔽处理，则在随机词替换中，句子可能会变为"天气预报说今天苹果"，这里"苹果"是随机选中的词。这种方式增加了预训练的复杂性，迫使模型不仅要学习如何从上下文中预测被掩蔽的词，还要识别哪些词在上下文中是不合理的，从而增强模型的稳健性。

（3）保持原词，在剩下的 10％的情况下，选中的词保持不变。对于句子"天气预报说今天下雨"，如果"下雨"被选中并进行掩蔽处理，则在保持原词的情况下，句子仍然是"天气预报说今天下雨"。保持原词处理有助于模型在预训练中学习到即使在没有明确提示（例如［MASK］）的情况下，也能够通过上下文对词语进行合理预测。

注意：保留一部分原词的目的是让模型在训练过程中不能仅仅依赖［MASK］标记来进行预测，而是要通过句子整体的上下文信息来理解和推测目标词语。这种设计可以防止模型过度依赖特定的提示信号，使其在没有明确标记的情况下，也能够有效地提取和理解上下文信息。这对于一些需要模型在实际应用中处理未标记数据的微调任务尤为重要，确保模型具备更强的自主学习和信息识别能力。

2．下一句预测

下一句预测是 BERT 预训练中的另一项关键任务，用于增强模型对句子级别关系的理解能力。这对理解文本的上下文和句子之间的逻辑关系尤为重要。

在 NSP 任务中,BERT 的目标是判断两句话之间是否有直接的顺序关系。具体来讲,给定两句话 A 和 B,模型需要判断 B 是否是 A 的下一句。在预训练数据中,50%的情况下,句子 B 是句子 A 的真实下一句;在另外 50%的情况下,句子 B 是从语料库中随机抽取的无关句子。模型通过这一任务学习到如何理解句子间的逻辑和顺序关系。

如图 4-2 所示,第一对句子"天气预报说今天下雨"和"所以我提醒他记得带伞"是有逻辑关系的,符合顺序,因此标记为 isNext,而第二对句子"孔子曰'逝者如斯夫不舍昼夜'"和"今天的天气真好"则没有直接的逻辑顺序,被标记为 notNext。

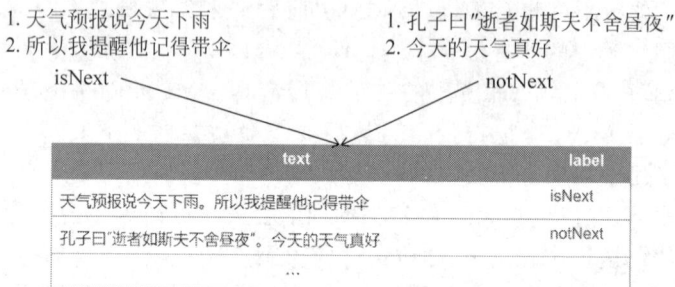

图 4-2 下句预测任务

这种预训练方法确保 BERT 在理解上下文关系时,不仅依赖于单个句子的内容,还能够考虑句子之间的逻辑流动性,从而在实际应用中更好地处理需要上下文理解的任务,例如问答、对话生成等。

通过 NSP 任务,BERT 的预训练模型学会了如何在上下文中理解和处理句子顺序,这使 BERT 能够在多种自然语言处理任务中表现出色,特别是在需要捕捉长距离句子关系的场景中。

4.1.2　BERT 训练过程解析

在 4.1.1 节提到 BERT 只使用了 Transformer 架构中的编码器,所以其训练过程与 Transformer 编码器类似,先以掩码语言模型任务为例。

1. 掩蔽语言模型训练过程

为了更好地理解掩蔽语言模型的训练过程,可以通过一个具体示例来详细说明标记嵌入的过程,如图 4-3 所示,看下面的两个句子。

(1) 句子 1:天气真好。

(2) 句子 2:我们去爬山。

1) 标记嵌入

在进入 BERT 模型之前,这两个句子会经历以下几个步骤进行标记嵌入。

(1) 特殊标记[CLS]和[SEP]:[CLS]标记被添加到第 1 个位置,作为整个句子的分类标记,用于之后的任务(例如分类任务)。[SEP]标记被添加到每个句子后面,用于分隔不同

概率分布

Soft Max

| Representations | CLS | 天 | 气 | 真 | 好 | SEP | 我 | 们 | 去 | 爬 | 山 | SEP |

| 编码器1 | 编码器2 | ... | 编码器12 |

Position	0	1	2	3	4	5	6	7	8	9	10	11
token_type	0	0	0	0	0	0	1	1	1	1	1	1
Embedding	CLS	天	气	真	MASK	SEP	我	们	去	爬	山	SEP
Text	CLS	天	气	真	MASK	SEP	我	们	去	爬	山	SEP

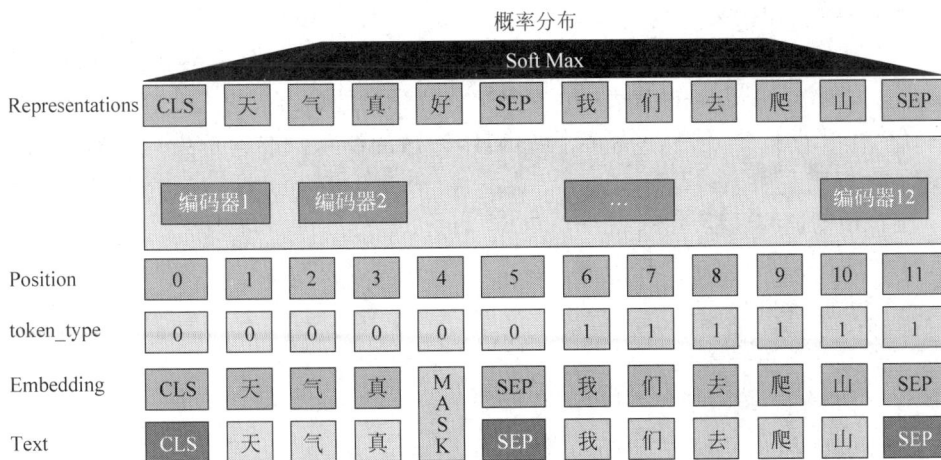

图 4-3　掩码语言模型训练过程

的句子,表示内容如下:

[CLS]天气真好[SEP]我们去爬山[SEP]

(2) 位置嵌入:每个词的位置会被编码为一个位置向量,例如,"天气"被标记为位置1,"真"被标记为位置2,以此类推。位置嵌入可以帮助模型理解词语的顺序和相对位置。

(3) 句子类型嵌入(Token Type Embedding):BERT使用句子类型嵌入来区分不同的句子。在本例中,"天气真好"的所有词被标记为0,而"我们去爬山"的所有词被标记为1。这种嵌入使模型能够识别出句子边界和不同句子中的词语,具体表示如下:

[CLS]天气真好[SEP]我们去爬山[SEP]
[0, 0, 0, 0, 0, 0, 1, 1, 1, 1, 1, 1]

(4) 词嵌入:每个词都会被转换为一个向量表示(词嵌入),这些向量通过查表操作从预训练的嵌入矩阵中提取,例如,"天气""真""好"分别有对应的向量表示。

2) 掩码

在 MLM 训练过程中,一部分词语会被随机选中并进行掩蔽处理。在这个示例中,假设"好"被选中,选中的词"好"会被替换为[MASK]标记,因此输入序列表示如下:

'[CLS]天气真[MASK][SEP]我们去爬山[SEP]'

3) Transformer 编码器进行处理

BERT 模型由多个 Transformer 编码器层组成,输入的嵌入向量会在这些层中进行处理。每层都会对词语的上下文信息进行深度编码,使每个词的表示都包含丰富的上下文信息。输入经过多层 Transformer 编码器处理后,生成上下文相关的词表示(Representations)。这些表示将包含整个句子序列的信息,使模型能够通过上下文推测出被掩蔽的词。

4) 预测掩蔽

最终,模型会尝试预测被[MASK]掩蔽的词是什么。在这个例子中,模型的目标是根据上下文信息预测出[MASK]所代表的词是"好"。BERT 的输出层使用 Softmax 函数对词汇表中的每个词进行打分,选择概率最高的词作为预测结果。在本例中,模型应该预测出[MASK]是"好"。

2. 下句预测训练过程

下句预测整体训练过程与掩码语言模型类似,在标记嵌入是一致的,如图 4-4 所示。

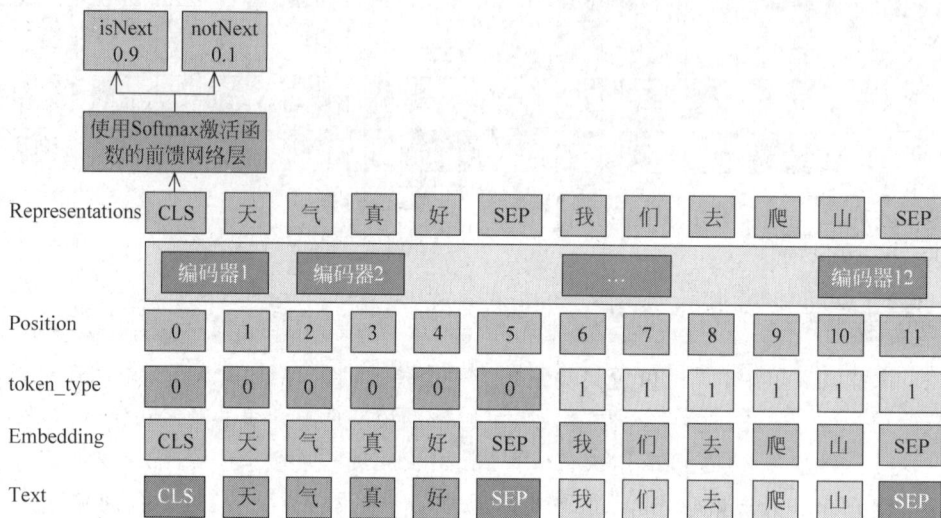

图 4-4 下句预测训练过程

1) Transformer 编码器层进行处理

经过嵌入处理后的输入序列将通过 BERT 模型中的多个 Transformer 编码器层进行处理,输入通过多层 Transformer 编码器进行上下文信息的深度处理,每层都会对词语的上下文进行编码,使每个词的表示都包含来自句子中其他词语的信息。

2) [CLS]标记的作用

在所有层的处理中,开头的[CLS]标记会逐步聚合整个句子对的语义信息。最终在输出层,[CLS]的表示将被用于判断句子对的关系。

3) 预测任务

模型的任务是根据[CLS]标记所表示的句子对整体信息,预测第 2 个句子是否是第 1 个句子的下一句。BERT 的 NSP 任务通过将[CLS]标记的输出表示传递给一个前馈神经网络层,并使用 Softmax 函数计算两个类别的概率(isNext 和 notNext)。

在图 4-4 中,模型得出的结果是 isNext 的概率为 0.9,notNext 的概率为 0.1,说明模型认为"我们去爬山"是"天气真好"的下一句的概率较高。

注意:使用[CLS]标记作为整个句子的表示,可以避免在任务中需要针对每个句子去设计不同的聚合方法。无论是单个句子还是句子对,模型都可以统一地使用[CLS]标记的输出作为输入的全局表示。这一点与 3.2.2 节中使用 transformer_output[0] 取序列的第 1 个时间步的输出进行分类是一样的。

4.2 GPT 系列

GPT(Generative Pre-trained Transformer)系列模型由 OpenAI 提出,与 BERT 不同,GPT 模型是基于 Transformer 解码器的自回归语言模型,被广泛地用于文本生成任务。随着 2022 年 11 月 OpenAI 发布了基于 GPT 模型的人工智能对话应用服务 ChatGPT,大语言模型引起了广泛关注,标志着人类进入了大模型时代。伴随着一轮又一轮的技术迭代,最新模型已进化到 GPT-4o。在众多大语言模型中,GPT 系列因其代表性而备受瞩目,其发展历程和技术革新值得深入探讨。本节将回顾近年来 GPT 系列模型的发展。

全名:Generative Pre-trained Transformer
发布日期:2018 年(GPT-1)
研发团队:OpenAI
主要特点:通过大规模预训练和自回归语言模型来实现文本生成任务,在实际应用中展现了卓越的文本生成和理解能力,成为自然语言处理领域的重要基准。
模型属性:生成式预训练语言模型
关键技术:自回归语言模型、大规模预训练、少样本学习(Few-shot Learning)、上下文学习(In-context Learning)

4.2.1 从 GPT 到 GPT-4o

GPT 系列模型的核心原理是通过训练模型学习如何从预训练的文本数据中恢复信息。在这一过程中,Transformer 架构中的解码器部分被用来压缩广泛的世界知识,从而使模型能够获取广泛的理解能力。模型的关键在于准确地预测下一个词,并通过扩大模型的规模和预训练数据量来提高性能。

注意:恢复信息在 GPT 模型的核心原理中,指的是模型通过学习大量文本数据,掌握如何根据上下文来预测或生成后续的文本内容。这一过程涉及语言建模中的预测和生成机制,而不是简单地复原丢失的信息。模型的这种能力使它在自然语言生成任务中非常有效,能够在给定部分信息的情况下生成完整、连贯的文本。

GPT 模型的研发历程如图 4-5 所示。

(1) GPT-1:初探生成式预训练,在 2017 年,谷歌推出了 Transformer 模型,这一架构

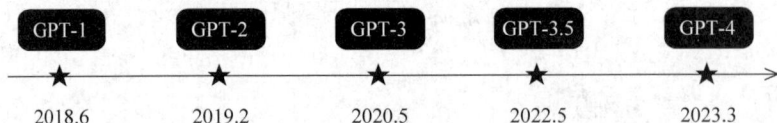

图 4-5　GPT 模型研发历程

因其在性能上的显著优势迅速吸引了 OpenAI 的注意力。2018 年,OpenAI 发布了基于 Transformer 架构的 GPT-1 模型。尽管 GPT-1 的参数规模较小,但它通过无监督预训练和有监督微调相结合的方法,增强了模型的通用任务求解能力,然而,由于规模限制和在公开评测数据集上的表现未能达到最佳,GPT-1 在学术界的关注度有限。

(2) GPT-2:无监督预训练的突破,GPT-2 在 GPT-1 的基础上,显著地扩大了参数规模,并使用了大规模网页数据集进行预训练。GPT-2 的创新在于尝试通过增加模型参数规模来提升性能,并去除了针对特定任务的微调环节。它探索了使用无监督预训练的语言模型来完成多种下游任务的可能性,强调了语言模型在理解和生成自然语言文本中的重要性。

(3) GPT-3:上下文学习的引入,2020 年,OpenAI 推出了具有里程碑意义的 GPT-3 模型,其参数规模扩展到了 175B,标志着对模型扩展的极限尝试。GPT-3 首次引入了上下文学习概念,通过少样本学习完成各种任务,减少了对新任务进行微调的需求。GPT-3 证明了神经网络扩展到超大规模可以显著地提升模型性能,建立了基于提示学习的新技术路线。

(4) InstructGPT(3.5):人类偏好对齐与代码能力的增强,在 GPT-3 的基础上,OpenAI 通过代码数据训练和针对人类偏好对齐进行了改进,推出了 InstructGPT。通过在 GitHub 代码数据上微调模型,OpenAI 显著地提升了模型解决复杂问题的能力。同时,引入基于人类反馈的强化学习算法(RLHF),进一步地增强了模型的指令遵循能力和安全性。

(5) ChatGPT:大语言模型的对话应用,2022 年,OpenAI 发布了基于 GPT 模型的人工智能对话应用服务 ChatGPT。ChatGPT 基于 InstructGPT 的训练技术,并针对对话能力进行了优化,展现出丰富的世界知识和复杂问题解决能力。ChatGPT 还引入了插件机制,扩展了功能,显著地提升了人机对话系统的能力,引发了社会的高度关注。

(6) GPT-4:多模态扩展与安全增强,2023 年,OpenAI 发布了 GPT-4,标志着 GPT 系列模型的重要升级。GPT-4 首次将输入模态从单一文本扩展到图文双模态,显著地增强了处理复杂任务的能力,并在多个领域表现优异。GPT-4 还进行了多轮迭代对齐,提升了模型的安全性和对抗恶意内容的能力。

(7) GPT-4o:多语言、多模态模型,2024 年 5 月,OpenAI 推出了模型 GPT-4o,这是一个多模态大模型,支持文本、音频和图像的任意组合输入和输出。GPT-4o 在视觉和音频理解方面表现出色,具备实时推理和丰富的多模态能力,并在 API 速度和成本方面有显著优化,标志着大模型技术的又一次飞跃。该模型比其前身 GPT-4 快两倍,而价格仅为其 50%。

4.2.2　GPT 训练过程解析

GPT 模型的训练过程可以分为两个主要阶段:预训练阶段和微调阶段。这两个阶段分别负责让模型学习语言的基本结构和语义,以及让模型适应特定的任务或领域需求。

1. 预训练阶段

在预训练阶段,GPT 模型使用大规模的无标签文本数据进行训练。这个阶段的目标是让模型学习语言的基本规律,包括词汇的分布、语法结构和句子之间的语义关系。具体来讲,预训练阶段可以分为以下几个步骤。

(1) 数据准备:大规模语料收集,模型需要从各种来源(例如书籍、文章、网页等)收集大量的文本数据。OpenAI 为 GPT 模型准备的训练数据通常包括数十亿个词语的语料库,以覆盖广泛的语言用例。

(2) 自回归语言建模:GPT 模型是一个自回归语言模型,它的目标是在给定的上下文条件下预测下一个词语。这意味着模型通过前面的词语,推测下一个词是什么,如图 4-6 所示。在训练过程中对于每个输入序列,模型会使用先前的词语(已生成的部分)来预测下一个词。模型的参数通过最大化所有预测的准确性来进行优化。

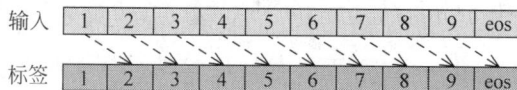

图 4-6　GPT 预训练过程

(3) 模型架构:GPT 模型使用的是仅包含解码器的 Transformer 架构。每个解码器层包括一个自注意力机制和一个前馈神经网络,这些层通过逐层堆叠来处理输入序列。在预训练阶段,不需要任何标签数据。模型通过纯文本数据进行无监督学习,自动学习语言的结构和规律。

2. 微调阶段

预训练完成后,GPT 模型通常会进行微调,以便适应特定的任务或领域。微调阶段的目标是让模型从通用语言能力转向特定任务的执行。

1) 任务定义

标注数据集,微调需要使用特定任务的标注数据,例如,指令微调,输入通常是一条指令或提示,类似于自然语言中的问题、命令、任务描述等,输出则是模型根据输入指令生成的结果。

注意:标签序列对应着模型的输出部分。标签的前半部分(对应输入序列的部分)通常被设置为负无穷(-inf),如图 4-7 所示,表示这些部分不需要进行预测或可以被模型忽略。模型只需关注标签序列中的输出部分,并将其作为学习的目标。这种设置告诉模型它应该专注于生成正确的输出,而不需要去预测已经作为输入提供的部分。

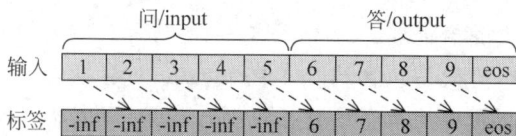

图 4-7　GPT 微调过程

2) 调整模型

微调策略,模型在预训练阶段已经学习了语言的基本结构,因此在微调阶段,通常只需在少量标注数据上进行训练,以适应特定任务。这显著地减少了对大规模标注数据的需求。

优化模型参数,在微调过程中,模型的所有参数或部分参数都会根据特定任务的损失函数进行进一步优化。

3) 训练技术的关键点

上下文学习,GPT-3 引入了上下文学习(Few-Shot、One-Shot、Zero-Shot Learning)的概念,允许模型在无需显式微调的情况下,通过给定的上下文示例直接执行任务。这是通过在预训练阶段增加模型的参数量并优化训练方式实现的。

提示工程(Prompt Engineering),在 GPT 模型的应用中,设计有效的提示非常关键。不同的提示可以显著地影响模型的输出质量和准确性。提示工程是在不改变模型本身的情况下,通过调整输入格式和内容来引导模型输出符合预期的结果。

4.3　其他变体

除了 BERT 和 GPT 系列,研究者还提出了多种改进模型,以进一步提升 Transformer 模型在特定任务中的表现,例如 ALBERT、RoBERTa、ELECTRA、T5、XLNet。

4.3.1　ALBERT

ALBERT(A Lite BERT)是 BERT 模型的一个精简版本,专门设计用于在减少模型参数数量的同时,保持或接近 BERT 的性能表现。它由谷歌 AI Language 团队在 2019 年提出,主要目的是解决 BERT 在训练和推理过程中对计算资源的高需求问题。

全名：A Lite BERT

发布日期：2019 年

研发团队：Google AI Language

主要特点：在保持 BERT 强大语言理解能力的基础上,ALBERT 进行了多项优化,使模型更加轻量级和高效,其设计使它在处理各种自然语言处理任务时,能够在性能与计算资源之间实现更好的平衡。

模型属性：预训练语言模型

关键技术：因式分解嵌入参数化,跨层参数共享和句子顺序预测

BERT 模型以其强大的语言理解能力著称,但它的一个主要挑战在于其庞大的参数规模。以 BERT-base 为例,该模型包含约 1.1 亿个参数,这使它的训练和推理过程极为耗时且需要大量计算资源。尽管增加模型参数可以提升性能,但也显著地增加了计算成本,这对资源有限的场景带来了巨大挑战。

为了解决这些问题，ALBERT 应运而生。ALBERT 通过创新性的架构设计，成功地在减少参数数量的同时，保持了与 BERT 相近的性能表现。ALBERT 的主要创新点包括两项技术，即跨层参数共享和嵌入层参数因子分解。

1. 跨层参数共享

参数共享是 ALBERT 模型中另一项重要的技术创新，旨在进一步减少模型的参数数量，同时保持或提升模型的性能。这一技术主要通过在模型的不同层之间共享部分或全部参数来避免参数的冗余和重复计算，从而提高模型的计算效率。

在传统的 BERT 模型中，每层的参数都是独立的，这意味着模型的参数量会随着层数的增加而显著增加，例如，对于一个 12 层的 BERT 模型，每层都会有自己的独立参数，这些参数在层与层之间并不共享。这导致了参数的数量非常庞大，训练和推理的计算成本也随之增加。ALBERT 参数共享的核心思想是，通过在不同层之间共享一组或多组参数，显著减少模型的整体参数数量。这不仅降低了模型的计算复杂度，还减少了内存需求，同时可以使模型在深度结构中保持较强的表达能力。

如图 4-8 左边所示，一个 12 层的 Transformer 模型，每层都有自己的参数，如果每层的参数量为 P，则整个模型的参数量为 $12 \times P$。无参数共享时，如果每层的参数都独立存在，则模型的参数量将是 $12 \times P$，例如，如果每层有 10 万个参数，总参数量就是 120 万个。使用参数共享时，如图 4-8 右边所示，假设所有层共享相同的参数，模型的参数量就从 $12 \times P$ 减少到 P。也就是说，无论模型有多少层，参数量都固定为 P，即 10 万个，这使参数量减少为原来的 1/12。

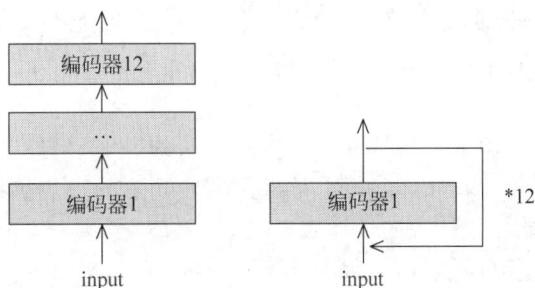

图 4-8　参数共享解析图

注意：在 ALBERT 模型中，参数共享主要有两种方式，一种是上面说的所有层之间共享完全相同的参数，另一种是部分参数共享，模型可以选择只共享部分参数，例如只共享某些层的自注意力机制参数或前馈网络的参数，这样既能减少参数数量，又能保持一定的模型多样性和表达能力。

2. 嵌入层参数因子分解

嵌入层参数因子分解（Embedding Parameter Factorization）是 ALBERT 模型引入的一个关键技术，用于有效减少模型的参数数量，而又尽可能地保持模型的性能。

　　BERT 的嵌入层通常包含大量参数,尤其是词嵌入矩阵,它直接影响着模型的整体参数规模。ALBERT 通过因子分解技术,将大维度的词嵌入矩阵分解成两个较小的矩阵,即矩阵 1 和矩阵 2。假设原始嵌入矩阵的大小为 $V \times E$,其中 V 是词汇表的大小,E 是嵌入向量的维度。先将词汇表中的词映射到一个低维空间,矩阵 $1 = V \times H$,H 是一个较小的隐藏维度,然后将这个低维空间重新映射到原始的嵌入维度的矩阵,矩阵 $2 = H \times E$,将隐藏维度映射回嵌入维度。原始嵌入矩阵的参数量是 $V \times E$,而经过因子分解后的参数量是 $V \times H + H \times E$,从而有效地减少了参数数量。这种方法不仅降低了模型的训练和推理成本,还保持了嵌入层的表示能力。

　　如图 4-9 所示,一个词汇表大小 $V = 30\,000$,嵌入维度 $E = 768$,而因子分解后的隐藏维度 $H = 128$。原始嵌入矩阵的参数量 $= 30\,000 \times 768 = 23\,040\,000$ 个参数,而因子分解后的参数量,第一部分矩阵参数 $= 30\,000 \times 128 = 3\,840\,000$ 个参数,第二部分矩阵参数 $= 128 \times 768 = 98\,304$ 个参数,总参数量为 $3\,840\,000 + 98\,304 = 3\,938\,304$ 个参数。

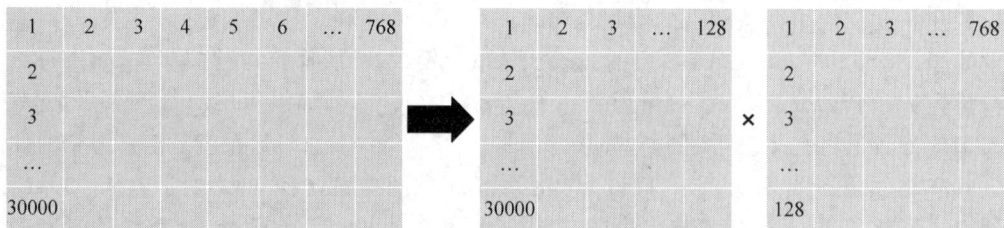

图 4-9　嵌入层参数因子分解图

　　通过因子分解,嵌入层的参数量从原来的 $23\,040\,000$ 减少到 $3\,938\,304$,约减少了 83%。这显著地降低了模型的计算需求,特别是在内存使用和计算加速方面,模型的训练和推理过程变得更加高效。

　　通过这两项技术,ALBERT 在显著减少参数数量的同时,仍然能够在各类自然语言处理任务中表现出色。这使 ALBERT 成为资源受限环境下的理想选择,既能缩短模型的训练时间和推理时间,又能保持高效的性能表现。

3. 训练 ALBERT 模型

　　在 4.1.2 节中讲解了 BERT 的预训练任务,包括掩码语言模型和下句预测,ALBERT 的研究人员发现,BERT 中的下句预测任务并不如预期中那么有效。尽管下句预测任务旨在让模型理解句子之间的关系,但其任务难度较低,相较于掩码语言模型,研究发现下句预测并不是一个足够困难的任务。模型可以较容易地通过简单的特征(例如词汇或句子的主题)来完成这项任务,而不是通过理解更复杂的语义关系,其次下句预测任务将主题预测和一致性预测混合在一起,这意味着模型可能会更多地依赖主题上的相似性,而非理解句子之间的逻辑连贯性,这种混淆使模型可能在理解上下文关系时表现为能力有限。

　　为了解决这些问题,ALBERT 引入了一项新的预训练任务,即句序预测,如图 4-10 所示。

　　句序预测任务专注于让模型学习句子之间的连贯性,而不是简单地预测两个句子是否有关联。在 SOP 任务中,模型接收两个连续的句子片段作为输入。在 50% 的情况下,这两

1. 天气预报说今天下雨　　　　　　　1. 所以我提醒他记得带伞
2. 所以我提醒他记得带伞　　　　　　2. 天气预报说今天下雨
　　　True　　　　　　　　　　　　　　　　　　False

text	label
天气预报说今天下雨。所以我提醒他记得带伞	True
所以我提醒他记得带伞。天气预报说今天下雨	False
…	

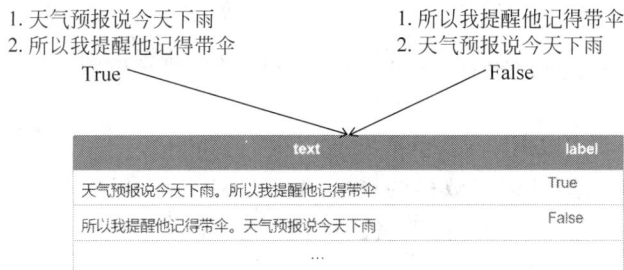

图 4-10　句序预测任务

个句子片段是按正常顺序排列的；在另外 50% 的情况下，两个句子片段的顺序被颠倒了。模型的任务是判断输入的句子是否按正确的顺序排列。SOP 任务主要基于句子间的连贯性进行训练，而不依赖于主题的相似性。通过这种方式，模型更专注于学习上下文之间的逻辑关系，从而提高模型在理解和生成连贯文本时的能力。

通过引入 SOP 任务，ALBERT 模型在一系列自然语言理解任务中的表现得到了显著提升。与下句预测任务相比，SOP 更能帮助模型捕捉到句子之间的语义一致性，并且 ALBERT 在多项基准测试中优于 BERT。

ALBERT 配置有两种，ALBERT-base 模型的配置表示为 L=12、A=12、H=128，它的网络参数总数可达 1200 万个。ALBERT-large 模型的配置表示为 L=24、A=16、H=128，它的网络参数总数可达 1800 万个。

ALBERT 通过引入跨层参数共享和嵌入层参数因子分解，大幅减少了模型的参数数量。相比于 BERT，ALBERT 的参数量显著降低，这使模型在计算资源受限的情况下，依然能够高效地进行训练和推理。

4.3.2　RoBERTa

RoBERTa 是 BERT 模型的一个改进版本，旨在通过优化预训练策略来提升模型的性能。通过扩展训练数据、增加训练时间、使用更大的批量及去掉次句预测任务，RoBERTa 在多个自然语言处理任务中显著超越了 BERT，成为性能更强大的语言模型之一。

全名：Robustly optimized BERT approach
发布日期：2019 年
研发团队：Facebook AI Research
模型属性：预训练语言模型
关键技术：无下句预测任务、更大规模的训练数据、更长的训练时间与大批量训练、动态掩码机制

1. 取消下句预测任务

与 BERT 模型相比，RoBERTa 取消了下句预测任务。BERT 的 NSP 任务被证明在某

些情况下并没有显著提高模型性能,反而增加了训练复杂度。去除 NSP 任务,RoBERTa 专注于单一的掩码语言模型,从而能够更好地利用数据和计算资源。这一改变使 RoBERTa 在语义理解上表现得更加出色。

2. 更大规模的训练数据

RoBERTa 大幅增加了训练数据的规模,相比 BERT 使用的 BooksCorpus 和 English Wikipedia,RoBERTa 结合了更多的数据源,包括 Common Crawl News(63GB)、Web Text (38GB)、BooksCorpus(16GB)、OpenWebText(38GB)。

通过这些大规模数据集,RoBERTa 能够从更广泛的语料中学习到更丰富的语言模式和知识,使其在处理实际任务时具有更强的泛化能力。

3. 更长的训练时间与大批量训练

RoBERTa 通过增加训练时间并使用更大的训练批量来进一步提升模型性能。RoBERTa 在训练中使用了更多的计算资源,延长了训练时间。这使模型在预训练过程中有足够的时间学习更复杂的语言模式和语义关系。同时使用了更大的批量(Batch Size),这样便可以让模型在每次更新时基于更多的数据进行调整,从而提高模型的稳定性和精度。这种优化使 RoBERTa 能够更好地收敛到一个更优的解,从而提升在各项自然语言处理任务中的表现。

4. 动态掩码机制

在 BERT 的训练中,掩码语言模型使用的是静态掩码,即在预处理时就已经决定了哪些词会被掩码,然而,RoBERTa 引入了动态掩码机制,每次训练时,掩码都是随机选择的,如图 4-11 所示。

"我喜欢在晴天去公园散步。"　　　　　　"我喜欢在晴天去[MASK]散步。"

"我喜欢在晴天去公园散步。"	"我[MASK]在晴天去公园散步。"
"我喜欢在晴天去公园散步。"	"我喜欢[MASK]晴天去公园散步。"
"我喜欢在晴天去公园散步。"	"我喜欢在[MASK]去公园散步。"
"我喜欢在晴天去公园散步。"	"我喜欢在晴天[MASK]公园散步。"
"我喜欢在晴天去公园散步。"	"我喜欢在晴天去[MASK]园散步。"
"我喜欢在晴天去公园散步。"	"我喜欢在晴天去公[MASK]散步。"
"我喜欢在晴天去公园散步。"	"我喜欢在晴天去公园[MASK]步。"
"我喜欢在晴天去公园散步。"	"我喜欢在晴天去公园散[MASK]。"
"我喜欢在晴天去公园散步。"	"[MASK]喜欢在晴天[MASK]公园散步。"
"我喜欢在晴天去公园散步。"	"我[MASK]在晴天去公园[MASK]。"

图 4-11　动态掩码机制

使用动态掩码的优点主要有以下几点。

（1）多样性：通过动态掩码，模型在训练过程中可以接触到更多的掩码模式，从而学习到更广泛的语义信息。这有助于提高模型的泛化能力，使它在处理未见过的句子时依然能够表现出色。

（2）避免过拟合：静态掩码可能会导致模型过度拟合到某些特定的掩码模式，而动态掩码则通过不断变化的掩码位置，降低了模型过拟合的风险。

（3）增强模型稳健性：由于掩码位置的随机性，模型在不同上下文中的表现更加稳健，这使模型能够应对更加多样化的输入场景。

4.3.3　T5

T5是一个统一的文本到文本转换模型，它将所有的自然语言处理任务都视为一个文本到文本的问题。无论是翻译、摘要、分类，还是问答，T5都将输入和输出表示为文本，这使它可以用相同的模型架构来处理多种任务。

全名：Text-To-Text Transfer Transformer
发布日期：2019年
研发团队：Google Research
模型属性：通用预训练语言模型
关键技术：统一框架和多任务学习

---

1. 统一的文本到文本框架

在传统的自然语言处理模型中，不同任务通常需要不同的模型架构。T5的创新之处在于，它将所有这些任务都视为文本到文本的问题。也就是说，无论任务的本质是什么，T5都将其输入和输出格式化为文本序列。这种统一的框架允许同一个模型在多种任务之间共享结构和参数，从而提高了模型的通用性和效率。

常见的任务类型主要有文本分类、机器翻译、问答系统。文本分类：使用句子和类别标签作为输入，输出是预测的类别标签。机器翻译：输入是源语言的句子，输出是目标语言的翻译。问答系统：输入是问题和上下文，输出是答案。以机器翻译任务为例进行说明，如图4-12所示。

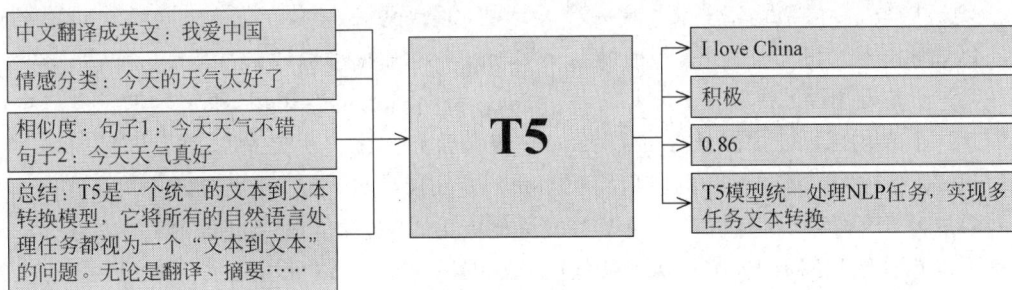

图4-12　T5统一框架结构图

1) 传统方法

输入：一个源语言句子(例如 How are you?)

输出：一个目标语言句子(例如你好吗?)

2) T5 的文本到文本方法

输入：将任务描述与源语言句子合并成一段输入文本，例如，将英语翻译成中文：How are you?

输出：目标语言句子作为生成的文本输出，例如，你好吗?

T5 模型的关键创新在于将各种自然语言处理任务都转换成几乎一致的格式，输入是带有任务前缀的文本序列，输出是相应任务的结果文本序列。T5 通过统一的文本到文本框架，简化了模型设计，增强了任务间的迁移学习，提高了模型的通用性，并且简化了训练和推理流程。

2. 多任务学习

多任务学习(Multi-Task Learning，MTL)的核心思想是让一个模型同时学习多项任务，并在任务之间共享知识，如图 4-13 所示。这种方法的理论基础在于任务之间可能存在某种相关性或共性，模型可以通过学习这些共性来提高在每个单独任务上的表现。

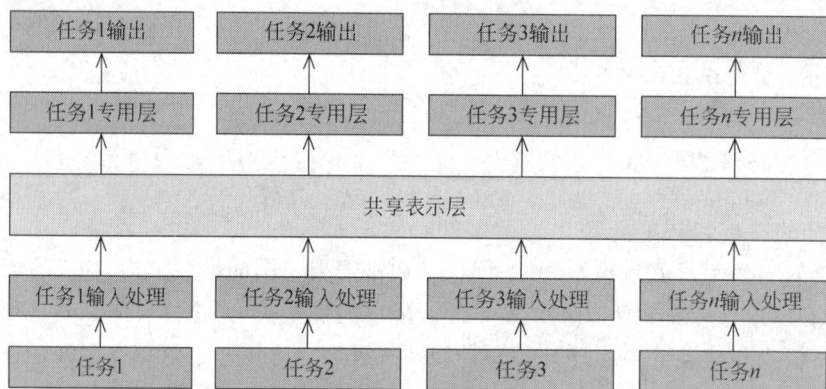

图 4-13　T5 多任务学习结构图

(1) 任务输入处理：每项任务都有自己的输入处理模块，用来对输入数据进行预处理。这是任务特定的部分，不同任务的输入处理方式可能不同。

(2) 共享表示层：所有任务共享一个表示层(通常是一个或多个神经网络层)，这个表示层负责学习通用的特征表示，帮助模型从多项任务的数据中提取共享信息。

(3) 任务专用层：在共享表示层之后，每项任务有自己的专用层，用来处理任务特定的细节。这个专用层可以根据任务的需求，进一步调整和优化表示层提取的特征。

(4) 任务输出：每项任务的输出层根据任务专用层的处理结果，生成任务的最终输出。

通过多任务学习，一是可以提高模型的泛化能力，通过学习任务间的共性减少过拟合；二是可以有效地利用数据，尤其是当某些任务数据稀缺时，可以利用相关任务的数据；三是可以实现任务间的知识转移，提升所有任务的表现；四是可以减少训练时间和资源消耗，相较于单独训练多个单任务模型更加高效。

4.3.4　知识蒸馏原理及实践

在前面的章节中,深入地了解了 BERT 的工作原理,并探讨了其各种变体,然而在实际应用中,使用预训练的 BERT 模型也带来了一些挑战,尤其是计算成本高等问题。由于 BERT 模型包含了大量的参数,其运算时间较长,在资源有限的环境下(例如移动设备)难以有效部署。

为了解决这些问题,知识蒸馏(Knowledge Distillation)提供了一种有效的解决方案。通过知识蒸馏,可以将大型预训练模型(称为教师模型)中的知识迁移到一个较小且更高效的模型(称为学生模型)中。这样,学生模型可以在保持较高性能的同时,大幅降低计算成本,使在资源受限的设备上运行成为可能。

1. 知识蒸馏的基本原理

知识蒸馏是一种模型压缩技术,通过训练一个较小的模型(学生模型)去模仿较大模型(教师模型)的行为,以此来提高模型的效率。教师模型通常是预训练的大型模型,例如 BERT,通过知识蒸馏,学生模型能够学习到教师模型的深层次知识并在相似任务上表现良好。

通过一个例子更好地理解知识蒸馏的概念。假设有一位教师从小学开始,一直不断学习,经历了初中、高中、大学直到研究生阶段,最终成为一名知识渊博的教师。在这个过程中,这位教师学到的知识涵盖了多个学科,例如数学、语文、英语等,范围非常广泛,如图 4-14 所示。

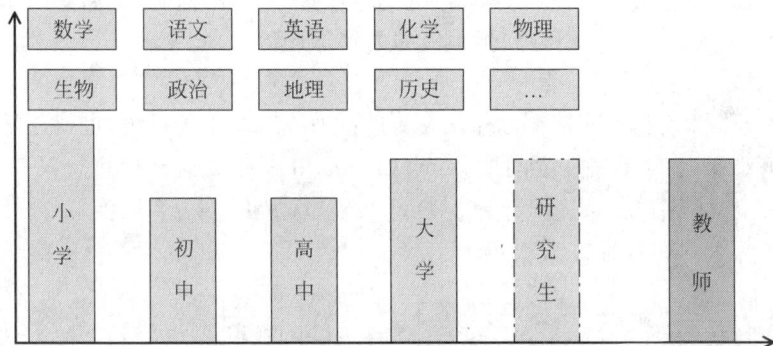

图 4-14　教师模型解析图

当这位教师开始在学校任教时,他通常只会专注于教授某个特定的学科,例如数学。假设现在有一项任务,这位教师需要帮助一群小学生准备一场数学竞赛,如图 4-15 所示。在这个过程中,教师不会把自己所有的学科知识(例如语文、英语等)都传授给学生,而是会专注于将与小学数学竞赛相关的知识传授给学生。这一过程,也就是从广泛的知识中提取出特定任务所需的内容,并传授给学生,从而帮助他们在特定任务上取得好成绩。

这一过程就是知识蒸馏的核心思想。在训练和学习中,可以将这名教师比作一个预训

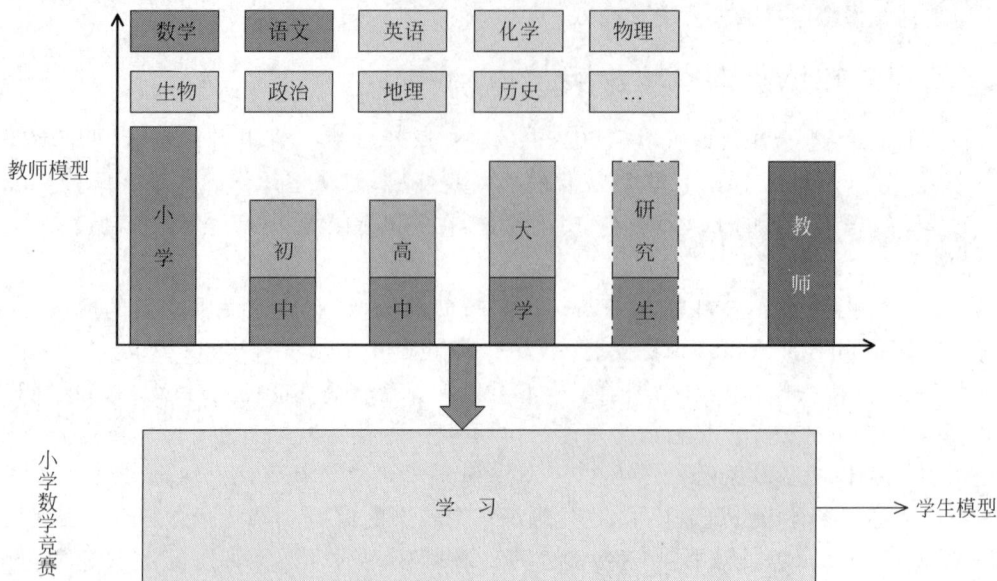

图 4-15 学生模型解析图

练的大型模型,它掌握了大量的知识,而学生则是一个较小的模型,通过蒸馏的过程,学生模型学习教师模型在特定任务上的知识,从而在特定任务中表现出色。这种方法不仅能大大地减少计算资源的消耗,还能在资源受限的设备上高效运行。

2. 知识蒸馏训练过程

在知识蒸馏的过程中,蒸馏损失和学生损失是两个关键的概念,它们共同作用于学生模型的训练过程,以实现从教师模型到学生模型的知识迁移。

1)学生损失

学生损失是指学生模型直接在目标任务上进行训练时产生的损失,也就是学生模型对目标标签的预测结果与实际标签之间的差异,如图 4-16 所示。通常使用交叉熵损失(Cross-Entropy Loss)来计算,CrossEntropy(y_{true}, $y_{student}$),其中,y_{true} 是实际的目标标签,而 $y_{student}$ 是学生模型对目标标签的预测。

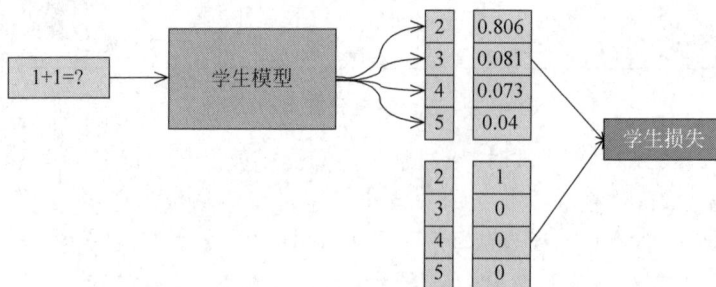

图 4-16 学生损失计算展示

2）蒸馏损失

蒸馏损失是指学生模型在训练过程中通过模仿教师模型的行为而计算出来的损失。具体来讲,蒸馏损失衡量的是学生模型的输出概率分布与教师模型的输出概率分布之间的差异。

教师模型通常是一个经过充分训练的大型模型,它能够对输入数据生成一个概率分布,表示每个类别的预测概率。通过知识蒸馏,学生模型的目标是学习这些概率分布,而不仅是最终的类别标签。在图 4-16 中,可以看到在计算 1+1 的运算中,结果为 2 的概率最高,除此之外,结果为 3 的概率要高于结果为 4 的概率,结果为 4 的概率要高于结果为 5 的概率,还有其他的很小的概率,此运算将其忽略了。也就是说与正确结果 2 更加接近的数字的概率会更大一些,其实这就是在训练过程中存在的一些隐藏的知识。在知识蒸馏的过程中不仅要让模型学习最终的结果,还要在训练的过程中学习信息的隐藏知识。

但通常情况下,任何好的模型都会为正确的类别返回一个接近 1 的高概率,而为其他类别返回非常接近 0 的概率。为此,引入了温度参数 T,将教师模型的输出"软化",使其更容易捕捉到不同类别之间的相对概率,公式如下:

$$p_i = \frac{\exp(z_i/T)}{\sum \exp(z_i/T)} \tag{4-1}$$

其中,T 表示 Temperature,即温度系数,z 表示神经网络在最后一层输出的未经过激活函数处理的值。

如果 $T=1$,它就是标准的 Softmax 函数。增加 T 值,可以使概率分布更加平滑,并提供更多关于其他类别的信息,如图 4-17 所示,当 $T=2$ 时,概率分布会变平滑,而当 $T=5$ 时,概率分布会更加平滑,因此通过增加 T 值,可以得到一个平滑的概率分布,从而得到更多关于其他类别的信息。

	$T=1$	$T=2$	$T=5$
2	0.806	0.543	0.357
3	0.081	0.172	0.226
4	0.073	0.164	0.221
5	0.04	0.121	0.196

图 4-17　温度参数 T 不同取值计算结果

通过 Softmax 温度,可以获得隐藏知识,即先用 Softmax 温度对教师网络进行预训练,获得隐藏知识,然后在知识蒸馏过程中,将这些隐藏知识从教师网络迁移到学生网络。

如图 4-18 所示,将输入句送入教师网络和学生网络,并得到概率分布作为输出。由于教师网络是一个预训练网络,所以教师网络返回的概率分布是最终的目标。教师网络的输出被称为软目标,学生网络做出的预测则被称为软预测。

注意：学生网络并没有经过预训练,只有教师网络经过预训练,并且在预训练过程中使用了 Softmax 温度,例如 $T=5$。同时在教师网络和学生网络中,Softmax 层的 T 值保持一致,并且都大于 1。

接下来,可以计算软目标和软预测之间的交叉熵损失,并通过反向传播训练学生网络,

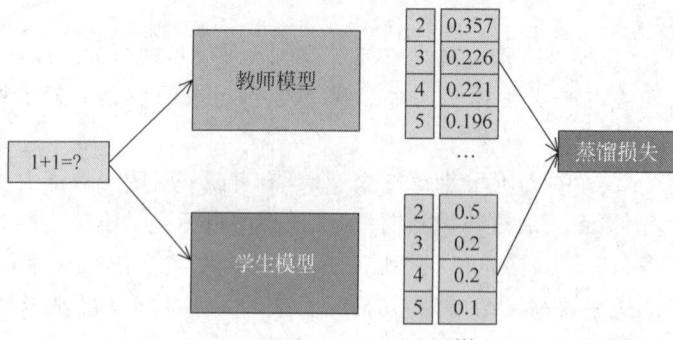

图 4-18 蒸馏损失计算图

以使交叉熵损失最小化。软目标和软预测之间的交叉熵损失也被称为蒸馏损失,通过反向传播算法训练学生网络以使蒸馏损失最小化。

最终的损失函数是学生损失和蒸馏损失的加权和,即 $L = \alpha * $ 学生损失 $ + \beta * $ 蒸馏损失, α 和 β 是用于计算学生损失和蒸馏损失的加权平均值的超参数。通过最小化上述损失函数来训练学生网络。

注意:蒸馏损失又称为软损失,学生损失也称为硬损失。

3. 代码实践

下面使用代码进行实践演练,以此来更好地理解其基本原理。

1) 数据集读取

本次实践的数据使用 3.2.1 节的新闻数据集,先读入数据并进行预处理,包括列表转换、标签类型转换和数据集划分,代码如下:

```
#第 4 章/4.3.4 自定义知识蒸馏.ipynb-加载数据集
import pandas as pd
#加载数据
data_path = './nlp/data/news.csv'   #上传的文件路径
news_data = pd.read_csv(data_path)

texts = news_data['text'].tolist()
labels = news_data['label'].tolist()
#使用 LabelEncoder 将字符串标签转换为数值
label_encoder = LabelEncoder()
labels = label_encoder.fit_transform(labels)

#使用 scikit-learn 进行数据集划分
train_texts, test_texts, train_labels, test_labels = train_test_split(texts,
labels, test_size=0.2, random_state=42)
```

2）模型定义

需要先定义教师模型，教师模型将使用预训练的 BERT 中文版模型 bert-base-chinese，这个模型可以通过 Transformers 库中的 BertForSequenceClassification 类从 Hugging Face 平台下载。同时，使用 BertTokenizer 来加载相应的分词器。num_classes 代表分类任务中标签的种类数量。在第 5 章中，将详细介绍 Hugging Face 和 Transformers 库的使用方法及其背后的原理，代码如下：

```
#第 4 章/4.3.4自定义知识蒸馏.ipynb-加载模型和分词器
from transformers import BertTokenizer, BertForSequenceClassification, BertConfig
import torch
#加载中文的教师模型和分词器
teacher_model = BertForSequenceClassification.from_pretrained('bert-base-
chinese', cache_dir='./models', num_labels=num_classes)
tokenizer = BertTokenizer.from_pretrained('bert-base-chinese', cache_dir='.
/models')
#定义学生模型的配置
student_config = BertConfig(
    hidden_size=720,            #缩小模型的隐藏层维度
    num_hidden_layers=6,        #减少层数
    num_attention_heads=6,      #减少注意力头的数量
    intermediate_size=1024,
    num_labels=num_classes
)
#创建学生模型
student_model = BertForSequenceClassification(student_config)
```

接下来构建一个学生模型，通过定义 student_config 来配置模型的结构。这包括设置隐藏层的大小、模型的层数、注意力头的数量等参数。基于这些配置，创建一个学生模型。BertForSequenceClassification 类专门用于序列分类任务，例如文本分类和情感分析等。它在基础的 BERT 模型上增加了一个线性层（分类器），将 BERT 的输出转换为特定任务的类别概率，从而完成分类任务。

3）构建数据集

将数据处理为适用于 BERT 微调的数据格式。通过自定义 Dataset 类来处理文本和标签，并使用 DataLoader 将数据加载到模型中，代码如下：

```
#第 4 章/4.3.4自定义知识蒸馏.ipynb-数据集分词和编码
class NewsDataset(Dataset):
    def __init__(self, texts, labels, tokenizer, max_length=128):
        self.texts = texts
        self.labels = labels
        self.tokenizer = tokenizer
        self.max_length = max_length

    def __len__(self):
```

```
            return len(self.texts)

    def __getitem__(self, idx):
        text = self.texts[idx]
        label = self.labels[idx]
        encoding = self.tokenizer(
            text,
            truncation=True,
            padding='max_length',
            max_length=self.max_length,
            return_tensors='pt'
        )
        #注意,需要将编码后的 input_ids 和 attention_mask 从第一维度(batch 维度)中取出
        input_ids = encoding['input_ids'].squeeze(0)
        attention_mask = encoding['attention_mask'].squeeze(0)
        return {
            'input_ids': input_ids,
            'attention_mask': attention_mask,
            'labels': torch.tensor(label, dtype=torch.long)
        }

#构建训练集和测试集
train_dataset = NewsDataset(train_texts, train_labels, tokenizer)
test_dataset = NewsDataset(test_texts, test_labels, tokenizer)
#使用 DataLoader
train_loader = DataLoader(train_dataset, batch_size=16, shuffle=True)
test_loader = DataLoader(test_dataset, batch_size=16, shuffle=False)
```

需要自定义一个 NewsDataset 类,用于处理文本和标签数据。首先通过 tokenizer 将文本转换为 BERT 模型所需的输入格式,并保证输入数据的长度一致,然后使用 DataLoader 将数据集包装为批处理数据,使模型可以按批次进行训练和测试,从而提高计算效率。

4) 定义损失函数

在知识蒸馏的过程中,定义函数 distillation_loss 来结合来自教师模型的软目标和来自真实标签的硬目标,从而帮助学生模型更好地学习,代码如下:

```
#第 4 章/4.3.4 自定义知识蒸馏.ipynb-定义损失函数和优化器
from transformers import  AdamW
#定义蒸馏损失函数
def distillation_loss(student_logits, teacher_logits, labels, alpha=0.5,
temperature=2.0):
    #计算软目标损失(KL 散度)
    soft_loss = F.kl_div(
        F.log_softmax(student_logits / temperature, dim=-1),
        F.softmax(teacher_logits / temperature, dim=-1),
        reduction='batchmean'
    ) * (temperature ** 2)
```

```
#计算硬目标损失(交叉熵损失)
hard_loss = F.cross_entropy(student_logits, labels)

#综合两部分损失
return alpha *soft_loss + (1.0 - alpha) *hard_loss
```

5）开始训练

首先定义 train_and_evaluate 函数来对教师模型进行微调训练。教师模型的训练过程采用标准的微调方式,使用 AdamW 优化器,并在每个 epoch 结束后记录训练损失和测试集上的准确率,代码如下:

```
#定义优化器
teacher_optimizer = AdamW(teacher_model.parameters(), lr=5e-6)
trained_teacher_model = train_and_evaluate(teacher_model, teacher_optimizer,
train_loader, num_epochs, device='cuda')
```

经过 10 个 epoch 的训练,教师模型在测试集上的准确率最高已经达到 99%,结果如下:

```
Epoch 1/10, Train Loss: 1.9819,Test Accuracy 1: 0.7900, Time: 8.71 seconds
Epoch 2/10, Train Loss: 1.2713,Test Accuracy 2: 0.9650, Time: 8.50 seconds
Epoch 3/10, Train Loss: 0.7665,Test Accuracy 3: 0.9800, Time: 8.47 seconds
Epoch 4/10, Train Loss: 0.4815,Test Accuracy 4: 0.9850, Time: 8.45 seconds
Epoch 5/10, Train Loss: 0.3162,Test Accuracy 5: 0.9850, Time: 8.50 seconds
Epoch 6/10, Train Loss: 0.2193,Test Accuracy 6: 0.9900, Time: 8.55 seconds
Epoch 7/10, Train Loss: 0.1587,Test Accuracy 7: 0.9850, Time: 8.49 seconds
Epoch 8/10, Train Loss: 0.1170,Test Accuracy 8: 0.9900, Time: 8.54 seconds
Epoch 9/10, Train Loss: 0.0900,Test Accuracy 9: 0.9900, Time: 8.52 seconds
Epoch 10/10, Train Loss: 0.0798,Test Accuracy 10: 0.9850, Time: 8.56 seconds
```

学生模型的训练过程与教师模型不同,采用了知识蒸馏技术。学生模型不仅要学习真实标签的硬目标,还要学习教师模型的预测分布(软目标)。经过 20 个 epoch 的训练,学生模型的准确率最高达到了 94%。这里的目标是演示知识蒸馏的训练流程,以此来理解其原理,因此没有进一步优化。如果需要更高的准确率,则可以通过调整学习率、损失函数中的 temperature 和 alpha 参数,以及增加 epoch 数量来提升模型性能,代码如下:

```
student_optimizer = AdamW(student_model.parameters(), lr=1e-5)
num_epochs = 20
trained_student_model = train_student_with_distillation(student_model, teacher_
model, train_loader, student_optimizer, device='cuda', num_epochs=num_epochs)
```

训练结果如下:

```
Epoch 1/20, Train Loss: 2.2064,Test Accuracy 1: 0.1250, Time: 5.55 seconds
Epoch 2/20, Train Loss: 2.1849,Test Accuracy 2: 0.1750, Time: 5.28 seconds
```

```
Epoch 3/20, Train Loss: 2.1547, Test Accuracy 3: 0.1250, Time: 5.78 seconds
Epoch 4/20, Train Loss: 2.1234, Test Accuracy 4: 0.3050, Time: 7.65 seconds
Epoch 5/20, Train Loss: 1.9991, Test Accuracy 5: 0.3850, Time: 7.62 seconds
Epoch 6/20, Train Loss: 1.6610, Test Accuracy 6: 0.7100, Time: 7.60 seconds
Epoch 7/20, Train Loss: 1.0909, Test Accuracy 7: 0.8000, Time: 7.66 seconds
Epoch 8/20, Train Loss: 0.7208, Test Accuracy 8: 0.8300, Time: 7.63 seconds
Epoch 9/20, Train Loss: 0.5068, Test Accuracy 9: 0.8750, Time: 7.64 seconds
Epoch 10/20, Train Loss: 0.3794, Test Accuracy 10: 0.8950, Time: 7.80 seconds
Epoch 11/20, Train Loss: 0.2756, Test Accuracy 11: 0.9050, Time: 7.72 seconds
Epoch 12/20, Train Loss: 0.2218, Test Accuracy 12: 0.9050, Time: 5.94 seconds
Epoch 13/20, Train Loss: 0.1690, Test Accuracy 13: 0.9200, Time: 6.97 seconds
Epoch 14/20, Train Loss: 0.1366, Test Accuracy 14: 0.9100, Time: 8.07 seconds
Epoch 15/20, Train Loss: 0.1132, Test Accuracy 15: 0.9250, Time: 7.92 seconds
Epoch 16/20, Train Loss: 0.0912, Test Accuracy 16: 0.9000, Time: 7.03 seconds
Epoch 17/20, Train Loss: 0.0762, Test Accuracy 17: 0.9300, Time: 5.17 seconds
Epoch 18/20, Train Loss: 0.0656, Test Accuracy 18: 0.9400, Time: 5.18 seconds
Epoch 19/20, Train Loss: 0.0570, Test Accuracy 19: 0.9250, Time: 5.19 seconds
Epoch 20/20, Train Loss: 0.0491, Test Accuracy 20: 0.9250, Time: 5.18 seconds
```

注意：在上文提到的教师模型训练函数 train_and_evaluate 和学生模型训练函数 train_student_with_distillation 的代码与前面在训练 Transformer 时的代码类似，所以这里就不再展示了，可根据章节编号在相应的章节代码中查找。

6) 参数计算

在训练完成后，可以计算并对比教师模型和学生模型的参数数量，以评估知识蒸馏的效果，代码如下：

```
teacher_params = sum(p.numel() for p in teacher_model.parameters())
student_params = sum(p.numel() for p in student_model.parameters())

print(f"Teacher Model Total Parameters: {teacher_params}")
print(f"Student Model Total Parameters: {student_params}")
print(f"Reduction: {(teacher_params - student_params) / teacher_params *100:.2f}%")
```

输出的结果如下：

```
Teacher Model Total Parameters: 102275338
Student Model Total Parameters: 44207674
Reduction: 56.78%
```

通过知识蒸馏训练的学生模型相比于原始的教师模型，参数数量减少了 56.78%，并且学生模型的准确率达到了 94%。这个结果表明，知识蒸馏在减小模型规模的同时，仍然能够保持相对较高的准确率。对于实际任务来讲，可以根据需求调整学生模型的配置，以在性能和资源利用之间找到最佳平衡。

第 5 章　利用 Hugging Face 实践 Transformer

Hugging Face 是当前自然语言处理领域中最具影响力的平台之一。它不仅提供了丰富的预训练模型和数据集，还为研究人员和开发者提供了强大的工具库和一个充满活力的社区，使 Transformer 模型的应用变得更加便捷和高效。在本章中，将深入介绍 Hugging Face 社区资源及如何使用其提供的 Transformers 库来实践和应用 Transformer 模型。Hugging Face 官网首页如图 5-1 所示。

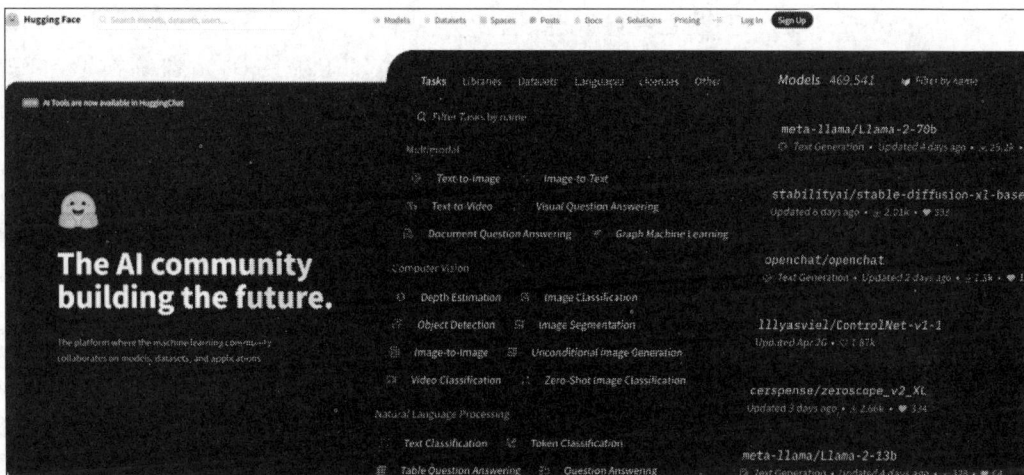

图 5-1　Hugging Face 官网

5.1　Hugging Face 简介

Hugging Face 成立于 2016 年，最初是一家总部位于纽约的聊天机器人初创公司，其开源的 Transformers 库在机器学习社区迅速走红，成为自然语言处理领域的核心工具之一。如今，Hugging Face 已经成为机器学习界的 GitHub，提供了超过 400 000 个预训练模型、150 000 个应用程序和 100 000 个数据集，供开发者免费使用，如图 5-2 所示。

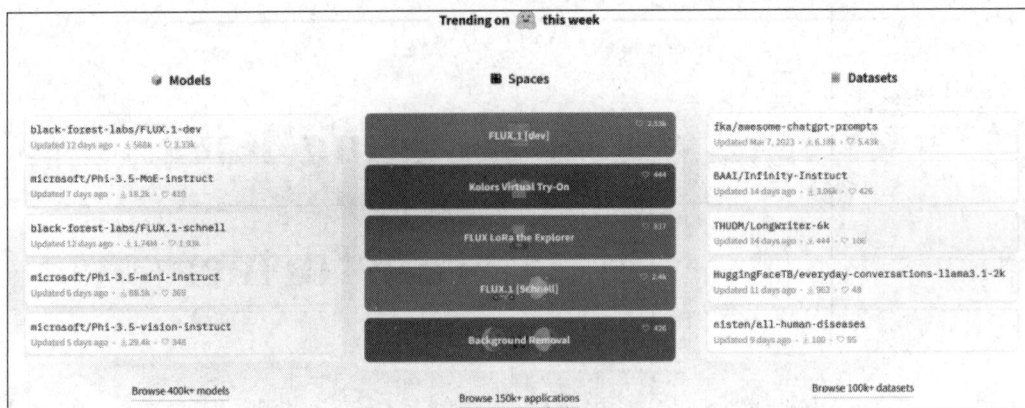

图 5-2　Hugging Face 资源池

5.1.1　社区与资源介绍

Hugging Face 的社区和资源极其丰富,涵盖了从预训练模型到数据集的方方面面。以下是 Hugging Face 社区的一些主要资源。

(1)模型库:Hugging Face 的模型库包含了各种 NLP 任务的预训练模型,例如 BERT、GPT、RoBERTa、XLNet、DistilBERT 等。这些模型开箱即用,用户只需下载便可直接应用于自己的项目中,极大地降低了开发和研究的门槛。

(2)数据集:Hugging Face 还提供了一个数据集库,包含许多常用的 NLP 数据集,方便用户快速地找到适合自己任务的数据。无论是文本分类、命名实体识别还是机器翻译都能在这里找到合适的数据集。

(3)论坛与博客:Hugging Face 的论坛和博客是研究人员、开发者及爱好者分享经验、解决问题、发布教程和讨论前沿技术的重要平台。通过这些资源,可以学习如何高效地使用 Hugging Face 提供的工具,也可以了解最新的研究动态。

(4)开源工具与教程:Hugging Face 提供了丰富的开源工具和教程,包括详细的代码示例和逐步指导,帮助用户快速上手并实现各种 NLP 任务。这些教程覆盖了从基本的模型应用到高级的模型微调和部署等内容,适合不同层次的用户。

5.1.2　Transformers 库概览

Transformers 库是 Hugging Face 的核心工具之一,专为处理和应用 Transformer 模型而设计。该库集成了多种 Transformer 架构,例如 BERT、GPT、T5 等,支持多种 NLP 任务,并提供了高效的模型加载、训练和推理功能。

支持多种架构,Transformers 库支持包括 BERT、GPT、T5、DistilBERT、RoBERTa、XLNet 等多种 Transformer 架构,用户可以根据任务需求选择合适的模型。

(1)易于使用的 API:Transformers 库提供了易于使用的 API,用户可以通过几行代码加载预训练模型、进行推理或微调。库中还包含了常用的工具函数,例如分词器、数据处理工具等,简化了模型的使用流程。

（2）可扩展性强：Transformers 库被设计为高度模块化,支持用户自定义模型组件、修改现有架构,并且可以与其他深度学习框架（例如 PyTorch、TensorFlow）无缝结合,满足不同场景的需求。

（3）社区驱动的更新：由于 Hugging Face 的开源性质,Transformers 库定期更新,社区成员可以贡献新的模型、改进现有功能,并推动前沿研究成果的应用。

（4）集成的训练与评估工具：Transformers 库不仅支持模型的加载和推理,还集成了训练和评估工具,支持快速微调模型,并评估模型在特定任务上的表现。

Hugging Face 为开发者提供了一个强大的平台,不仅让入门者可以快速上手使用预训练模型进行 NLP 任务,还为高级用户提供了丰富的资源和工具来进行深入研究和开发。在接下来的章节中,将通过实际示例,展示如何使用 Hugging Face 提供的工具进行模型加载、微调,以及在具体的 NLP 任务中的应用。

5.2　快速开始

本节将开始使用 Hugging Face 提供的 Transformers 库进行实践演练,并通过一系列的步骤,从安装到模型推理,全面了解如何在实际项目中应用这个强大的工具。

5.2.1　Transformers 库

在开始安装 Transformers 库之前,可以回顾一下 3.1 节的内容,如何创建和管理虚拟环境。为了保持环境的清洁和管理不同项目的依赖,建议在一个独立的虚拟环境中进行操作。既可以继续使用 3.1 节中创建的虚拟环境,也可以为本节创建一个新的虚拟环境。在本例中,将创建一个名为 transformers 的新虚拟环境,并将其激活,代码如下:

```
conda create --name transformers python=3.11 -y
Conda activate transformers
```

激活虚拟环境后,接下来需要安装 Transformers 库及其他相关的依赖项。Transformers 库提供了许多预训练的模型和工具,能够轻松地完成各种自然语言处理任务,例如文本分类、命名实体识别、机器翻译等。

为了进行这些操作,尤其是在模型微调和实际应用中,建议使用 GPU 版本的 torch,因为 GPU 能够大大地加速训练和推理的过程,代码如下:

```
pip install transformers
pip install torch==2.1.2 torchvision==0.16.2 torchaudio==2.1.2 --index-url
https://download.pytorch.org/whl/cu121
```

注意：*如果本地没有GPU，则可以考虑使用在线的GPU服务，例如Google Colab、Kaggle，或者租用云端的GPU服务器。*

安装完Transformers和torch后，可以通过以下代码来检查它们是否安装成功，并确认PyTorch是否能够正确地使用GPU，代码如下：

```
import transformers
import torch

#检查安装的版本和CUDA是否可用
transformers_version = transformers.__version__
cuda_available = torch.cuda.is_available()
```

输出的结果如下：

```
print(f"Transformers version: {transformers_version}")
print(f"CUDA available: {cuda_available}")
Transformers version: 4.44.2
CUDA available: True
```

（1）Transformers version：输出Transformers库的版本号，例如4.44.2，表示安装成功。

（2）CUDA available：如果输出True，则表示GPU版本的PyTorch已经安装成功，并且CUDA环境配置正确，可以使用GPU加速。如果输出False，则说明未检测到可用的CUDA环境，这可能是因为没有安装GPU版本的PyTorch，或者CUDA驱动未正确配置。在这种情况下，需要重新检查和配置CUDA环境，或安装合适的PyTorch版本。

5.2.2 Datasets 加载数据集

Datasets库是由Hugging Face提供的一个Python库，专门用于加载、处理和保存NLP数据集。Datasets库易于使用，并且具有很高的灵活性，使研究人员和数据科学家能够快速地访问和准备用于机器学习模型的数据。

1. 主要特点

先来概述一下Datasets库在自然语言处理领域中的独特优势，作为一个专门为NLP任务设计的数据处理工具，Datasets库不仅在数据集的多样性上有着显著的表现，而且在数据加载、预处理及与现有生态系统的集成等方面都展现出了卓越的能力。

（1）丰富的数据集支持：Datasets库支持多种流行的NLP数据集，例如GLUE、SQuAD、TextBlob等NLP领域常见的数据集，还支持自定义数据集，用户可以轻松地加载自己的数据。

（2）懒加载数据：Datasets库采用懒加载机制，这意味着数据只有在需要时才会被加载到内存中，这对于处理大型数据集非常有用。

（3）内置的数据预处理：Datasets库提供了丰富的预处理功能，例如分词、编码、数据增强等，可以直接在库中实现。

（4）易于使用的API：Datasets库的API设计简洁，使加载数据、迭代数据、处理数据变得非常简单。

（5）与Hugging Face生态系统的集成：Datasets库与Hugging Face的Transformers库紧密集成，使加载模型、处理数据和训练模型的过程无缝连接。

2. 主要功能

Datasets库为用户提供了高效、灵活的数据处理能力。无论是数据的加载、处理，还是迭代和缓存，Datasets库都提供了相应的工具和接口，以满足不同场景下的需求。

（1）数据集加载：使用内置函数load_dataset()，可以轻松地加载内置的数据集。支持从不同的源加载数据，包括本地文件、在线资源、数据库等。

（2）数据集处理：数据集可以被分割、合并、筛选和转换。支持批处理和动态数据加载。

（3）数据集迭代：提供了灵活的迭代器，可以轻松地对数据集进行遍历。

（4）数据集缓存：加载的数据集会被缓存到本地，下次加载时可以更快地访问。

3. 使用Datasets库

第1次使用前，需要安装Datasets库，可以使用pip install datasets命令直接安装，根据实际任务，可以加载线上数据集、本地数据集或其他格式的数据集。

1）加载线上数据集

Hugging Face提供了一个数据集库，包含了许多常用的NLP数据集。可以在Hugging Face主页的Datasets模块中筛选或搜索数据集，如图5-3所示。

图5-3　Hugging Face Datasets模块

例如，加载Mxode/University-News-Instruction-Zh数据集，代码如下：

```
from datasets import load_dataset
datasets = load_dataset("Mxode/University-News-Instruction-Zh")
datasets
```

打印查看结果：

```
DatasetDict({
    train: Dataset({
        features: ['id', 'category', 'instruction', 'input', 'output'],
        num_rows: 196101
    })
})
```

2）加载本地数据集

Datasets 也可以加载本地 CSV 文件作为数据集，代码如下：

```
#读取本地数据集
dataset = load_dataset("csv", data_files="../data/news.csv")
```

3）数据转换

如果使用 Pandas 加载了数据，则可以将其转换为 Dataset 格式，代码如下：

```
import pandas as pd
data = pd.read_csv("../data/news.csv")
dataset = Dataset.from_pandas(data)
```

4）数据集操作

加载的数据集可以通过切片、分割等方式进行操作，例如，取出数据集中的第 1 条数据，代码如下：

```
first_data = dataset[0]
```

将数据集分为训练集和测试集，代码如下：

```
dataset.train_test_split(test_size=0.1)
```

输出的结果如下：

```
DatasetDict({
    train: Dataset({
        features: ['label', 'text'],
        num_rows: 900
    })
    test: Dataset({
        features: ['label', 'text'],
        num_rows: 100
    })
})
```

Datasets 库为 NLP 项目的数据加载和处理提供了强大的工具集。通过丰富的预处理功能和与 Transformers 库的紧密集成，简化了从数据加载到模型训练的整个流程，在实际项目中,使用 Datasets 库可以大大地提高数据处理的效率。

5.2.3 Tokenizer 文本处理

Tokenizer 是 Transformers 库中用于处理文本数据的核心组件之一。它的主要功能是将原始文本转换为模型可以理解的格式,例如先将文本转换为标记,然后进一步转换为模型所需的输入格式(例如张量)。Tokenizer 的使用贯穿于整个 NLP 流程中,从数据预处理到模型推理都是不可或缺的一部分。

1. 基本功能介绍

Tokenizer 作为 NLP 任务的第 1 步,它不仅能将复杂的文本数据简化为机器学习模型能够理解的格式,而且在很大程度上决定了模型处理文本的效率和准确性。接下来具体阐述 Tokenizer 的各项基本功能。

(1)定义:Tokenizer 是一个用于文本分词和编码的工具,负责将文本转换为模型可处理的输入形式。在 NLP 中,分词是指将一段文本分解为单个词或子词单位的过程,而编码是将这些词或子词转换为数字 ID 的过程。

(2)分词:将文本分割成更小的单元(词、子词或字符),这些单元是模型进行处理的基础。

(3)编码:将分词后的单元转换为对应的数字 ID,以便输入模型。

(4)添加特殊标记:自动为文本添加特殊标记(例如[CLS]和[SEP]),帮助模型理解输入的结构和意图。

(5)处理序列长度:通过填充或截断来调整序列长度,使其符合模型的输入要求。

(6)返回模型输入:生成模型所需的所有输入格式,例如 input_ids、attention_mask 等。

2. 使用方法

下面在代码中了解 Tokenizer 的基本使用方法。

1)导入 Tokenizer

在 Transformers 库,导入相关的 Tokenizer 类,例如,如果使用 BERT 模型的分词器,则可以通过 AutoTokenizer 类从 Hugging Face 加载预训练的分词器,代码如下:

```
from transformers import AutoTokenizer
#从 Hugging Face 加载,输入模型名称,即可加载对应的分词器
tokenizer = AutoTokenizer.from_pretrained('bert-base-chinese', cache_dir='.
/models')
tokenizer
```

(1)from_pretrained:表示加载预训练好的分词器。可以在 Hugging Face 网站上根据模型的名称查找合适的分词器,如图 5-4 所示,一般情况下分词器和后面要使用的预训练模型要保持一致。

(2)cache_dir:指定下载后保存的位置,方便再次使用时直接从本地读取。

(3)tokenizer.vocab:查看当前分词器的词汇表及其对应的编码 ID。

图 5-4 Hugging Face Models 模块

（4）tokenizer.vocab_size：查看词汇表的大小。

2）文本分词

分词是将文本转换为标记的过程，Tokenizer 会将文本分割成模型可识别的单元，代码如下：

```
text1 = "我喜欢的水果是橙子和苹果"
text2 = "相比苹果我更加喜欢国产的华为"
tokens = tokenizer.tokenize(text1)
Tokens
['我', '喜', '欢', '的', '水', '果', '是', '橙', '子', '和', '苹', '果']
```

3）编码文本

编码是将分词后的标记转换为模型可以处理的数字 ID，同时需要进行填充和截断，以此来自动调整输入序列的长度，确保其符合模型的输入要求，代码如下：

```
ids = tokenizer.encode(text1, padding="max_length", max_length=20)
print(ids)
[101, 2769, 1599, 3614, 4638, 3717, 3362, 3221, 3581, 2094, 1469, 5741, 3362, 102, 0,
0, 0, 0, 0, 0]
```

这里 max_length 是指句子的最大长度，超出此长度的 token 会被截断，不足的部分则会被填充（填充值为 0）。输出的 101 和 102 是特殊标记[CLS]和[SEP]的 ID，表示句子的开始和结束。

4）解码

Tokenizer 还可以将编码后的数字 ID 转换回原始文本，便于检查和调试，代码如下：

```
str_sen = tokenizer.decode(ids, skip_special_tokens=False)
str_sen
'[CLS] 我 喜 欢 的 水 果 是 橙 子 和 苹 果 [SEP] [PAD] [PAD] [PAD] [PAD] [PAD] [PAD]'
```

5）批量处理

Tokenizer 支持批量处理多个文本输入,并为每个文本自动添加填充和截断,以适应模型的输入要求。可以使用前面读取的新闻数据集的前100条数据作为输入,代码如下:

```python
batch_data = dataset['text'][:100]
encoded_batch = tokenizer(
    batch_data,
    padding=True,
    truncation=True,
    max_length=128,
    return_tensors="pt"   #返回 PyTorch 张量
)
```

输出的结果如下:

```
{'input_ids':
tensor([[ 101, 4078, 4919,  ...,  680, 2495,  102],
        ...,
        [ 101, 6594, 6596,  ..., 6224,  679,  102]]),
'token_type_ids':
tensor([[0, 0, 0,  ..., 0, 0, 0],
        ...,
        [0, 0, 0,  ..., 0, 0, 0]]),
'attention_mask':
tensor([[1, 1, 1,  ..., 1, 1, 1],
        ...,
        [1, 1, 1,  ..., 1, 1, 1]])}
```

输出结果是一个包含 input_ids、token_type_ids 和 attention_mask 的字典。

(1) input_ids:这是模型实际处理的输入序列。这些序列由词汇表中的单词或子词对应的整数索引组成。Transformers 库中的每个模型都有一个与之关联的词汇表,这个词汇表将每个词或子词映射到一个唯一的整数 ID。当文本通过 Tokenizer 编码时,文本中的每个词或子词都会被映射为一个整数 ID,组成的整数序列就是 input_ids。

(2) token_type_ids:(也称为 segment IDs)用于区分输入序列中的不同部分,特别是在句子对任务(例如句子对分类、自然语言推理)中。在某些任务中,模型可能需要处理两个句子,token_type_ids 将第1个句子的所有 token 标记为0,将第2个句子的所有 token 标记为1,以帮助模型理解输入的结构。对于单个句子输入,通常所有的 token_type_ids 都是0。

(3) attention_mask:这是一个与 input_ids 长度相同的张量,用于指示模型哪些 token 是实际输入内容,哪些是填充内容。在批量处理文本时,为了使所有序列具有相同的长度(通常等于批量中最长序列的长度),较短的序列会被填充,可以避免模型在处理填充内容时浪费计算资源。

5.2.4　预训练模型的加载

在自然语言处理任务中,模型是最核心的组件,它负责接收经过处理的文本输入并生成相应的输出(例如分类结果、生成的文本等)。在 Transformers 库中,模型的种类繁多,涵盖了从文本分类到序列生成等多种任务。这些模型通常是基于深度学习架构(例如 BERT、GPT 等)训练而成的,并可以通过微调来适应特定的下游任务。

1. 模型的定义与作用

在机器学习和深度学习中,模型是一种通过学习数据中的模式和关系来完成预测任务的算法或方法。在 Transformers 库中,模型通常基于强大的 Transformer 架构,例如 BERT、GPT-2、RoBERTa 等。

模型的工作流程是:需要接收经过 Tokenizer 处理的文本输入,利用其内部的神经网络层(例如自注意力机制、全连接层等)进行计算和推理,最终生成输出。这些输出可以是多种形式,例如分类任务中的标签、生成任务中的文本序列或回归任务中的预测数值。

传统的机器学习和深度学习通常需要为特定任务重新训练一个新的模型,然而,在现代 NLP 中,通常使用预训练模型。预训练模型是指已经在大规模数据集(例如维基百科、BooksCorpus 等)上经过广泛训练的模型。这些模型通过学习丰富的语料库,掌握了广泛的语言知识,并能够应用于各种下游任务。

通过加载这些预训练模型,用户可以快速地对下游任务进行微调,而无须从头开始训练模型。这种方式不仅节省了大量的计算资源和时间,还能充分地利用预训练模型的强大性能,使在各种 NLP 任务中取得优异的表现成为可能。

2. 使用方法

下面在代码中了解加载预训练模型的基本使用方法。

1) 加载模型

在 Transformers 库中,可以通过 AutoModel 类从 Hugging Face 加载预训练模型。这个过程类似于选择 Tokenizer,如图 5-4 所示。加载 BERT 中文版预训练模型的代码如下:

```
from transformers import AutoConfig, AutoModel
model = AutoModel.from_pretrained('bert-base-chinese', cache_dir='./models')
model.config
```

打印结果如下:

```
BertConfig {
  "_name_or_path": "bert-base-chinese",
  "architectures": [
    "BertForMaskedLM"
  ],
  "attention_probs_dropout_prob": 0.1,
  "classifier_dropout": null,
```

```
    "directionality": "bidi",
    "hidden_act": "gelu",
    "hidden_dropout_prob": 0.1,
    "hidden_size": 768,
    "initializer_range": 0.02,
    "intermediate_size": 3072,
    "layer_norm_eps": 1e-12,
    "max_position_embeddings": 512,
    "model_type": "bert",
    "num_attention_heads": 12,
    "num_hidden_layers": 12,
    "pad_token_id": 0,
    "pooler_fc_size": 768,
    "pooler_num_attention_heads": 12,
    "pooler_num_fc_layers": 3,
    "pooler_size_per_head": 128,
    "pooler_type": "first_token_transform",
    "position_embedding_type": "absolute",
    "transformers_version": "4.44.2",
    "type_vocab_size": 2,
    "use_cache": true,
    "vocab_size": 21128
}
```

可以通过 model.config 来查看模型的配置参数，以下是一些关键参数的解释。

（1）architectures：模型架构类型，BertForMaskedLM 表示该模型是用于掩码语言模型任务的 BERT 变体。

（2）hidden_size：模型隐藏层的维度，决定了词嵌入和隐藏状态的大小。

（3）num_attention_heads：注意力头的数量。

（4）num_hidden_layers：隐藏层的数量。

（5）vocab_size：模型词汇表的大小。

（6）max_position_embeddings：模型可以处理的最大序列长度。

2）模型的推理

在加载并配置好模型后，可以使用模型对处理后的文本数据进行推理，代码如下：

```
text1 = "我喜欢的水果是橙子和苹果"
inputs = tokenizer.encode_plus(text1, padding="max_length", max_length=15,
return_tensors="pt")
output = model(**inputs)
```

（1）input_ids：由文本分词和编码后得到的序列是模型实际处理的输入。每个 ID 对应于词汇表中的一个 token。

（2）attention_mask：与 input_ids 等长的张量，用于指示哪些 token 是实际输入，哪些是填充的 token。标记为 1 的位置表示实际输入内容，标记为 0 的位置表示填充内容。

（3）token_type_ids(可选)：在句子对任务中使用，用于区分输入序列中的不同部分。第一句标记为 0,第二句标记为 1。在单句任务中,所有的 token_type_ids 都是 0。

注意：在这里进行分词处理时,用的不是 encode 函数,而是 encode_plus 函数,该函数会对输入的 text 进行处理并输出一个词典,包括 input_ids、attention_mask 和 token_type_ids,使用 ** inputs 作为输入,** 是一个解包操作符,通常用于在函数调用时将字典的键-值对解包为函数的参数。

---

last_hidden_state. size 输出的结果如下：

```
output.last_hidden_state.size()
torch.Size([1, 15, 768])
```

输出形状为[1，15，768],其中 1 表示当前批次的大小(处理了一个样本),15 是输入序列的长度,由 max_length＝15 指定。768 是隐藏状态的维度大小,即每个 token 被表示为 768 维的向量。

3）模型加载器

在使用预训练模型时,选择合适的模型加载器至关重要。AutoModel 是一个通用的模型加载器,它能够根据提供的预训练模型名称自动加载相应的基础模型架构。AutoModel 只加载模型的基础架构,不附加任何特定任务的头部(例如分类头),这使它适用于需要自定义任务头的场景。

在实际任务中,根据任务的不同,选择合适的模型加载器可以大大地简化工作,例如,在进行文本分类任务时,可以使用 AutoModelForSequenceClassification 进行模型加载。这个加载器在基础 Transformer 模型的顶部自动添加了一个分类头(一个线性层),并根据预训练模型的类型自动配置正确的架构,代码如下：

```
from transformers import AutoModelForSequenceClassification
#加载中文的教师模型和分词器
model_cls = AutoModelForSequenceClassification.from_pretrained('bert-base-
chinese', cache_dir='./models',num_labels=10)
output = model_cls(**inputs)
```

输出的结果如下：

```
output #输出结果
SequenceClassifierOutput(loss=None, logits=tensor([[-0.0206, -0.1973,  0.8240,
-0.4763,  0.9089,  0.8672, -0.6095, -0.1497,
          0.4827,  0.6511]], grad_fn=<AddmmBackward0>), hidden_states=None,
attentions=None)
```

（1）loss：这是模型的损失值,用于在训练过程中计算反向传播的梯度。在推理阶段,通常不会返回损失值,因此它在推理时为 None。

（2）Logits：这是模型的输出，通常是未经激活函数处理的原始分数。logits 的形状为 [batch_size，num_labels]，其中 batch_size 是批次大小，num_labels 是分类标签的数量。在默认情况下，分类标签的数量为 2，但在加载预训练模型时可以根据具体任务自定义。在这个例子中，logits 表示模型对 10 个类别的原始预测分数。在实际任务中，通常会先将 logits 输入 Softmax 函数中，以获得每个类别的概率分布，然后通过 argmax 找到概率最大的类别作为最终的预测标签。

（3）hidden_states：这是模型在每层的隐藏状态，通常用于深入分析模型的行为或调试。如果没有显式要求返回，则通常为 None。

（4）attentions：这是模型在自注意力层计算的注意力权重，通常用于可视化模型在输入序列上关注的部分。如果没有要求返回，则它通常为 None。

注意：如果希望查看模型在每层的隐藏状态或注意力机制的输出，则可以在模型的配置中将 output_hidden_states 和 output_attentions 设置为 True，这样它们会包含在 SequenceClassifierOutput 中，便于进一步地进行分析和调试。

5.2.5 Evaluate 评估

Evaluate 是 Hugging Face 提供的一个用于评估模型性能的工具库，专门用于自然语言处理任务。它的主要功能是提供一套标准的评估指标和工具，以此来快速评估模型在各种任务中的表现。通过 Evaluate，可以轻松地计算模型的准确率、精确率、召回率、F1_score 等常见指标，还可以自定义或扩展评估指标，以满足特定任务的需求。

1. 主要功能和特点

评估不仅是衡量模型性能的必要步骤，而且是优化模型和提升其应用效果的重要依据。Evaluate 作为一个强大的评估工具，旨在为研究人员和开发者提供一套全面、灵活且易于集成的评估解决方案。

（1）标准评估指标：Evaluate 内置了多种标准的评估指标，例如准确率、精确率、召回率、F1_score 等，适用于分类、回归、生成等多种任务。支持多种 NLP 任务的评估，包括但不限于文本分类、命名实体识别、机器翻译、文本生成等。

（2）灵活性和可扩展性：除了内置的标准评估指标外，Evaluate 允许用户自定义评估函数，或者结合已有的评估函数，创建符合自己任务需求的复合评估指标。可以方便地将自定义评估指标集成到 Hugging Face 的 Trainer 训练框架中。

（3）与 Hugging Face 生态的集成：Evaluate 与 Hugging Face 的 Datasets、Transformers 等库紧密集成，评估过程可以无缝地嵌入模型训练和推理的流程中。同时还提供了简洁的 API，方便用户直接调用和可视化评估结果。

（4）可视化功能：Evaluate 提供了简单的可视化工具，可以帮助用户更直观地理解模型的评估结果，例如雷达图、混淆矩阵等。

2. 使用方法

下面在代码中了解 Evaluate 库的基本使用方法。

1) 安装

在使用 Evaluate 库之前,首先需要通过 pip 命令安装,此外还需要安装必要的依赖库 scikit-learn,代码如下:

```
pip install evaluate
pip install scikit-learn
```

2) 导入和使用评估指标

使用 Evaluate 进行模型评估非常简单。下面是一个基本示例,展示如何使用 Evaluate 计算模型的准确率,代码如下:

```
import evaluate
accuracy = evaluate.load("accuracy")
```

加载了 accuracy 评估指标后,可以打印 accuracy 来查看描述信息及相关的使用说法,还可以通过 accuracy.description 来查看 accuracy 的计算方法,代码如下:

```
references = [0,1,0,1,1,0,1,0,1,0]
predictions= [1,0,0,1,1,0,1,1,1,0]
accuracy.compute(references=references, predictions=predictions)
{'accuracy': 0.7}
```

通过 compute 方法计算模型的准确率,compute 方法需要输入真实值 references 和预测值 predictions。输出的结果表明 accuracy 为 0.7,表示模型在示例数据上的准确率为 70%。

3) 多指标对比

除了准确率,Evaluate 还支持计算多个指标的组合,代码如下:

```
clf_metrics = evaluate.combine(["accuracy", "f1", "precision", "recall"])
clf_metrics.compute(predictions=references, references=predictions)
```

输出的结果如下:

```
{'accuracy': 0.7,
 'f1': 0.7272727272727273,
 'precision': 0.8,
 'recall': 0.6666666666666666}
```

输出结果中包括准确率、F1_score、精确率和召回率等多项指标,方便全面评估模型的表现。

4) 可视化评估结果

Evaluate 还提供了一些简单的可视化功能,代码如下:

```
#pip install matplotlib
import evaluate
from evaluate.visualization import radar_plot
data = [
    {"accuracy": 0.99, "precision": 0.8, "f1": 0.95, "latency_in_seconds": 33.6},
    {"accuracy": 0.98, "precision": 0.87, "f1": 0.91, "latency_in_seconds": 11.2},
    {"accuracy": 0.98, "precision": 0.78, "f1": 0.88, "latency_in_seconds": 87.6},
    {"accuracy": 0.88, "precision": 0.78, "f1": 0.81, "latency_in_seconds": 101.6}
    ]
model_names = ["Model 1", "Model 2", "Model 3", "Model 4"]
plot = radar_plot(data=data, model_names=model_names)
plot.show()
```

Matplotlib 绘制雷达图来比较多个模型的不同评估指标，如图 5-5 所示。

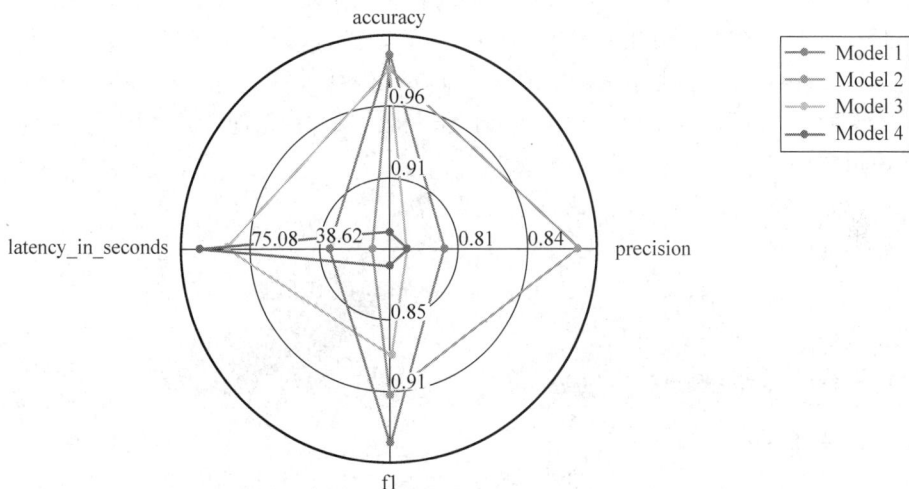

图 5-5　Evaluate 雷达图

使用 radar_plot 函数生成了一幅雷达图，可以方便地比较 4 个不同模型的 accuracy、precision、f1 和 latency_in_seconds 指标差异。

5.2.6　Trainer 训练

Trainer 是 Hugging Face 提供的一个高层次的 API，用于简化模型训练、评估和推理过程。它封装了许多常见的训练步骤和技巧，能够轻松地在不同任务和模型上进行实验，而不必重复编写复杂的训练代码。Trainer 是一个极为灵活且易于使用的工具，它支持各种自然语言处理任务，例如文本分类、序列标注、问答、翻译等。

1. 主要功能和特点

Trainer 的设计在于减轻用户在模型的训练过程中的负担，同时确保训练的灵活性和高效性。不仅简化训练流程，还通过自动化和定制化来提升训练体验。这些特性使 Trainer 成为 NLP 领域研究和开发人员的有力工具。

(1) 简化的训练流程：Trainer 将在训练过程中的许多烦琐操作(例如数据加载、优化器设置、学习率调度等)封装起来，用户只需提供模型、数据和训练参数，Trainer 便会自动完成剩下的步骤。

(2) 自动化的评估和日志记录：在训练过程中，Trainer 会自动计算评估指标并记录训练日志。它支持定期在验证集上评估模型性能，并在日志中记录训练和评估的各种指标，例如损失、准确率、精确率等。

(3) 灵活的配置和扩展性：用户可以通过简单的配置参数来定制训练过程，例如批量大小、学习率、优化器类型、学习率调度策略等。同时，Trainer 允许用户自定义训练循环、评估逻辑和损失函数，以满足特定任务的需求。

(4) 分布式训练和混合精度训练：Trainer 支持分布式训练和混合精度训练，能够在多个 GPU 或 TPU 上高效地训练大规模模型。混合精度训练可以显著地减少显存占用并加速训练过程，而分布式训练则能够利用多卡或多节点进行大规模数据和模型的训练。

(5) 与 Hugging Face 生态系统的集成：Trainer 无缝地集成了 Hugging Face 的 Transformers 和 Datasets 库，用户可以方便地加载预训练模型和数据集，并立即开始训练。

2. 使用方法

下面在代码中了解 Trainer 库的基本使用方法。

1) 导入 Trainer

在使用 Trainer 之前，需要确保已安装 accelerate 库，代码如下：

```
pip install accelerate
from transformers import Trainer, TrainingArguments
```

2) 设置训练参数

使用 TrainingArguments 配置训练过程中的超参数，例如训练轮数、学习率、批量大小等，代码如下：

```
training_args = TrainingArguments(
    output_dir="./results",              #输出文件夹
    evaluation_strategy="epoch",         #评估策略
    learning_rate=2e-5,                  #学习率
    per_device_train_batch_size=16,      #训练时的 batch_size
    per_device_eval_batch_size=16,       #验证时的 batch_size
    num_train_epochs=3,                  #训练的周期数
    weight_decay=0.01,                   #权重衰减(L2 正则化)系数
    logging_dir='./logs',                #日志保存目录
    logging_steps=10,                    #log 打印的频率
)
```

TrainingArguments 中还有很多其他参数可供选择，定义好后，也可以打印 training_args 内容进行查看，大部分参数有默认值，可以根据任务的实际效果来调整相关的参数。

3）实例化 Trainer 并开始训练

将模型、训练参数、数据集等传递给 Trainer，并调用 train（）方法开始训练，代码如下：

```
trainer = Trainer(
    model=model,                                      #训练和评估所使用的模型
    args=training_args,                               #训练参数
    train_dataset=tokenized_datasets["train"],        #训练数据集
    eval_dataset=tokenized_datasets["validation"],    #评估数据集
    tokenizer=tokenizer                               #使用的分词器
)
trainer.train()
```

通过调用 train（）方法来开始模型的训练过程。Trainer 将使用指定的模型、数据集和参数进行训练，并在每个 epoch 后对模型进行评估。在训练过程中指标和模型权重将根据 TrainingArguments 中的配置保存在指定目录中。

4）模型评估

在训练过程中或结束后，可以使用 Trainer 进行模型评估，代码如下：

```
trainer.evaluate(tokenized_datasets["test"])
```

evaluate（）方法会返回一个字典，包含模型在验证集上的评估指标，例如准确率、F1_score 等。这些指标可以帮助用户评估模型的表现，并据此进一步地对模型进行优化。

通过 Trainer，可以极大地简化模型的训练和评估过程，具体的实践方法会在 5.3 节的实践中进行讲解。

5.3 实际应用案例

5.2 节介绍了在实际项目中应用的几个组件，接下来就使用上面的这些组件按照流程来进行实践分析。一般情况下一个 NLP 任务会分为下面几个步骤。

（1）加载数据集：利用 Datasets 库，可以轻松地加载和处理多种数据集，包括 Hugging Face 线上提供的开源数据集和本地数据集。此外，还可以利用库内建的功能来查看数据集的详细情况。

（2）数据预处理：这一步骤涉及数据清洗、特征选择、特征工程（通过 map 函数应用自定义函数）、文本数据的编码（使用 Tokenizer），以及利用 train_test_split 或 split 方法对数据集进行分割。

（3）模型创建：通过 AutoModel 或 AutoTokenizer 等类加载预训练模型，或定义自定义模型结构。可以选择 BERT、GPT、RoBERTa 等预训练模型架构，并通过模型配置类来设定模型参数。

（4）评估函数创建：根据具体任务需求，选择合适的评估指标，例如准确率、F1_score 等，并使用 evaluate 函数加载相应的评估函数进行计算。

（5）训练器创建：在 TrainingArguments 中指定损失函数、优化器、学习率等训练参数。

（6）模型训练：利用 Trainer 类进行模型训练。在训练过程中前向传播、损失计算、反向传播和参数更新都将通过调用 train 方法自动完成。

（7）模型评估：在 Trainer 训练过程中，除了计算训练损失外，还将根据创建的评估函数对模型性能进行评估，以分析输出结果并确定模型的表现。

（8）预测：使用 Trainer 类的 predict 方法进行预测，并构建 pipeline 以输出预测结果。模型的输出将被转换为易于理解的形式，例如分类标签或概率值。

5.3.1 文本分类

中文文本分类是指根据文本的内容和特征，将中文文本自动地分配到一个或多个预定义的类别中的过程。它是自然语言处理领域的一个重要分支，被广泛地应用于信息检索、垃圾邮件过滤、新闻分类、主题检测等领域，下面按照前面讲解的步骤来实现中文的文本分类任务。

1. 加载数据集

使用前面用过的新闻数据集，先使用 Pandas 将数据读入，并使用 LabelEncoder 将标签转换为数值形式，然后使用 Datasets 中的 Dataset.from_pandas 将数据转换为 Dataset 的字典形式，代码如下：

```
#第 5 章/5.3/5.3.1 文本分类.ipynb
import pandas as pd
from sklearn.preprocessing import LabelEncoder
from datasets import Dataset

data = pd.read_csv( '../data/news.csv')
#使用 LabelEncoder 将标签转换为数值形式
label_encoder = LabelEncoder()
data["label_num"] = label_encoder.fit_transform(data["label"])
dataset = Dataset.from_pandas(data)
```

打印结果如下：

```
Dataset
Dataset({
    features: ['label', 'text', 'label_num'],
    num_rows: 1000
})
```

2. 数据预处理

将数据划分为训练集和测试集，代码如下：

```
dataset = dataset.train_test_split(test_size=0.2)    #分类数据集可以按照比例划分
dataset
```

输出的结果如下：

```
DatasetDict({
    train: Dataset({
        features: ['label', 'text', 'label_num'],
        num_rows: 800
    })
    test: Dataset({
        features: ['label', 'text', 'label_num'],
        num_rows: 200
    })
})
```

然后对数据进行分词，按照 BERT 预训练模型输入的格式进行处理，代码如下：

```
#第5章/5.3/5.3.1文本分类.ipynb
def process_function(datasets):
    tokenized_datasets = tokenizer(examples["text"], max_length=128, truncation=
True, padding="max_length", return_tensors='pt')
    tokenized_datasets ["labels"] = datasets["label_num"]
    return tokenized_datasets

tokenized_datasets = dataset.map(process_function, batched=True, remove_
columns=dataset["train"].column_names)
```

输出的结果如下：

```
tokenized_datasets
DatasetDict({
    train: Dataset({
        features: ['input_ids', 'token_type_ids', 'attention_mask', 'labels'],
        num_rows: 800
    })
    test: Dataset({
        features: ['input_ids', 'token_type_ids', 'attention_mask', 'labels'],
        num_rows: 200
    })
})
```

3. 创建模型

使用带任务头的 AutoModelForSequenceClassification 函数加载预训练模型，需要根据实际的标签类别数设置 num_labels，代码如下：

```
from transformers import AutoModelForSequenceClassification,
num_class = len(data['label_num'].unique())
model = AutoModelForSequenceClassification.from_pretrained('bert-base-chinese',
cache_dir='./models' ,num_labels=num_class)
```

4. 创建评估函数

使用 evaluate 加载 accuracy 和 f1 这两个评估方法对模型的效果进行评估,根据官方文档的要求需要定义一个函数传入训练器,代码如下:

```
#第5章/5.3/5.3.1文本分类.ipynb
import evaluate
acc_metric = evaluate.load("accuracy")
f1_metric = evaluate.load("f1")
def eval_metric(eval_predict):
    predictions, labels = eval_predict
    predictions = predictions.argmax(axis=-1)
    acc = acc_metric.compute(references=labels, predictions=predictions)
    f1 = f1_metric.compute(references=labels, predictions=predictions, average=
'macro')
    acc.update(f1)
return acc
```

注意:对于多类别(标签数大于2)的分类在进行计算 f1 值时需要设置 average= 'macro'。

5. 创建训练参数

需要设置训练时的参数,包括训练的轮数、批数、训练模型和中间结果、训练日志的保存位置等参数,代码如下:

```
#第5章/5.3/5.3.1文本分类.ipynb
train_args = TrainingArguments(
    output_dir="./checkpoints",              #输出文件夹
    per_device_train_batch_size=64,          #训练时的batch_size
    per_device_eval_batch_size=128,          #验证时的batch_size
    logging_steps=10,                        #log打印的频率
    evaluation_strategy="epoch",             #评估策略
    save_strategy="epoch",                   #保存策略
    save_total_limit=3,                      #最大保存数
    learning_rate=2e-5,                      #学习率
    weight_decay=0.01,                       #weight_decay
    metric_for_best_model="f1",              #设定评估指标
    load_best_model_at_end=True,             #训练完成后加载最优模型
    num_train_epochs=10,                     #训练轮数
    report_to=['TensorBoard']
    )
```

6. 创建训练器并训练模型

将训练器的配置参数、预训练模型、训练数据集、测试数据集传入训练器开始训练,代码如下:

```
#第5章/5.3/5.3.1文本分类.ipynb
from transformers import DataCollatorWithPadding
```

```
trainer = Trainer(
    model=model,
    args=train_args,
    train_dataset=tokenized_datasets["train"],
    eval_dataset=tokenized_datasets["test"],
    data_collator=DataCollatorWithPadding(tokenizer=tokenizer),
    compute_metrics=eval_metric)
trainer.train()
```

Trainer 在训练过程中也会根据设定的 logging_steps 来打印中间结果来展示训练效果，最终的训练结果如下：

```
{'eval_loss': 0.12582337856292725, 'eval_accuracy': 0.97, 'eval_f1':
0.9702067207722116, 'eval_runtime': 0.5509, 'eval_samples_per_second': 363.05,
'eval_steps_per_second': 3.63, 'epoch': 10.0}
{'train_runtime': 83.6523, 'train_samples_per_second': 95.634, 'train_steps_
per_second': 1.554, 'train_loss': 0.4588154568121983, 'epoch': 10.0}
```

7. 评估

对测试集数据进行评估，结果如下：

```
trainer.evaluate(tokenized_datasets["test"])
{'eval_loss': 0.16399425268173218,
 'eval_accuracy': 0.965,
 'eval_f1': 0.9645414502498053,
 'eval_runtime': 0.829,
 'eval_samples_per_second': 241.248,
 'eval_steps_per_second': 2.412,
 'epoch': 10.0}
```

测试集 accuracy 为 0.965，损失值为 0.16。

8. 预测

既可以使用新的数据，也可以使用数据集中的数据对模型进行验证，使用 Transformers 中的 pipeline 进行验证，代码如下：

```
from transformers import pipeline
pipe = pipeline("text-classification", model=model, tokenizer=tokenizer,
device=0)
```

为了更好地展示输出的结果，此处需要创建一个标签值和标签 ID 的字典表，代码如下：

```
id2label_dic={4:'教育',
              0:'体育',
              8:'科技',
              5:'时尚',
              3:'房产',
              2:'家居',
```

```
              9:'财经',
              6:'时政',
              1:'娱乐',
              7:'游戏'}
model.config.id2label = id2label_dic
```

随机选择一条数据,代码如下:

```
data['label'][1],data['text'][1]
('体育',
 '快船 vs 火箭首发:休城旨在练兵 小德帕特森进先发新浪体育讯北京时间 4 月 10 日消息,在常规
赛还剩下三场时,火箭已经彻底失去了进军季后赛的希望,所以今天战快船旨在练兵,再加上洛瑞
一直有伤,帕特森和德拉季奇则接替小钢炮和斯科拉首发出场。以下为双方本场比赛的首发阵容:
快船:威廉姆斯、戈登、穆恩、格里芬、乔丹火箭:德拉季奇、马丁、巴丁格、帕特森、海耶斯(新体)')
```

输入模型进行预测,结果如下:

```
pipe(data['text'][1])
[{'label': '体育', 'score': 0.9648003578186035}]
```

5.3.2　情感分类

情感分类也属于中文多分类的一种,知识情感分类一般会专门区分出来,但是代码基本是一致的。

1. 加载数据集

在 Hugging Face 的 Datasets 中搜索一个开源的数据集,如图 5-6 所示。

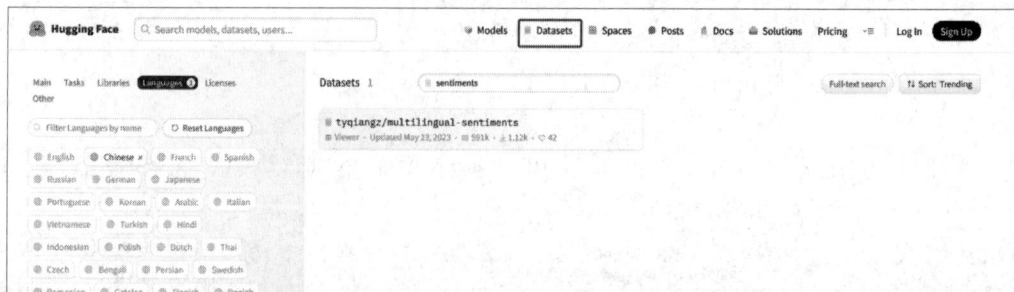

图 5-6　情感分类数据集图

在 Languages 中选择中文数据集,搜索框中输入 sentiments 来查找,当然也可以根据其他的条件进行筛选,查看数据,如图 5-7 所示。

使用 load_dataset 下载数据集,在图 5-7 中复制数据集名称,根据实际需要,选择 Subset,Subset 一般是指选择数据集的语言,这里选择 chinese,trust_remote_code ＝ True 表示信任从远程源动态加载和执行的代码,加载数据集,代码如下:

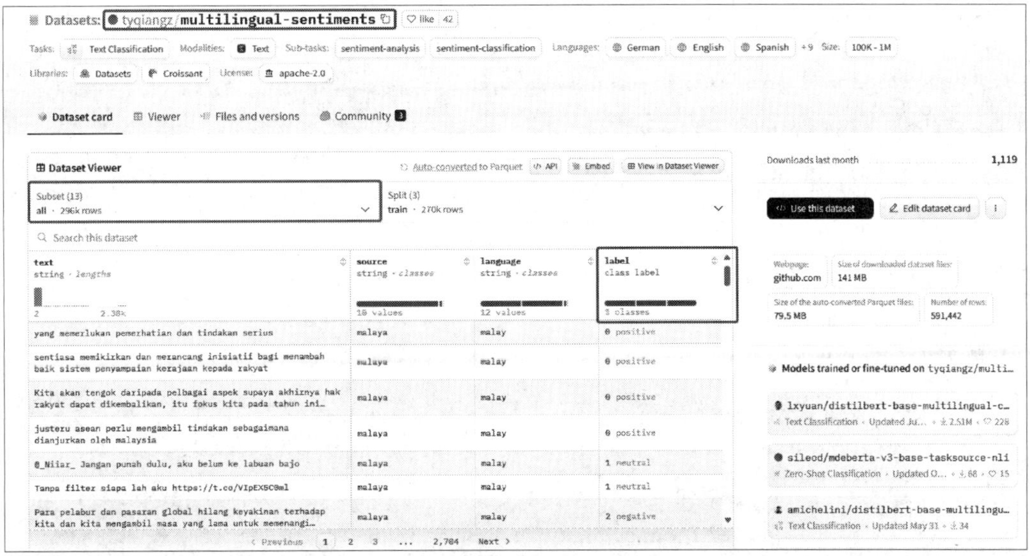

图 5-7　情感分类数据集查看

```
from datasets import load_dataset
dataset = load_dataset(
    "tyqiangz/multilingual-sentiments",
    name="chinese",
    cache_dir="../data",
    trust_remote_code=True )
```

输出的结果如下：

```
DatasetDict({
    train: Dataset({
        features: ['text', 'source', 'label'],
        num_rows: 120000
    })
    validation: Dataset({
        features: ['text', 'source', 'label'],
        num_rows: 3000
    })
    test: Dataset({
        features: ['text', 'source', 'label'],
        num_rows: 3000
    })
})
```

数据集已经自动对数据集进行了划分，训练数据集有 120 000 条数据，验证数据集有 3000 条数据，测试数据集有 3000 条数据，数据格式如下：

```
dataset['train'][0]

dataset["train"].info.features
{'text': Value(dtype='string', id=None),
  'source': Value(dtype='string', id=None),
  'label': ClassLabel(names=['positive', 'neutral', 'negative'], id=None)}
```

在数据中,text是输入,label是标签,一共有3种类型,即积极、中性和消极,下面对数据集进行预处理,后面的步骤其实与5.3.1节文本分类的流程类似。

2. 数据预处理

数据处理,代码如下:

```
#第5章/5.3/5.3.2情感分析.ipynb
tokenizer = AutoTokenizer.from_pretrained('bert-base-chinese', cache_dir=
'./models')
def tokenization(datasets):
    return tokenizer(datasets["text"], max_length=128, truncation=True)
dataset = dataset.map(tokenization, batched=True)
dataset.set_format(type="torch", columns=["input_ids", "token_type_ids",
"attention_mask", "label"])
```

数据处理完成后,结果如下:

```
DatasetDict({
    train: Dataset({
        features: ['text', 'source', 'label', 'input_ids', 'token_type_ids',
'attention_mask'],
        num_rows: 120000
    })
    validation: Dataset({
        features: ['text', 'source', 'label', 'input_ids', 'token_type_ids',
'attention_mask'],
        num_rows: 3000
    })
    test: Dataset({
        features: ['text', 'source', 'label', 'input_ids', 'token_type_ids',
'attention_mask'],
        num_rows: 3000
    })
})
```

训练集有120 000条数据,验证集有3000条数据,测试集有3000条数据,字段有text、source、label、input_ids、token_type_ids、attention_mask。

3. 创建模型

读取BERT预训练模型,代码如下:

```
from transformers import AutoModelForSequenceClassification
model = AutoModelForSequenceClassification.from_pretrained('bert-base-chinese',
cache_dir='./models', num_labels=3)
```

4. 创建评估函数

使用 evaluate 下载评估函数,并定义评估处理的过程,代码如下:

```
#第5章/5.3/5.3.2情感分析.ipynb
import evaluate

acc_metric = evaluate.load("accuracy")
f1_metric = evaluate.load("f1")
def eval_metric(eval_predict):
    predictions, labels = eval_predict
    predictions = predictions.argmax(axis=-1)
    acc = acc_metric.compute(predictions=predictions, references=labels)
    f1 = f1_metric.compute(predictions=predictions, references=labels, average=
"micro")
    acc.update(f1)
    return acc
```

5. 创建训练参数

根据实际任务来配置训练参数,代码如下:

```
#第5章/5.3/5.3.2情感分析.ipynb
train_args = TrainingArguments(
    output_dir="./sentence-similarity_model",     #输出文件夹
    per_device_train_batch_size=128,              #训练时的 batch_size
    per_device_eval_batch_size=256,               #验证时的 batch_size
    logging_steps=50,                             #log 打印的频率
    evaluation_strategy="epoch",                  #评估策略
    save_strategy="epoch",                        #保存策略
    save_total_limit=3,                           #最大保存数
    num_train_epochs=3,                           #训练轮数,默认值为 3
    learning_rate=2e-5,                           #学习率
    weight_decay=0.01,                            #weight_decay
    metric_for_best_model="f1",                   #设定评估指标
    report_to=['TensorBoard'],                    #TensorBoard 展示结果
load_best_model_at_end=True)                      #训练完成后加载最优模型
```

6. 创建训练器并训练模型

下面创建训练器并训练模型,代码如下:

```
#第5章/5.3/5.3.2情感分析.ipynb
from transformers import DataCollatorWithPadding
trainer = Trainer(model=model,
                args=train_args,
                train_dataset=dataset["train"],
```

```
                    eval_dataset=dataset["validation"],
                    data_collator=DataCollatorWithPadding(tokenizer=tokenizer),
                    compute_metrics=eval_metric)
    trainer.train()
```

由于数据集比较大,所以训练的时间比较长,3 个 epoch 在 16GB 显存的 4060 卡上训练了 45min,在实际工作中,可以根据需要使用多卡并行训练来缩短时间。训练的效果可以在保存文件的目录中启动 TensorBoard 来查看,如图 5-8 所示。

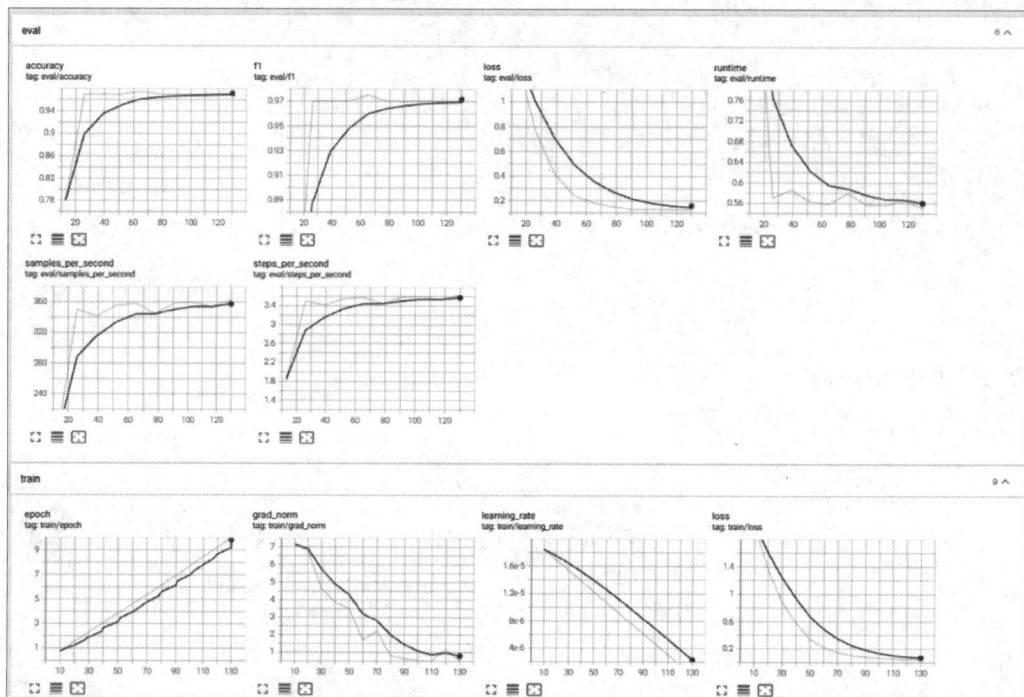

图 5-8 TensorBoard 训练过程展示

注意:在 VS Code 中可以直接使用快捷键 Ctrl+Shift+P 打开 TensorBoard 界面,如果提示没有安装,则可根据提示指引进行安装,也可以在终端使用命令 TensorBoard --logdir = path 进行安装,path 表示存储的训练过程目录,一般是个 runs 文件夹。

7. 评估测试集

测试集的代码如下:

```
trainer.evaluate(dataset["test"])
{'eval_loss': 0.47254595160484314,
 'eval_accuracy': 0.815,
 'eval_f1': 0.815,
```

```
'eval_runtime': 7.8941,
'eval_samples_per_second': 380.029,
'eval_steps_per_second': 1.52,
'epoch': 3.0}
```

测试集的 loss 为 0.47,accuracy 和 f1 都为 0.815。

8. 预测

使用 pipeline 进行预测,创建一个标签值和标签 ID 的字典表,输入模型、分词器和指定预测的 device(需要和训练保持一致),代码如下:

```
from transformers import pipeline
pipe = pipeline ("text-classification", model=model, tokenizer=tokenizer,
device=0)
id2label_dic = {
    0:"积极",
    1:"中性",       -
    2:"消极"
            }
model.config.id2label = id2label_dic
pipe = pipeline ("text-classification", model=model, tokenizer=tokenizer,
device=0)
```

输入 3 种不同的情景进行预测,代码如下:

```
sen = "这部电影不错,我很喜欢"
pipe(sen)
[{'label': '积极', 'score': 0.9599310755729675}]
sen = "这味道太差了"
pipe(sen)
[{'label': '消极', 'score': 0.9799193143844604}]
sen = "1+2=3"
pipe(sen)
[{'label': '中性', 'score': 0.472244530916214}]
```

预测结果与人类正常的理解一致,说明模型训练的方向是正确的,真实任务中还需要更多的数据来进行测试评估。

5.3.3 命名实体识别

命名实体识别(Named Entity Recognition,NER)是在自然语言处理中的一项关键技术,它的目标是从文本中识别出具有特定意义或指代性强的实体,并对这些实体进行分类。这些实体通常包括人名、地名、组织机构名、日期、时间、专有名词等。NER 在许多实际应用中非常重要,例如信息提取、文本挖掘、机器翻译、自动摘要等。

NER 的任务主要分为两部分。

(1) 实体的边界识别:这部分任务用于确定文本中实体的起始和结束位置,即在文本中准确地定位出实体的边界。

(2) 确定实体的类型: 在识别出实体的边界之后,还需要确定每个实体的具体类型,例如人名、地名、机构名等。

例如,在处理文本"马云在杭州创建了阿里巴巴"时,NER 系统需要识别出"阿里巴巴"是一个组织机构名,"马云"是一个人名,"杭州"是一个地名。

1. 标注方法

序列标注的方法中有多种标注方式: BIO、BIOSE、IOB、BILOU、BMEWO,其中前 3 种最常见。

(1) BIO: 标识实体的开始、中间部分和非实体部分。B 代表开始,表示命名实体的开始,即 NE。I 代表内部,表示该词在 NE 内部。O 代表外部,表示这个单词只是一个 NE 之外的普通单词。

(2) BIOSE: 增加 S 单个实体情况的标注和增加 E 实体的结束标识。B 代表开始,表示一个 NE 的开始。I 代表内部,表示该词在 NE 内部。O 代表外部,表示这个单词只是一个 NE 之外的普通单词。E 代表结束,表示这个词是一个 NE 的结尾。S 代表单个实体,表示单个单词是一个 NE。

(3) IOB: 即 IOB-1,三位序列标注法(B-begin,I-inside,O-outside),IOB 与 BIO 字母对应的含义相同,其不同点是在 IOB 中,标签 B 仅用于两个连续的同类型命名实体的边界区分,不用于命名实体的起始位置,这里举个例子:

词序列: (word)(word)(word)(word)(word)(word)

IOB 标注: (I-loc)(I-loc)(B-loc)(I-loc)(o)(o)

BIO 标注: (B-loc)(I-loc)(B-loc)(I-loc)(o)(o)

在命名实体识别中,BIO 和 IOB 都使用 B、I、O 这 3 种标签来标注实体,但是它们在使用 B 标签的方式上有所不同。在 BIO 标注方法中,B 标签用于表示一个实体的开始,I 标签用于表示实体的内部,而 O 标签用于表示非实体词。每个实体都由一个 B 标签开始,后面跟着 0 个或多个 I 标签。IOB 标注方法与 BIO 类似,但是在 IOB 中,B 标签有特殊的用途。它仅用于标记两个连续的同类型命名实体的边界,而不是用于标记一个实体的开始。这意味着,如果一个实体紧接着另一个同类型的实体,则第 2 个实体不会以 B 标签开始,而是以 I 标签开始。

在上面例子中,前两个词是同一个实体的组成部分,因此在 IOB 标注中,它们都以 I-loc 开始。当遇到一个新的同类型实体时,使用 B-loc 来标记它们的边界,而在 BIO 标注中,每个实体的开始都使用 B 标签。

总体来讲,IOB 和 BIO 的主要区别在于如何处理连续的命名实体。IOB 在处理这种情况时更加精细,但是在实际应用中,BIO 因为其简单性和直观性而被更广泛地使用。

因为 IOB 的整体效果不好,所以出现了 IOB-2,约定了所有命名实体均以 B tag 开头。这样 IOB-2 就与 BIO 的标注方式等价了。I 表示实体内部,B 表示实体开始,O 表示实体外部,B-Person 表示人名开始,I- Person 表示人名中间,B-Organization 表示组织名开始,

I-Organization 表示组织名中间,O 表示非命名实体。

2. 评价指标

精准率用来度量模型的精确度/准确度,是正确识别的正值(真正)与所有识别出的正值之间的比率。精准率指标用于显示正确标记的预测实体的数量。Precision = True_Positive / (True_Positive + False_Positive)。

召回率用来度量模型预测实际正类的能力,是预测的真正值与实际标记的结果之间的比率。召回率指标用于显示正确的预测实体的数量。Recall = True_Positive / (True_Positive + False_Negatives)。

F1_score 是精准率和召回率的函数,在精准率和召回率之间进行平衡时,需要用到它。F1_score = 2 Precision×Recall / (Precision + Recall)。

如图 5-9 所示的例子中一共有 3 个实体。

词组	Gold标签	Predict标签
马	B-PER	B-PER
云	I-PER	I-PER
在	O	O
杭	B-LOC	B-LOC
州	I-LOC	I-LOC
创	O	O
建	O	O
了	O	O
阿	B-ORG	B-ORG
里	I-ORG	I-ORG
巴	I-ORG	O
巴	I-ORG	O

图 5-9 NER 样例分析

(1) 预测了 3 个实体,预测对了两个,所以精准率=2/3。

(2) 样本中实际上有 3 个实体,预测对了两个,召回率=2/3。

(3) F1_score = 2 Precision×Recall / (Precision + Recall) = $2 \times \frac{2}{3} \times \frac{2}{3} / \left(\frac{2}{3} + \frac{2}{3} \right) = \frac{2}{3}$。

3. 代码实践

下面使用代码进行实践演练,以此来更好地理解其基本原理。

1) 加载数据集

还是在 Hugging Face 上加载一个开源的数据集来进行实践,如图 5-10 所示。

加载数据集,代码如下:

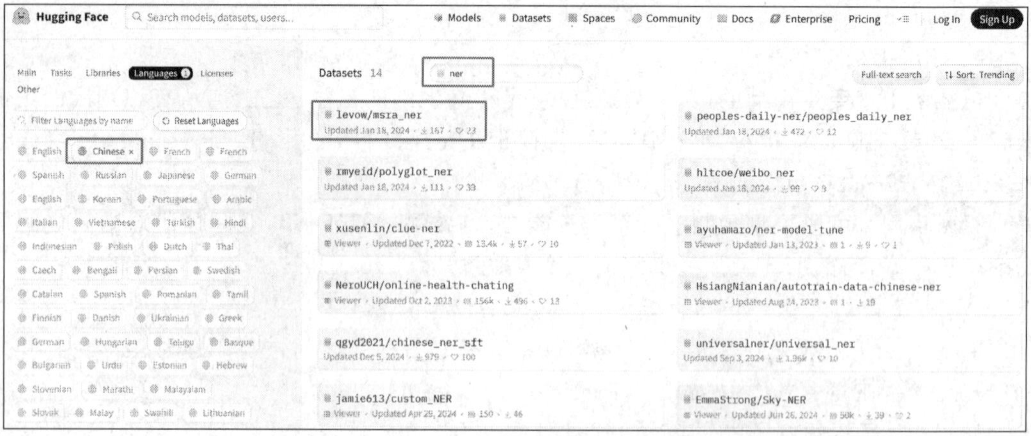

图 5-10　NER 数据集加载

```
from datasets import load_dataset
ner_datasets = load_dataset("levow/msra_ner", cache_dir="../data",trust_remote_
code=True)
print(ner_datasets["train"][2])
```

输出的结果如下:

```
{'id': '2', 'tokens':['因', '有', '关', '日', '寇', '在', '京', '掠', '夺', '文', '物',
'详', '情', ',', '藏', '界', '较', '为', '重', '视', ',', '也', '是', '我', '们', '收',
'藏', '北', '京', '史', '料', '中', '的', '要', '件', '之', '一', '。'], 'ner_tags':
[0, 0, 0, 5, 0, 0, 5, 0, 0, 0, 0, 0, 0, 0, 0, 0, 0, 0, 0, 0, 0, 0, 0, 0, 0, 0, 0, 0, 0, 0, 5, 6, 0, 0,
0, 0, 0, 0, 0, 0, 0]}
```

从上面的打印结果中可以看到,tokens 是输入文本,而且已经进行了分词。ner_tags 是
标注的结果,当然这里只展示了标注的索引,需要根据索引来匹配其标注的类型,代码如下:

```
label_list = ner_datasets["train"].features["ner_tags"].feature.names
label_list
['O', 'B-PER', 'I-PER', 'B-ORG', 'I-ORG', 'B-LOC', 'I-LOC']
```

根据前面的介绍,可以看到此处采用的是 IOB-2 的标注类型。

2) 数据预处理

在 NER 任务中数据预处理与文本分类有些不同,文本分类是每段文本对应一个标签,
但是 NER 中是每个词对应一个标签,所以接下来需要对每个词都要打上一个标签,代码
如下:

```
tokenizer = AutoTokenizer.from_pretrained('bert-base-chinese', cache_dir='./
models')
tokenizer(ner_datasets["train"][0]["tokens"], is_split_into_words=True)
```

```
print(tokenizer(ner_datasets["train"][0]["tokens"], is_split_into_words=
True).word_ids())
```

is_split_into_words＝True：表示输入的文本已经是以单词为单位的列表，不需要再次进行分词。下面需要将每个 token 的标签取出来，需要注意的是如果数据中全是中文，则可以直接取数据集本身的 ner_tags 进行训练，但是如果数据是英文或者数据集中包含一些英文的 token，则需要对英文的子词进行标签对应，例如以 transformers task 这两个单词来举例，对这两个词进行分词，代码如下：

```
res = tokenizer("transformers task")
res
{'input_ids': [101, 162, 10477, 8118, 12725, 8755, 8346, 8998, 102], 'token_type_
ids': [0, 0, 0, 0, 0, 0, 0, 0, 0], 'attention_mask': [1, 1, 1, 1, 1, 1, 1, 1, 1]}
```

可以发现，这两个单词的 input_ids 除了开头和结尾的特殊 token 还有 7 个，对其进行解码来看一下这部分到底是什么，代码如下：

```
for i in res.input_ids:
    print(tokenizer.decode(i))
#打印结果
[CLS]  t  #ran  #s  #form  #ers  ta  #sk  [SEP]
```

分词器将原来的 transformers task 分解成了更小的子词单元（subwords），"#"前缀表示这是一个子词，并且它需要与前一个子词组合起来，从而形成原始单词的一部分。关于英文分词的原理在这里不进行介绍，需要注意的是，如果在处理数据中包含英文，则需要注意其子词的影响。

下面需要做的就是如何对 input_ids 中子词的标签进行对应，在 tokenizer 中提供了一个 word_ids()方法，以此来对应每个子词的所属单词，代码如下：

```
tokenizer("transformers task").word_ids()
[None, 0, 0, 0, 0, 0, 1, 1, None]
```

根据打印的结果，可以看到，其中开头和结尾的 None 是特殊标识符[CLS]和[SEP]，前面的 5 个 0 表示第 1 个单词 transformers 的子词，后面的两个 1 是指 task 的子词，接下来编写一个函数，借助 word_ids 实现标签映射，以此来进行数据预处理，代码如下：

```
#第5章/5.3/5.3.3命名实体识别.ipynb
def process_function(datasets):
    tokenized_datasets = tokenizer(datasets["tokens"], max_length=128,
                                   truncation=True,
                                   is_split_into_words=True)
    labels = []
    for i, label in enumerate(datasets["ner_tags"]):
        word_ids = tokenized_datasets.word_ids(batch_index=i)
        label_ids = []
```

```
        for word_id in word_ids:
            if word_id is None:
                label_ids.append(-100)
            else:
                label_ids.append(label[word_id])
        labels.append(label_ids)
    tokenized_datasets["labels"] = labels
    return tokenized_datasets
```

首先使用 Tokenizer 对文本数据进行分词处理,定义每个序列的长度不超过 128 个 token,并截断超出长度的部分,然后函数遍历每个文本对应的 NER 标签,通过获取每个 token 对应的原始单词索引(word_ids),将原始标签映射到分词后的 token 上。如果某个 token 不是来自原始单词(例如特殊标记或 padding)的,则将其对应的标签设置为−100。 最后,将处理后的标签列表添加到分词后的数据集中,并返回更新后的数据集。这个处理过 程是为了确保在模型训练时,每个 token 都能正确地与对应的 NER 标签对齐。

注意:在许多深度学习框架中,包括 PyTorch 和 TensorFlow,有一个常用的约定,即使 用特定的值来表示应该被忽略的标签,在损失函数计算时这些值不会被考虑。在 Hugging Face 的 Transformers 库中,通常使用−100 作为这样的忽略值。在计算损失函数(例如交 叉熵损失)时,通常不会考虑标签为−100 的 token。这意味着在反向传播时,这些 token 不 会对模型的权重更新产生任何影响。

使用 map 函数进行处理,代码如下:

```
tokenized_datasets = ner_datasets.map(process_function, batched=True)
tokenized_datasets
```

输出的结果如下:

```
DatasetDict({
    train: Dataset({
        features: ['id', 'tokens', 'ner_tags', 'input_ids', 'token_type_ids',
'attention_mask', 'labels'],
        num_rows: 45001
    })
    test: Dataset({
        features: ['id', 'tokens', 'ner_tags', 'input_ids', 'token_type_ids',
'attention_mask', 'labels'],
        num_rows: 3443
    })
})
```

3) 创建模型

对于所有的非二分类任务,切记要指定 num_labels,否则就会报 device 错误,代码如下：

```
model = AutoModelForTokenClassification.from_pretrained('bert-base-chinese',
cache_dir='./models' , num_labels=len(label_list))
model.config.num_labels
7
```

4）创建评估函数

这里使用 seqeval 来进行评估，第 1 次使用时需要先进行安装，代码如下：

```
#pip install seqeval
seqeval = evaluate.load("seqeval")
```

为了方便理解，使用前面的例子"马云在杭州创建了阿里巴巴"来演示计算方法，代码如下：

```
references = [["B-PER", "I-PER", "O", "B-LOC", "I-LOC", "O", "O", "O", "B-ORG",
"I-ORG", "I-ORG", "I-ORG"]]
predictions = [["B-PER", "I-PER", "O", "B-LOC", "I-LOC", "O", "O", "O", "B-ORG",
"I-ORG", "O", "O"]]
results = seqeval.compute(predictions=predictions, references=references)
```

输出的结果如下：

```
{'LOC': {'precision': 1.0, 'recall': 1.0, 'f1': 1.0, 'number': 1},
 'ORG': {'precision': 0.0, 'recall': 0.0, 'f1': 0.0, 'number': 1},
 'PER': {'precision': 1.0, 'recall': 1.0, 'f1': 1.0, 'number': 1},
 'overall_precision': 0.6666666666666666,
 'overall_recall': 0.6666666666666666,
 'overall_f1': 0.6666666666666666,
 'overall_accuracy': 0.8333333333333334}
```

其计算方法与前面讲解的 accuracy 和 f1 是相同的，下面来完成具体的计算函数，代码如下：

```
#第 5 章/5.3/5.3.3命名实体识别.ipynb
import numpy as np
def eval_metric(pred):
    predictions, labels = pred
    predictions = np.argmax(predictions, axis=-1)

    #将 id转换为原始的字符串类型的标签
    true_predictions = [
        [label_list[p] for p, l in zip(prediction, label) if l != -100]
        for prediction, label in zip(predictions, labels)
    ]
```

```
true_labels = [
    [label_list[l] for p, l in zip(prediction, label) if l != -100]
    for prediction, label in zip(predictions, labels)
]

result = seqeval.compute(predictions=true_predictions, references=true_labels, mode="strict", scheme="IOB2")

return {
    "f1": result["overall_f1"]
}
```

该函数的主要作用是将每个预测和标签的配对使用代码遍历它们,并且使用列表推导式来创建一个新的列表,其中包含不是-100 的标签 ID 对应的原始字符串标签。使用前面的 label_list 列表,将标签 ID 映射回原始的字符串标签。

5) 创建训练参数

格式与其他任务基本一致,代码如下:

```
train_args = TrainingArguments(
    output_dir="./models_for_ner",        #输出文件夹
    per_device_train_batch_size=128,      #训练时的 batch_size
    per_device_eval_batch_size=256,       #验证时的 batch_size
    logging_steps=50,                     #log 打印的频率
    evaluation_strategy="epoch",          #评估策略
    save_strategy="epoch",                #保存策略
    save_total_limit=3,                   #最大保存数
    num_train_epochs=3,                   #训练轮数,默认值为 3
    metric_for_best_model="f1",           #设定评估指标
    report_to=['TensorBoard'],            #TensorBoard 展示结果
    load_best_model_at_end=True)          #训练完成后加载最优模型
```

6) 创建训练器并训练模型

创建训练器,代码如下:

```
trainer = Trainer(
    model=model,
    args=train_args,
    train_dataset=tokenized_datasets["train"],
    eval_dataset=tokenized_datasets["test"],
    compute_metrics=eval_metric,
    data_collator=DataCollatorForTokenClassification(tokenizer=tokenizer)
)
trainer.train()
```

训练过程和结果如图 5-11 所示。

训练 3 个 epoch 用时 17min 左右,loss 在一直下降。

```
trainer.train()
✓ 17m 6.0s                                                                          Python
100%                                                                1056/1056 [17:05<00:00,  1.21it/s]
{'loss': 0.1749, 'grad_norm': 0.5582171678543091, 'learning_rate': 4.763257575757576e-05, 'epoch': 0.14}
{'loss': 0.0419, 'grad_norm': 0.4679289162158966, 'learning_rate': 4.526515151515151e-05, 'epoch': 0.28}
{'loss': 0.0329, 'grad_norm': 0.6643112897872925, 'learning_rate': 4.289772727272727e-05, 'epoch': 0.43}
{'loss': 0.0275, 'grad_norm': 0.3979343771934509, 'learning_rate': 4.053030303030303e-05, 'epoch': 0.57}
{'loss': 0.0235, 'grad_norm': 0.3914872705936432, 'learning_rate': 3.816287878787879e-05, 'epoch': 0.71}
{'loss': 0.0257, 'grad_norm': 0.787024736404419, 'learning_rate': 3.579545454545455e-05, 'epoch': 0.85}
{'loss': 0.0222, 'grad_norm': 0.506645679473877, 'learning_rate': 3.342803030303031e-05, 'epoch': 0.99}
```

图 5-11　NER 训练过程

```
et=tokenized_datasets["test"])
```

```
296265,
94,

340.877,
386,
```

为 0.954。

需要指定 id2label。默认预测的结果是每个 token 一个
指定为 simple，将每个 token 的预测实体类型组合起来，

```
peline
: label for idx, label in enumerate(label_list)}
ner_pipe = pipeline("token-classification", model=model, tokenizer=tokenizer,
device=0, aggregation_strategy="simple")
res = ner_pipe("马云在杭州创建了阿里巴巴")
```

输出的结果如下：

```
res
[{'entity_group': 'PER',
  'score': 0.99750054,
  'word': '马 云',
  'start': 0,
  'end': 2},
 {'entity_group': 'LOC',
  'score': 0.99811876,
  'word': '杭 州',
  'start': 3,
  'end': 5},
 {'entity_group': 'ORG',
  'score': 0.98789775,
  'word': '阿 里 巴 巴',
  'start': 8,
  'end': 12}]
```

5.3.4　文本相似度

文本匹配是指计算机系统识别和确定两段文本之间关系的任务。这个概念非常广泛,涵盖了各种场景,其中文本之间的关系可以是相似度、问答、对话、推理等。在不同的应用场景下,文本匹配的具体定义可能会有所不同。以下是几种常见的文本匹配任务及其特点。

(1) 文本相似度计算:计算两个文本之间的相似程度,例如判断两个句子是否表达相同或相似的意思。

(2) 问答匹配:将用户提出的问题与数据库中的答案进行匹配,以提供正确的信息。

(3) 对话匹配:在对话系统中,识别用户输入的文本与系统回复之间的匹配关系,以确保对话的连贯性和准确性。

(4) 文本推理:根据给定的文本内容推断出新的信息或结论。

此外,像抽取式机器阅读理解和多项选择这样的任务,其本质也是文本匹配。在这些任务中,系统需要理解文本内容,并将其与问题或选项进行匹配,以确定正确答案。

总之,文本匹配是在自然语言处理中的一个重要概念,被广泛地应用于信息检索、机器翻译、文本生成、对话系统及目前热门的 RAG(Retrieval-Augmented Generation,检索增强生成)等多个领域。随着技术的发展,文本匹配的算法和模型也在不断进步,以更准确地理解和匹配文本内容。

1. 加载数据集

使用 Hugging Face 上的开源数据集,打印前 10 条数据来看一下数据集的样式,代码如下:

```
from datasets import load_dataset
datasets = load_dataset("qgyd2021/sentence_pair", name='lcqmc',cache_dir="../
data",trust_remote_code=True, split = 'train')
```

```
for i in range(10):
    print("sentence1: {s1}, sentence2: {s2}, label: {l}"
            .format(s1=datasets[i]['sentence1'],
                s2=datasets[i]['sentence2'], l=datasets[i]['label']))
```

输出的结果如下：

```
sentence1: 喜欢打篮球的男生喜欢什么样的女生, sentence2: 爱打篮球的男生喜欢什么样的
女生, label: 1
sentence1: 我手机丢了,我想换个手机, sentence2: 我想买个新手机,求推荐, label: 1
sentence1: 大家觉得她好看吗, sentence2: 大家觉得跑男好看吗?, label: 0
sentence1: 求秋色之空漫画全集, sentence2: 求秋色之空全集漫画, label: 1
sentence1: 晚上睡觉戴着耳机听音乐有什么害处吗?, sentence2: 孕妇可以戴耳机听音乐吗?,
label: 0
sentence1: 学日语软件手机上的, sentence2: 手机学日语的软件, label: 1
sentence1: 打印机和计算机怎样连接,该如何设置, sentence2: 如何把带无线的计算机连接到
打印机上, label: 0
sentence1: 侠盗飞车罪恶都市怎样改车, sentence2: 侠盗飞车罪恶都市怎么改车, label: 1
sentence1: 什么花一年四季都开, sentence2: 什么花一年四季是开的, label: 1
sentence1: 看图猜一电影名, sentence2: 看图猜电影!, label: 1
```

数据集包含两段文本,sentence1 和 sentence2 及标签值 label。

2. 数据预处理

对数据集进行划分,代码如下：

```
datasets = datasets.train_test_split(test_size=0.2)
tokenizer = AutoTokenizer.from_pretrained('bert-base-chinese', cache_dir='./
models')
```

原始数据中 label 是字符串格式,需要转换成 float 类型,代码如下：

```
def process_function(datasets):
    tokenized_datasets = tokenizer(datasets["sentence1"],
            datasets["sentence2"], max_length=128, truncation=True)
    tokenized_datasets["labels"] = [float(label) for label in
                                datasets["label"]]
    return tokenized_datasets
tokenized_datasets = datasets.map(process_function, batched=True, remove_
columns=datasets["train"].column_names)
```

输出的结果如下：

```
tokenized_datasets
DatasetDict({
    train: Dataset({
        features: ['input_ids', 'token_type_ids', 'attention_mask', 'labels'],
        num_rows: 191012
```

```
        })
    test: Dataset({
        features: ['input_ids', 'token_type_ids', 'attention_mask', 'labels'],
        num_rows: 47754
    })
})
```

3. 创建模型

读取预训练模型,代码如下:

```
from transformers import AutoModelForSequenceClassification
model = AutoModelForSequenceClassification.from_pretrained("bert-base-chinese",
cache_dir='./models', num_labels=1)
```

注意:在数据预处理时,数据的标签是0和1,采用的是二分类,代表两个句子相似还是不相似,但是在实际的任务中一般会计算一个句子和其他多个句子的相似度,如果使用二分类的计算方法,则这种方式的结果之间没有对比价值,所以使用 MSE 来计算损失,这时需要将它的 num_labels 设置为1。当然如果只是完成当前的任务,进行1对1的相似度计算,则可以使用文本分类 num_labels=2,代码与前面的文本分类是一致的。

4. 创建评估函数

创建评估函数的代码如下:

```
#第 5 章/5.3/5.3.4 文本相似度.ipynb
import evaluate
acc_metric = evaluate.load("accuracy")
f1_metric = evaluate.load("f1")
def eval_metric(eval_predict):
    predictions, labels = eval_predict
    predictions = [int(p > 0.5) for p in predictions]
    labels = [int(l) for l in labels]
    acc = acc_metric.compute(predictions=predictions, references=labels)
    f1 = f1_metric.compute(predictions=predictions, references=labels)
    acc.update(f1)
    return acc
```

在训练时,需要将预测结果 predictions 转换为一个布尔列表,其中每个元素根据预测值是否大于 0.5 被转换为 0 或 1。真实值需要先将前面转换为 float 的值转换成 int 类型,然后计算 accuracy 和 f1。

5. 创建训练参数

训练参数配置如下:

```
train_args = TrainingArguments(
    output_dir="./sentence_similarity_model",        #输出文件夹
```

```
    per_device_train_batch_size=64,        #训练时的 batch_size
    per_device_eval_batch_size=128,        #验证时的 batch_size
    logging_steps=10,                      #log 打印的频率
    eval_strategy="epoch",                 #评估策略
    save_strategy="epoch",                 #保存策略
    save_total_limit=3,                    #最大保存数
    metric_for_best_model="f1",            #设定评估指标
    num_train_epochs=3,                    #训练轮数，默认值为 3
    report_to=['TensorBoard'],             #TensorBoard 展示结果
    load_best_model_at_end=True)           #训练完成后加载最优模型
```

6. 创建训练器并训练

训练器配置,代码如下:

```
from transformers import DataCollatorWithPadding
trainer = Trainer(model=model,
            args=train_args,
            tokenizer=tokenizer,
            train_dataset=tokenized_datasets["train"],
            eval_dataset=tokenized_datasets["test"],
          data_collator=DataCollatorWithPadding(tokenizer=tokenizer),
            compute_metrics=eval_metric)
trainer.train()
```

7. 评估

使用训练集进行评估,代码如下:

```
trainer.evaluate(tokenized_datasets["test"])
{'eval_loss': 0.06305546313524246,
 'eval_accuracy': 0.9234200276416635,
 'eval_f1': 0.9343317351721165,
 'eval_runtime': 962.7601,
 'eval_samples_per_second': 49.601,
 'eval_steps_per_second': 0.388,
 'epoch': 3.0}
```

8. 预测

先定义一个 pipeline,配置 id2label,代码如下:

```
from transformers import pipeline, TextClassificationPipeline
model.config.id2label = {0: "不相似", 1: "相似"}
pipe = pipeline("text-classification", model=model, tokenizer=tokenizer,
device=0)
```

使用一个案例来测试,代码如下:

```
result1 = pipe({"text": "杭州是个好地方", "text_pair": "杭州这个地方真好"},
function_to_apply="none")
```

```
result1["label"] = "相似" if result1["score"] > 0.5 else "不相似"
result1
{'label': '相似', 'score': 0.7523335814476013}
```

function_to_apply = "none"：这个参数指定了在 pipeline 执行完成后应用的处理函数。在这里,none 表示不需要应用任何额外的处理函数,即直接返回模型的原始输出,再根据原始的输出结果判定其标签。

5.3.5 机器阅读理解

机器阅读理解(Machine Reading Comprehension,MRC)是让机器通过阅读文章,回答基于该文章的问题的任务。MRC 模型的核心能力在于对给定文本集合 P 的理解,并准确回答问题 Q,从而输出答案 A。根据问题的形式和答案生成方式,MRC 任务可分为以下几种类型。

(1) 完形填空(Cloze-Style):在这种任务中,文章中的某些词被隐去,模型需通过上下文信息预测出最合适的词汇。这可以测试模型对语境的理解和词汇推断的能力。

(2) 多项选择(Multiple-Choice):模型根据文章和问题,从多个备选答案中选择最符合问题的答案。这可以考察模型在多个选项中做出最佳选择的能力。

(3) 片段抽取(Span-Extraction):模型从文章中抽取一段连续文本作为答案,强调模型定位关键信息并理解文章细节的能力。

(4) 自由作答(Free-Answering):不同于片段抽取,自由作答要求模型生成一个新的答案,而不是从文章中直接选取。这可以测试模型生成连贯、准确答案的能力。

本次任务主要聚焦于片段抽取任务,案例如下。

文档 P：在 2022 年,世界卫生组织发布了一项关于全球疫苗接种的报告。报告指出,新冠疫苗在全球范围内的普及有效地降低了重症和死亡率,尤其是在老年人和免疫力低下的人群中。这项研究还表明,疫苗的广泛接种是防止疫情扩散和控制新变异毒株传播的关键因素。各国政府因此加大了疫苗推广的力度,鼓励民众接种。

问题 Q：世界卫生组织的报告中提到,疫苗接种对哪类人群尤为重要?

答案 A：老年人和免疫力低下的人群。

在这个例子中,模型的任务是从文档 P 中抽取与问题 Q 相关的文本片段作为答案 A。模型不仅需要理解文档的整体内容,还要准确地定位与问题直接相关的关键信息——"老年人和免疫力低下的人群",并将其作为答案提取出来。这考察了模型对特定信息的定位和提取能力。

1. 评价指标

评估机器阅读理解任务的模型性能通常使用两种关键指标：精准匹配度(Exact Match,EM)和模糊匹配度。

1) 精准匹配度

计算方法是将模型的预测结果与标准答案逐一对比,判断是否完全一致。EM 直接反映模型输出与真实答案的一致性,是评估准确性的重要指标,其优点是简单明了,适用于答案唯一的任务,但是对多标签或部分正确答案的场景不适用,可能会导致低分。

2) F1_score

F1_score 结合了精确率和召回率,通过字词级别的匹配来衡量答案的部分一致性。在评价部分匹配的场景中,F1 能够更好地反映模型的性能。适用于答案较为复杂、允许部分匹配的任务,但是也可能掩盖某些类别下模型表现较差的情况。

EM 和 F1 相比,EM 关注模型预测的绝对正确性,F1 则更偏重整体的精确性与召回率。在理想情况下,两者应该都接近 1,但实际中,模型可能无法同时在这两方面达到最高,因此根据具体任务需求,选择合适的评估指标来优化模型性能。

示例,假设模型预测结果与真实标签如下:

> 模型预测结果:西湖
> 真实标签结果:杭州西湖

(1) EM ＝ 0(预测结果与真实答案不完全一致)。

(2) $P＝2/2$(模型预测的两个词"西湖"都正确),$R＝2/4$(真实答案中的 4 个词"杭州西

湖"中模型预测了两个正确),F1 计算公式 $F1=\dfrac{2\times P\times R}{P+R}=\dfrac{2\times \frac{2}{2}\times \frac{2}{4}}{\frac{2}{2}+\frac{2}{4}}=\dfrac{2}{3}$。

此示例表明,虽然模型并未完全匹配(EM＝0),但 F1 得分相对较高,说明模型在部分匹配上表现尚可。

2. 代码实践

下面使用代码进行实践演练,以此来更好地理解机器阅读理解的基本流程和原理。

1) 加载数据集

这里使用的是中文机器阅读理解任务中的经典数据集——CMRC 2018。此数据集适用于片段抽取任务,数据包含上下文、问题及对应的答案,需要加载的代码如下:

```
from datasets import load_dataset
datasets = load_dataset("cmrc2018", cache_dir="../data")
```

输出的结果如下:

```
print(datasets)
DatasetDict({
    train: Dataset({
        features: ['id', 'context', 'question', 'answers'],
        num_rows: 10142
    })
    validation: Dataset({
        features: ['id', 'context', 'question', 'answers'],
```

```
        num_rows: 3219
    })
    test: Dataset({
        features: ['id', 'context', 'question', 'answers'],
        num_rows: 1002
    })
})
```

查看数据样式,代码如下:

```
datasets["train"][600]
{'id': 'TRAIN_602_QUERY_2',
 'context': '品质国际控股有限公司,简称品质国际控股或品质国际 (,),是一家在香港交易所
上市的工业公司,成立于 1982 年。公司主要业务为制造及销售集成电路引线框、散热器与加强杆
等半导体元件。公司总办事处设于荃湾合福工业大厦。2016 年 1 月宣布每 4 股合并为 1 股,合并
股份后以每股 0.32 港元价格配售最多 8.75 亿股予独立第三方,另外又以"1 供 5"比例进行供股,
供股价每股(合并后)0.32 港元。2016 年 10 月 7 日,该公司向乐亚国际提出收购要约,以 1 股品
质国际股份换取 25 股乐亚国际股份,对于存在的 2 亿份尚未行使的乐亚购股权(行使价为 0.0256
港元),收购方提出以 3 股品质国际股份换取注销 500 份乐亚购股权。2017 年 3 月接纳要约期限
届满后,只有约 18%的乐亚股份接纳收购要约,要约因此失效。2017 年 7 月 14 日举行股东特别大
会,以大比数否决削减股份溢价账的提案,导致原先宣布的每股分派 0.133 港元的提案未能实行。',
 'question': '公司总办事处在什么地方? ',
 'answers': {'text': ['荃湾合福工业大厦'], 'answer_start': [99]}}
```

每个字段解释,context 表示给定的文档,描述了品质国际控股有限公司的相关信息,包括成立时间、主要业务、公司总办事处的位置及公司的一些重大事件。question 是问题询问品质国际控股有限公司的总办事处位置。answers 为包含正确答案及其在文档中的起始位置。正确答案为"荃湾合福工业大厦",答案在文档中的起始位置为第 99 个字符。

2) 数据预处理

本部分是本章节最复杂的内容,主要目标是将机器阅读理解数据集标记化,并提取答案在上下文中的起始和结束位置,为后续的模型训练做好准备。这里使用 BERT 的预训练分词器,将问题和上下文转换为模型可以处理的 token 序列,同时将答案映射为对应的 token 位置,代码如下:

```
from transformers import AutoTokenizer
#加载预训练的 BERT tokenizer
tokenizer = AutoTokenizer.from_pretrained("bert-base-chinese", cache_dir=
'./models')
```

定义一个函数来提取答案的起始位置,代码如下:

```
#第 5 章/5.3/5.3.5 机器阅读理解.ipynb
def process_func(datasets):
    tokenized_datasets = tokenizer(
        text=datasets["question"],
```

```
            text_pair=datasets["context"],
            return_offsets_mapping=True,
            max_length=384, truncation="only_second", padding="max_length"
        )

        offset_mapping = tokenized_datasets.pop("offset_mapping")
        start_positions = []
        end_positions = []

        for idx, (offset, answer) in enumerate(zip(offset_mapping, datasets
["answers"])):
            #提取答案的起始和结束字符位置
            start_char = answer["answer_start"][0]
            end_char = start_char + len(answer["text"][0])

            #找到上下文的token范围
            sequence_ids = tokenized_datasets.sequence_ids(idx)
            context_start = sequence_ids.index(1)
            context_end = sequence_ids.index(None, context_start) - 1

            #确定答案是否在上下文中
            if offset[context_end][1] < start_char or offset[context_start][0] > end_
char:
                #答案不在上下文中
                start_positions.append(0)
                end_positions.append(0)
            else:
                #确定答案的token位置.添加默认值以避免StopIteration错误
                start_token_pos = next((i for i in range(context_start, context_end + 1)
if offset[i][0] >= start_char), context_start)
                end_token_pos = next((i for i in range(context_end, context_start - 1,
-1) if offset[i][1] <= end_char), context_end)

                start_positions.append(start_token_pos)
                end_positions.append(end_token_pos)

        tokenized_datasets["start_positions"] = start_positions
        tokenized_datasets["end_positions"] = end_positions

        return tokenized_datasets

#对训练集和验证集进行处理
tokenized_datasets = datasets.map(process_func, batched=True, remove_columns=
datasets["train"].column_names)
```

（1）通过 tokenizer 对 datasets["question"]和 datasets["context"]进行标记，text_pair 是指提供与问题配对的上下文，BERT 可以处理成对输入；return_offsets_mapping ＝ True 用于返回 token 在原始文本中的字符位置 offset_mapping，便于后续确定答案的位置；

truncation = "only_second"表示如果文本过长,则只截断上下文部分。

(2) 提取并移除 offset_mapping,包含每个 token 在原始文本中的字符位置,用于确定答案的起始和结束 token。start_positions 和 end_positions 用于存储答案的 token 级别位置。遍历 offset_mapping 和 datasets["answers"],为每个样本提取答案的起始字符位置 start_char 和结束字符位置 end_char。start_char 是答案的起始位置,end_char 是答案的结束位置。

(3) 使用 sequence_ids 来区分标记化后的问题和上下文,1 表示上下文的 token,None 表示结束。context_start 和 context_end 用于确定上下文的起始和结束位置,即用于后续定位答案。如果答案的起始和结束位置不在上下文范围内,则将 start_positions 和 end_positions 设为 0,表示没有找到答案,否则利用 next()函数从上下文中找到答案的起始和结束 token 位置,start_token_pos 为答案的起始位置,是第 1 个 token,其起始字符位置大于或等于 start_char。end_token_pos 表示答案的结束位置,是最后一个 token,其结束字符位置小于或等于 end_char。

(4) 最后,将计算出的答案的起始和结束 token 位置存入 tokenized_datasets 中,供模型训练时使用。

3) 创建模型

加载预训练模型,代码如下:

```
from transformers import BertForQuestionAnswering, TrainingArguments, Trainer

#加载预训练的 BERT 模型
model = BertForQuestionAnswering.from_pretrained("bert-base-chinese", cache_dir='./models')
```

4) 创建评估函数

使用 CMRC 2018 数据集中自带的评估函数进行评估,可以在下面的网址下载 https://github.com/ymcui/cmrc2018/blob/master/baseline/cmrc2018_evaluate.py,引用该文件中的计算方法来创建评估函数,代码如下:

```
#第 5 章/5.3/5.3.5 机器阅读理解.ipynb
from cmrc2018_evaluate import calc_f1_score, calc_em_score
import numpy as np
def compute_metrics(eval_pred):
    start_logits, end_logits = eval_pred.predictions
    #通过 argmax 获取预测的开始和结束位置
    predicted_start_positions = np.argmax(start_logits, axis=1)
    predicted_end_positions = np.argmax(end_logits, axis=1)

    #获取真实的 start 和 end 位置
    true_start_positions, true_end_positions = eval_pred.label_ids
```

```
#从 eval_pred.inputs 或 eval_dataset 获取 input_ids
if eval_pred.inputs is not None:
    input_ids = eval_pred.inputs["input_ids"]
else:
    #假设 eval_dataset 可直接获取 tokenized_datasets 的 input_ids
    input_ids = tokenized_datasets["validation"]["input_ids"]

#解码预测答案和真实答案
decoded_predictions = []
decoded_labels = []

for i in range(len(predicted_start_positions)):
    #解码预测的答案
    pred_ids = input_ids[i][predicted_start_positions[i]:predicted_end_
positions[i] + 1]
    predicted_answer = tokenizer.decode(pred_ids, skip_special_tokens=True)
    decoded_predictions.append(predicted_answer)

    #解码真实的答案
    true_ids = input_ids[i][true_start_positions[i]:true_end_positions[i] + 1]
    true_answer = tokenizer.decode(true_ids, skip_special_tokens=True)
    decoded_labels.append(true_answer)

#使用 CMRC 2018 标准计算 F1 和 EM 分数
f1_scores = []
em_scores = []

for prediction, true_answer in zip(decoded_predictions, decoded_labels):
    f1_scores.append(calc_f1_score([true_answer], prediction))
    em_scores.append(calc_em_score([true_answer], prediction))

#计算平均分数
avg_f1 = 100.0 * sum(f1_scores) / len(f1_scores)
avg_em = 100.0 * sum(em_scores) / len(em_scores)

return {"f1": avg_f1, "exact_match": avg_em}
```

(1) start_logits 和 end_logits 是模型预测的起始位置和结束位置的 logits(未归一化的得分),使用 np.argmax 找出每个样本的起始和结束位置所对应的最大得分,从而得到模型预测的答案位置。true_start_positions 和 true_end_positions 是模型的真实标签,即问题答案在上下文中的真实起始和结束位置。这些位置是数据预处理时根据答案字符位置计算出的 token 位置。

(2) input_ids 是 BERT 模型输入的 token 序列。eval_pred. inputs:如果存在,则从模型的输入中直接获取 input_ids,否则从预先处理好的验证数据集 tokenized_datasets 中获取,input_ids 用于将模型的预测结果和真实标签转换为可读的文本。

(3) 使用 tokenizer. decode 将 input_ids(模型输入的 token 序列)解码为自然语言文本。

predicted_answer 是模型预测的答案,由预测的 start_positions 和 end_positions 指定的 token 序列组成。true_answer 是真实答案,取自真实标签 true_start_positions 和 true_end_positions。skip_special_tokens＝True 表示跳过特殊的标记,例如[CLS]和[SEP]。

（4）使用 calc_f1_score 和 calc_em_score 函数对每个样本的预测答案与真实答案进行对比。calc_f1_score 用于计算预测答案和真实答案的模糊匹配度(F1),允许部分正确,calc_em_score 用于计算精准匹配度(EM),要求答案完全正确。计算所有样本的平均 F1 和 EM 分数,并将结果返回。avg_f1 和 avg_em 是模型在整个验证集上的性能指标,分别表示模型在模糊匹配和精准匹配上的表现。

5）创建训练参数

创建训练参数,代码如下:

```
train_args = TrainingArguments(
    output_dir="./models_for_mrc",          #输出文件夹
    per_device_train_batch_size=32,         #训练时的 batch_size
    per_device_eval_batch_size=32,          #验证时的 batch_size
    logging_steps=50,                       #log 打印的频率
    evaluation_strategy="epoch",            #评估策略
    save_strategy="epoch",                  #保存策略
    save_total_limit=3,                     #最大保存数
    num_train_epochs=3,                     #训练轮数,默认值为 3
    report_to=['TensorBoard'],              #TensorBoard 展示结果
    load_best_model_at_end=True)            #训练完成后加载最优模型
```

6）创建训练器并训练

创建训练器并训练,代码如下:

```
trainer = Trainer(
    model=model,
    args=train_args,
    train_dataset=tokenized_datasets["train"],
    eval_dataset=tokenized_datasets["validation"],
    tokenizer=tokenizer,
    compute_metrics=compute_metrics
)
trainer.train()
```

最终的训练结果如下:

```
{'eval_loss': 1.5228368043899536, 'eval_f1': 70.79273623295575, 'eval_exact_
match': 56.72569120844983, 'eval_runtime': 35.5353, 'eval_samples_per_second':
90.586, 'eval_steps_per_second': 2.842, 'epoch': 3.0}
```

7）评估

使用测试集进行评估测试,代码如下:

```
eval_results = trainer.evaluate()
```

输出的结果如下：

```
print(f"Evaluation results: {eval_results}")
Evaluation results: {'eval_loss': 1.3582655191421509, 'eval_f1': 69.26961231880581,
'eval_exact_match': 54.39577508543026, 'eval_runtime': 30.9797, 'eval_samples_
per_second': 103.907, 'eval_steps_per_second': 3.26, 'epoch': 3.0}
```

模型在验证集上的 F1_score 为 70.79，表明模型有较强的部分匹配能力，但 EM 分数仅为 56.73，说明模型在给出完全正确答案方面还有提升空间；训练损失较低（0.642），但验证损失（1.52）相对较高，可能表明模型有些过拟合，需要通过调整超参数或增加正则化来改善模型的泛化能力。

8）预测

使用一个样例数据进行预测，代码如下：

```
from transformers import pipeline

pipe = pipeline("question-answering", model=model, tokenizer=tokenizer, device=0)
pipe(question="马云在哪里创建了阿里巴巴?", context="马云在杭州创建了阿里巴巴")
{'score': 0.9876611232757568, 'start': 3, 'end': 5, 'answer': '杭州'}
```

5.3.6　文本摘要

1. 文本摘要简介

文本摘要（Text Summarization）是在自然语言处理中的一项关键任务，其核心目标是从长篇文档中提取关键信息，并生成简短的摘要，以提供对原始内容的高度概括。这不仅可以帮助用户迅速理解核心内容，还可以在大量文本数据的组织与归纳中发挥重要作用。

根据输入文档数量，文本摘要可分为单文档摘要和多文档摘要；根据语言类型，又可分为单语言摘要、跨语言摘要和多语言摘要。本书聚焦于单文档单语言摘要，即处理单个文档并以同一语言生成简要概括。

在单文档单语言摘要中，系统需理解文本的语义和结构，提取最重要的信息，并以简洁的方式呈现。该过程涉及文本的分析与重构，要求模型既能抓住主要观点，又能确保信息的完整性。

文本摘要需要使用 Seq2Seq 模型，也就是 encode-decode 模型，同时要用到前面讲到的 T5 模型来进行训练。

2. 评价指标

ROUGE（Recall-Oriented Understudy for Gisting Evaluation）是评估文本摘要质量的常用指标，关注召回率和 F1_score。ROUGE 主要包括 ROUGE-1、ROUGE-2 和 ROUGE-L，分别基于 1-gram、2-gram 和最长公共子序列（LCS）的匹配来计算，计算公式如下：

(1) ROUGE-1 表示基于 1-gram 的匹配,指标的计算公式如下。

精确率 Precision (P)=匹配的 1-gram 数量/生成的 1-gram 总数,召回率 Recall (R)=匹配的 1-gram 数量 / 参考的 1-gram 总数,F1_score=$2PR/(P+R)$。式中,1-gram 指文本中连续的 1 个词组成的序列。匹配的 1-gram 数量表示在生成摘要和参考摘要中,同时出现的 1-gram 的数量。

(2) ROUGE-2 表示基于 2-gram 的匹配,指标的计算公式如下。

精确率 P=匹配的 2-gram 数量/生成的 2-gram 总数,召回率 R=匹配的 2-gram 数量/参考的 2-gram 总数,最终 F1_score:$2PR/(P+R)$。式中,2-gram 指文本中连续的两个词组成的序列。匹配的 2-gram 数量表示在生成摘要和参考摘要中,同时出现的 2-gram 的数量。

(3) ROUGE-L 表示基于最长公共子序列的匹配,指标的计算公式如下。

P=LCS 匹配的 1-gram 数量/生成的 1-gram 总数,R=LCS 匹配的 1-gram 数量/参考的 1-gram 总数,F1_score=$2PR/(P+R)$。式中,LCS 为两个序列中最长的公共子序列,允许在不改变顺序的情况下跳过一些元素。

3. 计算过程演示

用一个示例来解释如何生成摘要:"我喜欢吃苹果",参考摘要:"我爱吃苹果"。

1) ROUGE-1 计算过程

1-gram 采用的是单个词作为匹配单位。生成摘要的 1-gram 分别为"我","喜欢","吃","苹果",共 4 个 1-gram。参考摘要的 1-gram 为"我","爱","吃","苹果",共 4 个 1-gram。匹配情况:"我"匹配,"喜欢"和"爱"不匹配,"吃"匹配,"苹果"匹配,匹配到 3 个 1-gram("我","吃","苹果")。

将上面的结果代入计算公式,P = 匹配的 1-gram 数量/生成的 1-gram 总数 = 3/4 = 0.75。R = 匹配的 1-gram 数量/参考的 1-gram 总数 = 3/4 = 0.75。F1_score = $2PR/(P+R)$ = $2×(0.75×0.75)/(0.75+0.75)$ = 0.75。

2) ROUGE-2 计算过程

2-gram 采用的是两个连续的词组合在一起作为匹配单位。生成摘要的 2-gram 分别是"我喜欢","喜欢吃","吃苹果",共 3 个 2-gram。参考摘要的 2-gram 分别是"我爱","爱吃","吃苹果",共 3 个 2-gram。匹配结果是"吃苹果"匹配,匹配到 1 个 2-gram。

将结果代入公式,P = 匹配的 2-gram 数量/生成的 2-gram 总数 = 1/3 = 0.333。R = 匹配的 2-gram 数量/参考的 2-gram 总数 = 1/3 = 0.333。F1_score = $2PR/(P+R)$ = $2×(0.333×0.333)/(0.333+0.333)$ = 0.333。

3) ROUGE-L 计算过程

ROUGE-L 基于最长公共子序列匹配。生成摘要的最长公共子序列:"我","吃","苹果",最长公共子序列的长度为 3。参考摘要的最长公共子序列:"我","吃","苹果",最长公共子序列的长度为 3。

将上面的结果代入公式,P = LCS 匹配到的词数量/生成的词总数 = 3/4 = 0.75。R =

LCS匹配到的词数量/参考的词总数＝3/4＝0.75。F1_score＝$2PR/(P+R)$＝2(0.75×0.75)/(0.75＋0.75)＝0.75。

4. 代码实践

下面使用代码进行实践演练，以此来更好地理解文本摘要的基本原理和实践过程。

1) 下载数据集

数据集使用的是LCSTS摘要数据集，此数据集是由哈尔滨工业大学整理的，基于新闻媒体在微博上发布的新闻摘要创建了该数据集，每篇短文约100个字符，每篇摘要约20个字符，加载的数据集代码如下：

```
from datasets import load_dataset
sum_datasets = load_dataset("hugcyp/LCSTS", cache_dir="../data",trust_remote_code=True)
```

输出的结果如下：

```
sum_datasets
DatasetDict({
    train: Dataset({
        features: ['summary', 'text'],
        num_rows: 2400591
    })
    validation: Dataset({
        features: ['summary', 'text'],
        num_rows: 8685
    })
    test: Dataset({
        features: ['summary', 'text'],
        num_rows: 725
    })
})
```

数据集中train训练数据集有2 400 591条，这样训练的时间会很长，所以取其中的一部分来进行训练，代码如下：

```
sum_datasets = load_dataset("hugcyp/LCSTS",split="train[:50000]")
```

2) 数据预处理

数据预处理，代码如下：

```
sum_datasets = sum_datasets.train_test_split(test_size=0.2)
sum_datasets
DatasetDict({
    train: Dataset({
        features: ['summary', 'text'],
        num_rows: 40000
    })
```

```
    test: Dataset({
        features: ['summary', 'text'],
        num_rows: 10000
    })
})
```

输出的结果如下:

```
sum_datasets["train"][0]
{'summary': '90后12万元入股市2天3部iPhone 6没了!',
 'text': '在北京工作刚刚25岁的张涛是一位今年入市的新股民,一入市,就"歪打正着"接触了
分级基金。在12月初的一次出差间隙,他专程回杭州说服父母拿出50万元"养老钱"给他炒股。
"短短两天,就亏了三部iPhone 6。"张涛惊慌失措。'}
```

数据集共有两个字段,原始文本 text 和总结摘要内容 summary,代码如下:

```
#第5章/5.3/5.3.6文本摘要.ipynb
tokenizer = AutoTokenizer.from_pretrained("lemon234071/t5-base-Chinese", cache_
dir='./models')
def process_func(examples):
    contents = ["生成摘要: \n" + e for e in examples["text"]]
    inputs = tokenizer(contents, max_length=512, truncation=True)
    labels = tokenizer(text_target=examples["summary"], max_length=128,
truncation=True)
    inputs["labels"] = labels["input_ids"]
    return inputs
```

在使用 T5 预训练语言模型时,需要明确告诉模型任务类型,每个文本 text 前加上了字符串"生成摘要: \n",表示给模型一个提示,让模型知道要完成摘要生成任务。

3) 创建模型

在 Hugging Face 上找一个中文的 T5 模型以供使用,需要加载的代码如下:

```
model = AutoModelForSeq2SeqLM.from_pretrained("lemon234071/t5-base-Chinese",
cache_dir='./models')
```

4) 创建评估模型

需要提前下载 rouge_chinese,代码如下:

```
#第5章/5.3/5.3.6文本摘要.ipynb
from rouge_chinese import Rouge
import numpy as np
rouge = Rouge()

def compute_metric(evalPred):
    predictions, labels = evalPred

    #解码预测结果
```

```
    decode_preds = tokenizer.batch_decode(predictions, skip_special_tokens=
True)

    #将标签中不等于-100的位置替换为 pad_token_id,避免特殊填充符号影响解码
    labels = np.where(labels != -100, labels, tokenizer.pad_token_id)
    decode_labels = tokenizer.batch_decode(labels, skip_special_tokens=True)

    #清理解码后的预测和标签
    decode_preds = [" ".join(p.strip()) for p in decode_preds]
    decode_labels = [" ".join(l.strip()) for l in decode_labels]

    #计算 ROUGE 分数
    scores = rouge.get_scores(decode_preds, decode_labels, avg=True)

    return {
        "rouge-1": scores["rouge-1"]["f"],
        "rouge-2": scores["rouge-2"]["f"],
        "rouge-1": scores["rouge-1"]["f"],
    }
```

5）创建训练参数

创建训练参数,代码如下:

```
#第 5 章/5.3/5.3.6 文本摘要.ipynb
train_args = Seq2SeqTrainingArguments(
    output_dir="./summary",
    per_device_train_batch_size=32,
    per_device_eval_batch_size=32,
    logging_steps=20,
    evaluation_strategy="steps",
    eval_steps=100,
    save_strategy="epoch",
    metric_for_best_model="rouge-1",
    predict_with_generate=True,
    report_to=['TensorBoard']
)
```

6）创建训练器并训练模型

创建训练器并训练模型,代码如下:

```
#第 5 章/5.3/5.3.6 文本摘要.ipynb
trainer = Seq2SeqTrainer(
    args=args,
    model=model,
    train_dataset=tokenized_ds["train"],
    eval_dataset=tokenized_ds["test"],
    compute_metrics=compute_metric,
    tokenizer=tokenizer,
```

```
    data_collator=DataCollatorForSeq2Seq(tokenizer=tokenizer)
)
trainer.train()
```

训练结果如下：

```
TrainOutput (global_step=3750, training_loss=3.760310282389323, metrics={'train_
runtime': 4562.2836, 'train_samples_per_second': 26.303, 'train_steps_per_
second': 0.822, 'total_flos': 1.5816917082636288e+16, 'train_loss':
3.760310282389323, 'epoch': 3.0})
```

在上面的训练过程中完成了 3 个周期(epoch)，其中训练进行了 3750 步，训练损失为 3.76，总运行时间为 4562.28s，每秒处理的训练样本数为 26.303 个，每秒完成的训练步数为 0.822 步，计算的总浮点运算次数为 1.5817e+16 次。

7) 评估

评估的代码如下：

```
trainer.evaluate()
{'eval_loss': 2.9646284580230713,
 'eval_rouge-1': 0.3779141772201781,
 'eval_rouge-2': 0.23399135945117372,
 'eval_rouge-l': 0.33521332768125855,
 'eval_runtime': 186.9791,
 'eval_samples_per_second': 53.482,
 'eval_steps_per_second': 0.84,
 'epoch': 3.0}
```

从测试集的评估结果来看，评估损失为 2.9646，loss 值比较高，还有下降的空间；ROUGE 分数，分别是 ROUGE-1 为 0.3779，ROUGE-2 为 0.2340，ROUGE-L 为 0.3352，准确性比较低。在实际的任务中，如果数据量比较大，想要充分学习，则需要增大 epoch 来提取更多的信息。

8) 预测

在数据中找一条来进行预测，代码如下：

```
from transformers import pipeline
pipe = pipeline ("text2text-generation", model=model, tokenizer=tokenizer,
device=0)
```

查看原始数据，代码如下：

```
sum_datasets["test"][-1]
{'summary': '艾美"童话世界"',
 'text': '艾美百分之百艺术家萨姆·萨莫雷(Sam Samore)除了是一名摄影师,也是知名作家。
他对传统故事及神话作品作了颠覆性改编,他为艾美酒店创作的神话作品在"迈阿密之夜"活动上
发布。当然,他也加入了"开启艺术之门"计划,为艾美酒店设计房卡。'}
```

预测结果如下：

```
pipe("生成摘要:\n" + sum_datasets["test"][-1]["text"], max_length=64, do_sample=
True)
[{'generated_text': '艾美百分之百艺术家萨姆·萨莫雷'}]
```

从预测生成的结果来看并不是很准确，模型还有待继续训练。

5.3.7　生成式对话机器人

生成式对话机器人是一种能够通过自然语言与用户进行互动并自主生成连贯回复的人工智能系统。与传统的基于规则或检索的对话系统不同，生成式对话机器人不依赖于预设的固定回答，而是通过深度学习模型，在理解用户输入的基础上生成新的动态的对话内容。生成式对话机器人的主要特点有以下几点。

（1）开放域对话：生成式对话机器人可以在各种话题中进行对话，无须限定特定领域。这使它们能够满足多样化的用户需求，适应更广泛的对话场景。

（2）自主生成回复：通过自然语言处理和深度学习技术，机器人可以根据上下文信息生成符合逻辑和情境的回复，而不是简单地匹配预先定义的答案。

（3）上下文理解：生成式对话机器人能够跟踪对话的历史，并利用这些上下文信息来生成与之前对话一致且连贯的回复。

（4）学习能力：机器人能够通过用户的交互和大量数据的训练，不断地优化自身的语言模型，从而提高对话质量。

生成式对话机器人的应用场景非常广泛，包括但不限于在线客服，通过自动生成问题解答，帮助企业提供全天候的客户支持。娱乐聊天为用户提供陪伴式的聊天体验，进行自然的开放式的对话。任务型助手帮助用户完成具体任务，例如订票、预约、查询信息等。情感支持提供心理疏导，给予用户情感上的支持和安慰。生成式对话机器人通过综合运用自然语言处理、深度学习和对话状态管理等技术，实现了与人类更自然、更智能的互动方式。

1. 下载数据集

本节使用的数据集是开源微调框架 LLaMA Factory 下的样例数据集，可以在 Hugging Face 上下载，数据集一共有 51 155 条数据，包含 3 个字段 instruction、input 和 output，其中 instruction 是用户给出的任务指令，描述了希望机器人执行的操作；input 是与 instruction 相关的输入数据，instruction 可能需要一个具体的上下文或输入内容，系统会根据这个 input 来执行指令，output 是模型应该生成的响应或结果。它是根据 instruction 和 input 生成的最终答案或结果，代码如下：

```
from datasets import load_dataset
ds = load_dataset("llamafactory/alpaca_zh", cache_dir="../data", split=
"train")
```

输出的结果如下：

```
ds
Dataset({
    features: ['instruction', 'input', 'output'],
    num_rows: 51155
})
ds[5]
{'instruction': '解释气候变化对环境的两方面影响',
 'input': '',
 'output': '气候变化对环境有几方面影响,其中一方面的影响是全球平均气温上升,导致冰川融
化、极端天气事件和海平面上升。另一方面的影响是由极端天气条件和升温引起的自然栖息地破
坏导致的生物多样性减少。'}
```

2. 数据预处理

首先将数据划分为训练集和测试集,代码如下:

```
ds = ds.train_test_split(test_size=0.8, seed = 42)
```

注意:可以提前将模型下载到本地,在后续任务中可以直接在路径中读取分词器和模型。test_size=0.8,由于数据集较大,所以只使用20%的数据用于训练并以此查看效果。

载入分词器,这里使用 Qwen2-0.5B 模型来进行训练,model_path 是下载好的路径地址,代码如下:

```
model_path = "./models/qwen/Qwen2-0.5B"
tokenizer = AutoTokenizer.from_pretrained(model_path)
```

定义数据处理函数,生成式对话机器人对应的模型架构是在 4.2 节中讲解的 GPT 模型,这是一种基于 Transformer 解码器的自回归(因果)语言模型,其训练方式可见图 4-6,在训练过程中对于每个输入序列,模型会使用先前的词语(已生成的部分)来预测下一个词,需要将输入和输出序列相结合,然后训练时输出向后错位,以便进行 loss 计算,代码如下:

```
#第 5 章/5.3/5.3.7 生成式对话机器人.ipynb
def process_func(datasets, tokenizer, max_length=256):
    if datasets['input'].strip() == "":
        combined_input = "用户: " + datasets['instruction'] + "\n\n 机器人: "
    else:
        combined_input = "用户: " + datasets['instruction'] + "\n" + datasets
['input'] + "\n\n 机器人: "
    output_text = datasets["output"] + tokenizer.eos_token   #加上 eos_token 标记
                                                             #回复的结束
    full_input = combined_input + output_text
    encodings = tokenizer(
        full_input,
        max_length=max_length,
        truncation=True,
```

```
        padding="max_length",
        return_tensors='pt'
    )
    labels = encodings["input_ids"].clone()
    user_input_len = len(tokenizer(combined_input, truncation=True, max_length=
max_length)["input_ids"])
    labels[:, :user_input_len] = -100
    return {
        'input_ids': encodings['input_ids'].squeeze(0),              #输入序列
        'attention_mask': encodings['attention_mask'].squeeze(0),    #注意力掩码
        'labels': labels.squeeze(0)                              #标签,忽略用户输入部分
    }
```

（1）生成输入部分,将 instruction、input 结合在一起作为输入,在生成式对话任务中一般需要给输入和输出定义一个角色,让模型更容易理解,这里设定用户和机器人两个角色。在生成输出部分时,需要在最后加上终止标记,让模型理解何时终止生成,然后将输入和输出相结合。

（2）对完整输入进行分词处理,生成 input_ids 和 attention_mask,计算用户输入部分的长度,将用户输入部分的标签设置为−100,忽略这部分的损失。

（3）最后返回 input_ids、attention_mask 和 labels,用于训练模型。

对数据进行处理,代码如下:

```
tokenized_ds = ds.map(
    process_func,
    remove_columns=['instruction', 'input', 'output'],    #删除不需要的原始列
    fn_kwargs={'tokenizer': tokenizer},              #将 tokenizer 传递给 process_func
)
```

输出的结果如下:

```
tokenized_ds
DatasetDict({
    train: Dataset({
        features: ['input_ids', 'attention_mask', 'labels'],
        num_rows: 10231
    })
    test: Dataset({
        features: ['input_ids', 'attention_mask', 'labels'],
        num_rows: 40924
    })
})
```

查看数据,使用 DataLoader 来读取一个批次的数据,代码如下:

```
from torch.utils.data import DataLoader
from transformers import DataCollatorForLanguageModeling
```

```
dl = DataLoader (tokenized_ds ['train'], batch_size = 1, collate_fn =
DataCollatorForLanguageModeling(tokenizer, mlm=False))
```

对得到的第 1 条数据进行解码,查看是否可以得到原始的数据,代码如下:

```
#获取第 1 个样本的 labels
labels = next(enumerate(dl))[1]['labels'][0]

#去掉 -100 的值(忽略损失的 token)
valid_labels = labels[labels != -100]

#对有效的 token 进行解码
decoded_text = tokenizer.decode(valid_labels, skip_special_tokens=True)
```

打印结果如下:

```
print(decoded_text)
用户: 提供一个能够展示人体解剖学知识的例子。

 机器人: 人体有 206 块由关节和软骨连接的骨头,例如,膝关节是四根骨头,几条韧带和两片半月
板的高度复杂的连接,可以实现广泛的运动,例如屈曲和伸展。没有这些连接,膝关节将无法提供
身体所需的灵活性。
```

3. 创建模型

还是使用前面下载好的 Qwen2-0.5B 模型,载入 Qwen2-0.5B 模型,并使用 AutoModelForCausalLM 进行因果语言建模,使用 pipeline 进行生成任务测试,代码如下:

```
model = AutoModelForCausalLM.from_pretrained(model_path)
from transformers import pipeline

pipe = pipeline("text-generation", model=model, tokenizer=tokenizer, device=0)
input= "用户: {}\n{}".format("解释气候变化对环境的两个影响\?", "").strip() + "\n\n
机器人: "
re = pipe(input, max_length=256, do_sample=True, )[0]["generated_text"]
print(re)
用户: 解释气候变化对环境的两方面影响\?
机器人: 1)大气中温室气体含量增加导致地球温度上升 2)森林和河流大量消失,导致洪水、干旱
发生
```

可以发现模型回答的结果并不完整,也就是为训练的模型返回的内容不知道什么时候结束了,而且内容本身准确率也较低。

注意:由于生成式语言模型是开放的,很难用一般的评估函数来进行评估,所以这里通过查看训练过程中的 loss 来判断模型是否能够收敛,最后使用开放的问题来进行预测,以此检验模型的效果。

4. 创建训练参数

批次大小决定了每次更新模型参数时用到的样本数量。较大的批次可以使模型更新更稳定,但需要更多的显存;较小的批次则使更新更频繁,但每次的样本数较少,可能会导致更新噪声更大。

由于生成式的模型文本长度会比较大,显存压力会比较大,所以使用较小的 batch 来进行训练,但是为了能够获得更好的训练效果使用梯度累加来实现增大 batch 的效果,代码如下:

```
args = TrainingArguments(
    output_dir="./models_for_chatbot",
    per_device_train_batch_size=4,
    gradient_accumulation_steps=8,    #每4步累计一次
    per_device_eval_batch_size=32,
    logging_steps=20,
    num_train_epochs=1,
    report_to=['TensorBoard'],
)
```

gradient_accumulation_steps=8,梯度累积步数,表示模型每经过 8 个小批次(例如每个批次大小为 4)才会进行一次梯度更新。这相当于先在内存中累积 8 个小批次的梯度,再统一进行一次参数更新。这意味着虽然每次只处理 4 个样本,但通过累积 8 次,实际效果等同于批次大小为 32 的训练。这种做法的好处是可以在较小的显存下进行大批次的训练,有助于提升模型性能,特别是在深度学习中,大批次训练往往能让模型收敛得更好。

5. 创建训练参数并训练

创建训练参数并训练,代码如下:

```
trainer = Trainer(
    model=model,
    args=args,
    train_dataset=tokenized_ds["train"],
    eval_dataset=tokenized_ds["test"],
    data_collator=DataCollatorForSeq2Seq(tokenizer=tokenizer, padding=True)
)
trainer.train()
```

训练结果如下:

```
TrainOutput(global_step=319, training_loss=0.5789685652921193, metrics={'train_
runtime': 1082.6113, 'train_samples_per_second': 9.45, 'train_steps_per_second':
0.295, 'total_flos': 5611659152326656.0, 'train_loss': 0.5789685652921193, 'epoch':
0.9976544175136826})
```

经过一个 epoch 训练的平均 loss 为 0.579,loss 的变化如图 5-12 所示。

6. 预测

在训练完成后,可以使用之前设定的问题来测试生成式对话机器人的预测效果,代码

train/loss

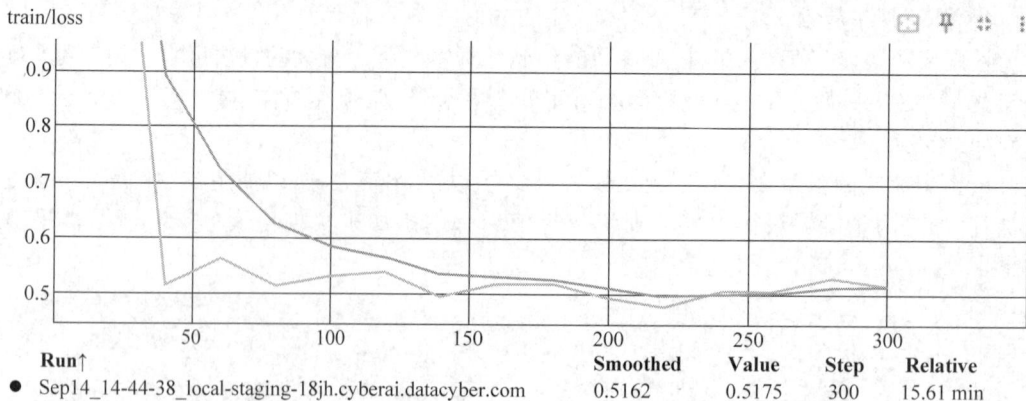

Run↑	Smoothed	Value	Step	Relative
● Sep14_14-44-38_local-staging-18jh.cyberai.datacyber.com	0.5162	0.5175	300	15.61 min

图 5-12　生成式对话机器人的训练过程

如下：

```
pipe = pipeline("text-generation", model=model, tokenizer=tokenizer, device=0)
input= "用户: {}\n{}".format("解释气候变化对环境的两方面影响", "").strip() + "\n\n
机器人: "
re = pipe(input, max_length=256, do_sample=True, )[0]["generated_text"]
```

预测结果如下：

```
print(re)
```

用户：解释气候变化对环境的两方面影响
机器人：1.温度升高影响生物多样性。随着温度升高,海平面上升,海洋动物的栖息地正在减少。
2.可能有海平面上升,导致沿海地区被洪水淹没,或极端天气,导致农作物或树木受到破坏的损失。

输出数据集中的原始数据并进行对比,原始数据如下：

```
print(ds['train'][5]["output"])
```
气候变化对环境有几方面影响,其中一方面影响是全球平均气温上升,导致冰川融化、极端天气事
件和海平面上升。另一方面影响是由极端天气条件和升温引起的自然栖息地破坏导致的生物多样
性减少。

可以看到模型生成的回答是合理的,并且与气候变化的主流影响基本一致。生成的回
答通过编号和段落分明的方式呈现,比原始数据更具条理性,增强了可读性。模型能在正确
的地方结束生成,避免了过度生成,表明对回答的把控较为精准。

5.4　模型高效微调

随着语言模型的参数数量不断增加,传统的微调方法变得越来越不切实际,例如,在
2018 年 BERT Large 模型拥有约 3.5 亿个参数,但到 2022 年,公开的模型参数数量已经增
长到 1760 亿个(例如 GPT-3 等),甚至有些研究中的模型参数超过 1 万亿个。随着模型的

规模快速增长,显存等计算资源并没有以相同的速度提升,因此全量微调这些超大规模模型会消耗巨大的内存、计算资源和时间成本,甚至在单一GPU上变得不可行。就目前而言,传统微调主要面临以下几方面的挑战。

(1)内存限制:微调一个大型模型需要加载所有参数,而单个GPU的内存增长速度远低于模型参数的增长速度。微调时,不仅需要存储模型的权重,还需要额外的内存来存储梯度、优化器状态等。

(2)计算成本高:完全微调所有参数会导致大量的计算需求,特别是在需要反向传播和计算梯度的过程中。

(3)低效性:在很多应用中,微调大多数参数并非必要,部分参数可能对任务性能的提升作用较小,因此仅微调与特定任务相关的参数,既可节省资源又可提升效率。

为了应对这些挑战,提出了PEFT方法。这类方法的核心思想是,仅微调模型的一小部分参数,从而显著地减少计算和内存需求。通过只更新少量参数,既能保持模型的表现,也能提高训练效率。

5.4.1 微调原理介绍

参数高效微调(Parameter-Efficient Fine-Tuning,PEFT)是一类用于微调大型预训练模型的方法,其核心思想是只更新模型中的一小部分参数,而不是对整个模型进行微调。这种方法旨在解决大规模模型微调中出现的计算资源和内存占用过大等问题,同时保持模型在特定任务中的高性能。

1. PEFT 的主要特征

PEFT作为一种新兴的模型优化策略,其独特之处在于能够在保持模型性能的同时,大幅降低微调过程中的计算和存储需求。

(1)参数效率高:与全量微调相比,PEFT方法只更新模型的一部分参数,因此大幅度地减少了需要更新的参数量。这不仅降低了内存需求,还减少了梯度计算和优化器状态的存储负担。

(2)资源友好:由于只需更新少量参数,PEFT方法可以在有限的资源(例如单GPU)下运行,从而使大型预训练模型在资源有限的环境中也能进行微调。

(3)模型性能保留:尽管只更新少部分参数,PEFT方法通常能够接近或达到全量微调的性能水平,尤其是在处理下游任务时。

2. PEFT 的分类

PEFT的分类涵盖了选择性方法、加性方法和重参数化方法,每种方法都有其独特的实现方式和优势。

(1)选择性方法(Selective Methods):只微调模型中的某些参数或层,例如,BitFit方法只微调模型的偏置项,而保持所有权重不变,在5.4.2节会重点介绍Freeze方法。

(2)加性方法(Additive Methods):在预训练模型中新增参数或层,并只微调这些新增的部分。本章会重点介绍其中的Soft Prompts,包括Prompt-Tuning、Prefixt-Tuning和

P-Tuning 等方法。

（3）重参数化方法（Reparametrization Methods）：通过对模型的权重矩阵进行低秩分解等方式，减少需要更新的参数数量，例如，LoRa 方法通过矩阵分解来减少模型的参数更新量。

3. PEFT 的应用场景

PEFT 的应用场景展示了其在实际应用中的多样性和实用性，无论是下游任务微调、资源有限的环境，还是多任务学习，PEFT 都能发挥其独特的优势。

（1）下游任务微调：当需要将预训练模型应用到特定任务（例如文本分类、情感分析）时，PEFT 方法能够降低微调的成本。

（2）资源有限的环境：在 GPU 资源受限的情况下（例如单 GPU 或内存较小的设备），PEFT 方法可以实现大规模模型的高效微调。

（3）多任务学习：PEFT 方法还适合在多任务学习中只为每项任务更新特定的小部分参数，避免大规模重复训练。

通过 PEFT 方法，研究者可以有效地微调大规模预训练模型，使这些模型更好地适应特定任务，同时显著降低资源消耗。本章主要选取最有代表性的微调方法进行原理和实践的讲解。

5.4.2　Freeze 微调原理及实践

选择性方法是参数高效微调中的一种策略，旨在只微调预训练模型中部分特定的参数，而保持大部分参数冻结不变，从而降低微调的计算成本和内存需求。与全量微调不同，选择性方法只需更新部分参数，使训练变得更加轻量。

选择性方法的目标是通过选择关键参数进行更新来最大限度地提高训练效率，减少内存占用，同时保持模型的性能。它特别适合在资源有限的环境中微调大规模预训练模型，例如单 GPU 或内存较小的设备。常见的选择性方法主要有下面几种。

（1）DiffPruning 是一种选择性微调方法，其目标是通过将模型参数的变化量进行稀疏化来减少需要更新的参数量。在微调时，DiffPruning 对参数的变化进行限制，确保只有部分参数发生显著变化，而大多数参数保持不变。这种方法使微调后的模型能够保持与预训练模型类似的表现，但只需更新少量参数。

（2）BitFit 只微调模型中的偏置项（bias），而冻结所有其他的权重参数。这种方法的核心假设是，模型的偏置项足以在大部分下游任务中提供足够的灵活性，因而不需要对整个权重矩阵进行更新。

（3）Freeze and Reconfigure（FAR）是一种结合了冻结和重新配置的选择性微调方法。在 FAR 方法中，模型的大部分层被冻结，但会对某些层进行重新配置或微调，使这些层能够适应下游任务。

（4）FishMask 是一种基于参数重要性的选择性微调方法。它利用 Fisher 信息矩阵来评估参数的重要性，并根据重要性选择性地更新参数。Fisher 信息矩阵可以帮助判断哪些参数在模型预测中发挥了重要作用,从而通过选择性更新这些关键参数来提高效率。

本节重点讲解 Freeze 方法,即冻结大部分模型层或参数,仅微调与下游任务高度相关的部分,例如输出层或最后几层,其核心思想是保持预训练模型中学到的通用特征,只对特定任务相关的部分进行调整。

在代码实践中,以 5.3.7 节的生成式对话机器人任务代码为基础,进行 Freeze 微调的对比实验。以下仅展示新的代码部分。

1. 查看模型的总参数量

选用的 Qwen2-0.5B 模型的总参数量为 494.03M,加载模型,代码如下:

```
model_path = "./models/qwen/Qwen2-0.5B"
model = AutoModelForCausalLM.from_pretrained(model_path)
#计算模型的总参数量
total_params = sum(param.numel() for param in model.parameters())
```

模型的总参数量是 494.03M,结果如下:

```
print(f"Model size: {total_params / 1e6:.2f}M parameters")    #将总参数量转换为百万单位
Model size: 494.03M parameters
```

打印全部参数,代码如下:

```
for name, param in model.named_parameters():
    print(name)
model.embed_tokens.weight
model.layers.0.self_attn.q_proj.weight
model.layers.0.self_attn.q_proj.bias
model.layers.0.self_attn.k_proj.weight
model.layers.0.self_attn.k_proj.bias
model.layers.0.self_attn.v_proj.weight
model.layers.0.self_attn.v_proj.bias
model.layers.0.self_attn.o_proj.weight
model.layers.0.mlp.gate_proj.weight
model.layers.0.mlp.up_proj.weight
model.layers.0.mlp.down_proj.weight
model.layers.0.input_layernorm.weight
model.layers.0.post_attention_layernorm.weight
...
model.layers.23.post_attention_layernorm.weight
model.norm.weight
```

模型一共有 24 层(0~23),每层包含多个子模块,例如自注意力模块 self_attn、多层感知机模块 mlp 和层归一化模块 layernorm。

2. 选择训练参数

将冻结前面 0~22 层的参数,只解冻最后一层和 norm 层进行微调,代码如下:

```
num_trainable_params = 0                              #用于统计参与训练的参数数量
#解冻模型的最后一层和 norm 层的参数
for name, param in model.named_parameters():
    if "layers.23" in name or "norm" in name:        #解冻最后一层和 norm 层
        param.requires_grad = True                    #解冻这些层的参数
        num_trainable_params += param.numel()         #统计可训练的参数数量
    else:
        param.requires_grad = False                   #冻结其他所有层的参数
```

输出参与训练的参数数量和总参数数量,代码和结果如下:

```
print(f"Number of trainable parameters (last layer and norm): {num_trainable_
params/ 1e6:.2f}M parameters")
print(f"Trainable parameter ratio: {num_trainable_params / total_params:.6f}")
Number of trainable parameters (last layer and norm): 14.95M parameters
Trainable parameter ratio: 0.030270
```

参与训练的参数仅为 14.95M,占总参数量的约 3%。

3. 开始训练

为了做一个对比在进行冻结前先训练一次,在没有冻结参数前显存使用量为 15.3GB,其训练结果如下:

```
TrainOutput(global_step=319, training_loss=0.5789751871999902, metrics={'train_
runtime': 1037.6937, 'train_samples_per_second': 9.859, 'train_steps_per_second':
0.307, 'total_flos': 5611659152326656.0, 'train_loss': 0.5789751871999902,
'epoch': 0.9976544175136826})
```

冻结参数后其显存使用量是 9.7GB,训练的效果如下:

```
TrainOutput(global_step=319, training_loss=0.6290515343597316, metrics={'train_
runtime': 740.5524, 'train_samples_per_second': 13.815, 'train_steps_per_second':
0.431, 'total_flos': 5611659152326656.0, 'train_loss': 0.6290515343597316,
'epoch': 0.9976544175136826})
```

两次训练的参数与 5.3.7 节保持一致,训练的显卡为 4060,在不同的显卡上显存会有差异。从结果来看,冻结参数后,显存使用量减少了 6GB 左右,训练时间也缩短了 300s,但训练损失比全量微调略高一些(0.629 vs 0.579)。虽然冻结了大部分参数,但模型仍然能够在减少计算资源的前提下保持较好的性能。说明通过 Freeze 方法,在大幅减少计算资源的同时,可以保持相对良好的训练效果。

5.4.3 Prompt-Tuning 微调原理及实践

Prompt Tuning 方法是一种 Additive 高效参数微调方法,来自论文"The Power of Scale for Parameter-Efficient Prompt Tuning"。该方法的核心思想是通过引入软提示(Soft Prompt),调整预训练大型语言模型的输入提示以完成下游任务,同时保持模型参数不变。提示作为额外的输入,结合原始任务的输入序列,作用于模型的前馈计算中。Prompt Tuning 通过优化提示的嵌入表示,使预训练模型能够适应特定任务场景,如图 5-13 所示。

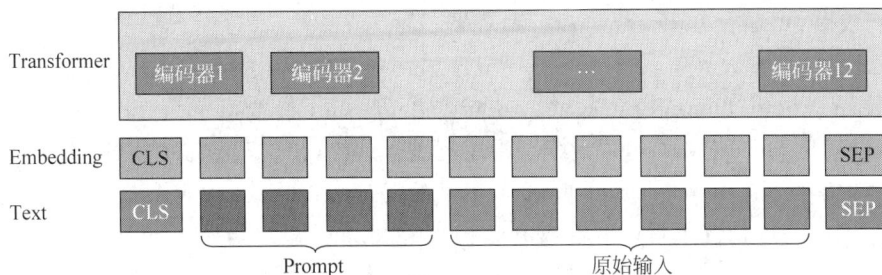

图 5-13　Prompt Tuning 原理

图 5-13 中黄色部分表示原始输入序列,在传统模型训练中,这些输入序列会通过嵌入层转换为向量表示,并输入模型进行处理,而蓝色部分代表 Prompt,这是可训练的提示。它作为附加输入,放置在原始输入序列之前,起到了引导模型理解下游任务的作用。Prompt 的嵌入向量是通过反向传播机制学习到的,而原始输入的嵌入保持不变。

通过 Prompt Tuning 方法,Prompt 部分(蓝色)作为一种引导机制,作用于 Transformer 模型的编码器输入层,能够让模型在不修改核心参数的情况下,适应不同任务的需求。

1. Prompt Tuning 的优势与实现

在深入探讨 Prompt Tuning 的具体实现之前,先来认识一下这项技术的显著优势。

(1)参数高效性:与传统的微调方式不同,Prompt Tuning 仅调整提示的嵌入表示,而不改变模型本身的参数。与对整个模型进行微调相比,这种方法极大地降低了计算和存储成本,特别适合处理大规模预训练模型。

(2)多任务能力:通过对不同任务学习不同的提示,单个预训练模型可以同时应对多项任务,无须为每项任务单独创建模型副本。

在 Prompt Tuning 中,提示可以分为两种形式,硬提示(Hard Prompt)和软提示。硬提示使用自然语言作为提示词来引导模型,通常需要人工设计固定模板,而软提示则是一种可训练的嵌入表示,通过直接在嵌入空间中操作提示,并通过训练学习到最佳提示向量。它们的主要区别如表 5-1 所示。

表 5-1　硬提示与软提示的对比

特性	硬　提　示	软　提　示
形式	自然语言	嵌入向量
设计难度	需要人工设计	自动通过训练学习
可训练性	不可训练,固定输入	可训练,通过反向传播优化
解释性	容易解释,基于自然语言	难以解释,基于嵌入向量
灵活性	灵活性差,依赖于任务描述的设计	灵活性强,可根据任务动态调整
性能	受限于提示设计的质量	性能较优,尤其是在大规模模型和复杂任务中
适用场景	少样本学习、初步调试	大规模模型微调、多任务场景

2. Hard Prompt 代码实践

首先对 Hard Prompt 进行实现,使用开源的 peft 库,第 1 次使用时需要通过 pip install 命令进行安装。

1) 配置模型参数

先导入 PromptTuningConfig,将 prompt_tuning_init 参数指定为 TEXT,然后输入一段文本,也就是 Hard Prompt,以此来引导模型进行训练,相当于给定模型的"提示",帮助模型更好地理解任务。num_virtual_tokens 指定的是 token 的数量,即模型前面会添加多少个提示 token,一般情况下可以取输入 text 内容的 token 数量,如果 num_virtual_tokens 小于 text 内容的 token 数量就会根据 num_virtual_tokens 截断,所以可以直接设定 num_virtual_tokens=len(tokenizer("根据用户和机器人的对话,学习生成文本")["input_ids"]),或者可以设置一个明显大于 text 内容的值。因为输入的 prompt 也需要进行分词,所以还需要传入分词器的地址,代码如下:

```
from peft import PromptTuningConfig, get_peft_model, TaskType, PromptTuningInit

#Hard Prompt
config = PromptTuningConfig(task_type=TaskType.CAUSAL_LM,
                           prompt_tuning_init=PromptTuningInit.TEXT,
                           prompt_tuning_init_text="根据用户和机器人的对话,学习生
成文本",
                           num_virtual_tokens=20,
                           tokenizer_name_or_path=model_path)
```

参数配置,详情如下:

```
Config

PromptTuningConfig(peft_type=<PeftType.PROMPT_TUNING: 'PROMPT_TUNING'>, auto_
mapping=None, base_model_name_or_path=None, revision=None, task_type=<TaskType.
CAUSAL_LM: 'CAUSAL_LM'>, inference_mode=False, num_virtual_tokens=20, token_dim=
None, num_transformer_submodules=None, num_attention_heads=None, num_layers=
None, prompt_tuning_init=<PromptTuningInit.TEXT: 'TEXT'>, prompt_tuning_init_
text='根据用户和机器人的对话,学习生成文本', tokenizer_name_or_path='./models/
qwen/Qwen2-0.5B', tokenizer_kwargs=None)
```

打印 Config,可以查看当前的参数配置内容。

2) 查看模型参数

打印 model.prompt_encoder 来查看模型需要训练的参数部分,可以看到需要训练的参数就是前面设定的 num_virtual_tokens * embedding 维度,代码如下:

```
model = get_peft_model(model, config)
model.prompt_encoder
```

训练部分的参数如下:

```
ModuleDict(
  (default): PromptEmbedding(
    (embedding): Embedding(20, 896)
  )
)
```

3）查看参数量

PEFT 中可以直接打印训练参数：

```
model.print_trainable_parameters()
trainable params: 17,920 || all params: 494,050,688 || trainable%: 0.0036
```

需要训练的参数只有 17 920 个，只占全部参数的 0.0036%。

4）训练结果

训练参数配置保持跟 5.4.2 节一致，loss 收敛结果如图 5-14 所示。

train/loss

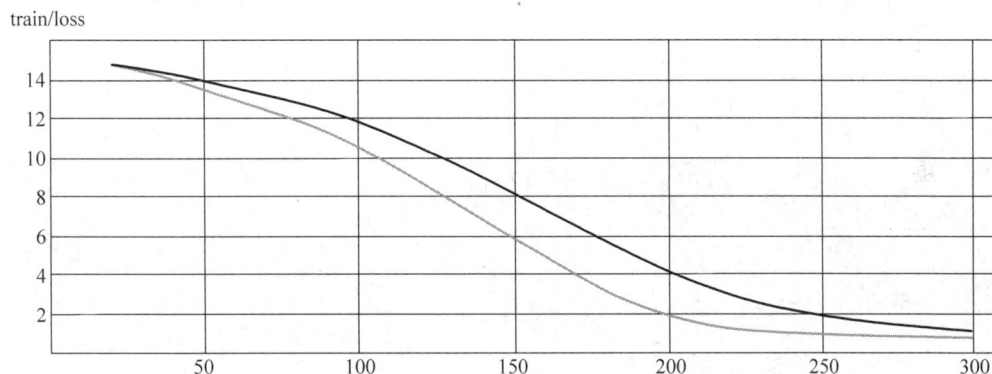

图 5-14　Prompt Tuning-hard 训练 loss 值

loss 值一开始非常高，经过一个 epoch 后模型的损失从最初的 14.8154 下降到最后的 0.8071，表明模型正在逐渐学习，并且逐渐收敛，最终的训练结果如下：

```
TrainOutput(global_step=319, training_loss=5.99368075367799, metrics={'train_
runtime': 814.68, 'train_samples_per_second': 12.558, 'train_steps_per_second':
0.392, 'total_flos': 5611659152326656.0, 'train_loss': 5.99368075367799, 'epoch':
0.9976544175136826})
```

训练性能中每秒处理约 12.558 个样本和 0.392 步，整体训练时间约 14min。整个训练过程的平均损失是 5.9937，显存占用为 9.4GB。

3. Soft Prompt 代码实践

参考 Hard Prompt 代码来实现 Soft Prompt 的实践过程。

1）配置模型参数

Soft Prompt 配置会简单一些，直接输入 num_virtual_tokens 的值即可开始训练，为了后面做对比统一设置为 20，代码如下：

```
from peft import PromptTuningConfig, get_peft_model, TaskType, PromptTuningInit

#Soft Prompt
config = PromptTuningConfig(task_type=TaskType.CAUSAL_LM, num_virtual_tokens=20)
```

模型参数配置如下：

```
config

PromptTuningConfig(peft_type=<PeftType.PROMPT_TUNING: 'PROMPT_TUNING'>, auto_
mapping=None, base_model_name_or_path=None, revision=None, task_type=<TaskType.
CAUSAL_LM: 'CAUSAL_LM'>, inference_mode=False, num_virtual_tokens=20, token_dim=
None, num_transformer_submodules=None, num_attention_heads=None, num_layers=
None, prompt_tuning_init=<PromptTuningInit.RANDOM: 'RANDOM'>, prompt_tuning_
init_text=None, tokenizer_name_or_path=None, tokenizer_kwargs=None)
```

从打印的参数可以看到，prompt_tuning_init 默认会设置成 RANDOM，也就是非人工指定，而是随机生成的。

2）查看模型参数

训练参数与 Hard Prompt 一致，代码如下：

```
model = get_peft_model(model, config)
model.prompt_encoder
ModuleDict(
  (default): PromptEmbedding(
    (embedding): Embedding(20, 896)
  )
)
```

3）查看参数量

参数量与 Hard Prompt 一致，代码如下：

```
model.print_trainable_parameters()
trainable params: 17,920 || all params: 494,050,688 || trainable%: 0.0036
```

4）训练结果

loss 训练结果如图 5-15 所示。

与图 5-13 对比可以发现其开始的 loss 值要小于 Hard Prompt，但是其收敛速度比较慢，经过一个 epoch 模型的损失从最初的 8.1544 下降到最后的 5.7939，表明模型 loss 虽然在下降，但是还没有达到收敛，输出的结果如下：

```
TrainOutput(global_step=319, training_loss=6.355526747748396, metrics={'train_
runtime': 803.4168, 'train_samples_per_second': 12.734, 'train_steps_per_second':
0.397, 'train_loss': 6.355526747748396, 'epoch': 1.0})
```

训练性能中每秒处理约 12.734 个样本和 0.397 步，整体训练时间约 13min。整个训练

train/loss

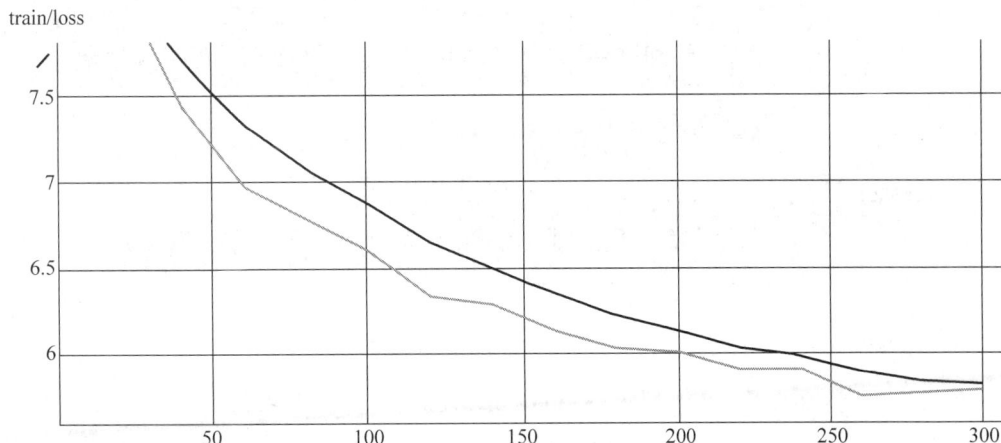

图 5-15 Prompt Tuning-soft 训练 loss 值

过程的平均损失是 5.9937。显存占用为 9.9GB,与 Hard Prompt 基本持平。

Hard Prompt 是通过固定的自然语言提示实现的。这意味着 Hard Prompt 有更强的先验信息,并且搜索空间较小,模型在训练时的自由度有限。尽管这种限制性较大,但它也减少了模型在高维空间中搜索最优解的复杂度,使 Hard Prompt 更容易收敛。也就是说 Hard Prompt 的提示是由人工设计的,虽然固定且灵活性不强,但其自然语言提示很可能提供了一个合理的起点,从而引导模型更快地找到收敛点。

硬提示虽然限制性较大,但由于使用了自然语言的固定提示,具有较强的先验信息,因此能够更快地引导模型收敛,而软提示通过优化嵌入表示,使其更灵活,但在训练中可能需要更长时间才能达到最佳性能。通过训练性能对比显示,硬提示的初始损失较大,但可以更快收敛,而软提示初始损失较低,但收敛速度较慢,两者的最终效果取决于具体任务需求和模型的应用场景。

5.4.4 Prefix Tuning 微调原理及实践

Prefix Tuning 是一种轻量级的模型微调方法,首次在 2021 年的论文"Prefix-Tuning: Optimizing Continuous Prompts for Generation"中提出,其目的是降低大规模语言模型微调的计算和存储成本。传统的微调方法通常需要调整整个模型的参数,对于如 GPT、BERT 这样的预训练模型来讲,微调整个模型非常昂贵,而 Prefix Tuning 则通过仅对模型输入的前缀部分进行优化,避免了对整个模型的参数进行修改。

Prefix Tuning 的核心思想是在预训练模型的每层输入处添加一段可学习的前缀,如图 5-16 所示。这些前缀与原始任务数据无关,它们作为额外的参数被优化以更好地适应特定的下游任务。与此不同的是,模型的主体部分保持冻结状态(不更新权重),因此训练时只需优化前缀部分的参数。

(1)冻结预训练模型:保持预训练模型的所有参数不变,只对前缀部分的参数进行更新。

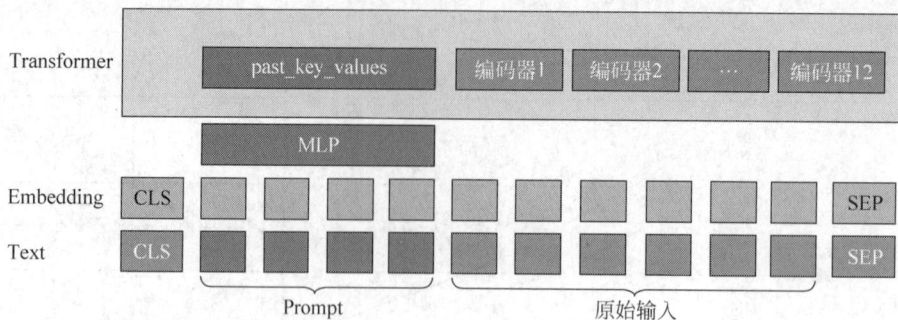

图 5-16　Prefix Tuning 原理

（2）插入可学习前缀：在模型的每层输入部分插入一个可学习的前缀。前缀参数通过反向传播学习，以优化模型在特定任务中的表现。

（3）前向传播：在前向传播时，前缀和输入数据一起通过模型层。前缀参数通过调整影响下游任务的输出，而不改变预训练模型的内部结构。

（4）训练过程：与传统微调类似，使用任务数据和目标函数训练这些前缀，使其在特定任务上表现优异。

1. 配置模型参数

为了后面方便对比，将 num_virtual_tokens 都设置为 20，代码如下：

```
from peft import PrefixTuningConfig, get_peft_model, TaskType

config = PrefixTuningConfig(task_type=TaskType.CAUSAL_LM, num_virtual_tokens=
20, prefix_projection=True)
```

模型参数配置如下：

```
Config
PrefixTuningConfig(peft_type=<PeftType.PREFIX_TUNING: 'PREFIX_TUNING'>, auto_
mapping=None, base_model_name_or_path=None, revision=None, task_type=<TaskType.
CAUSAL_LM: 'CAUSAL_LM'>, inference_mode=False, num_virtual_tokens=20, token_dim=
None, num_transformer_submodules=None, num_attention_heads=None, num_layers=
None, encoder_hidden_size=None, prefix_projection=True)
```

2. 查看参数配置

查看模型的基本参数配置，代码如下：

```
model = get_peft_model(model, config)
model.prompt_encoder
ModuleDict(
  (default): PrefixEncoder(
    (embedding): Embedding(20, 128)
    (transform): Sequential(
      (0): Linear(in_features=128, out_features=128, bias=True)
```

```
        (1): Tanh()
        (2): Linear(in_features=128, out_features=6144, bias=True)
      )
    )
  )
```

（1）Embedding(20，128)：这是一个嵌入层，将 20 个虚拟 token 映射到 128 维的向量空间。这表示每个虚拟 token 被表示为 128 维向量。

（2）Sequential 模型：前缀投影的非线性转换部分，投影层由两个线性层和一个 tanh 激活函数组成，这些层用于增强前缀的表示能力，使模型能够更好地理解前缀并调整其行为。

3．查看参数量

参数配置量如下：

```
model.print_trainable_parameters()
trainable params: 811,648 || all params: 494,844,416 || trainable%: 0.1640
```

可以发现 Prefix Tuning 的参数量要比 Prompt Tuning 的参数量大很多。

4．训练结果

Prefix Tuning 的 loss 变化如图 5-17 所示。

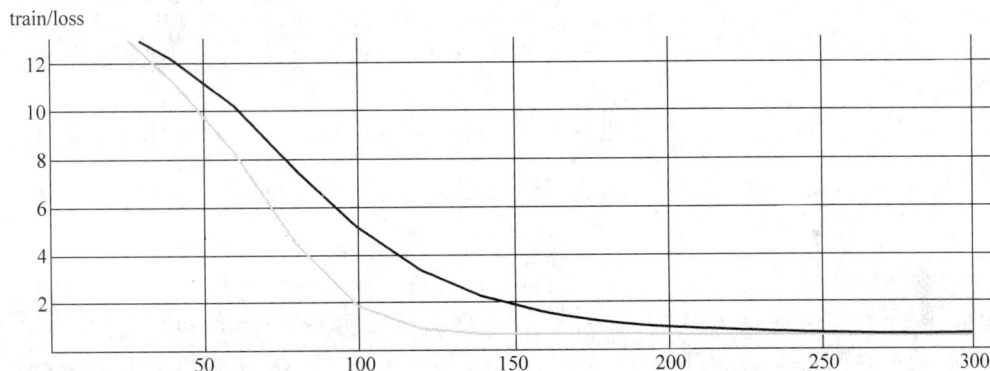

图 5-17　Prefix Tuning 训练 loss 值

Prefix Tuning 的损失变化从 13.6959 逐渐下降到 0.5848，并最终接近收敛，最终训练结果如下：

```
TrainOutput(global_step=319, training_loss=2.907134692870711, metrics={'train_
runtime': 722.881, 'train_samples_per_second': 14.153, 'train_steps_per_second':
0.441, 'train_loss': 2.907134692870711, 'epoch': 1.0})
```

一个 epoch 训练用时约 12min，最后的平均损失值为 2.9，消耗显存为 9.4GB。

5.4.5 P-Tuning 微调原理及实践

1. P-Tuning

P-Tuning 是一种通过连续提示(Continuous Prompts)微调预训练语言模型的技术,主要应用于提升大规模生成语言模型(例如 GPT)在自然语言理解任务中的表现。该方法最早由清华大学研究团队于 2021 年 3 月在论文"GPT Understands, Too"中提出。

P-Tuning 的关键创新是使用可训练的连续提示嵌入 Prompt Embeddings,而不是依赖人工设计的离散提示来引导预训练模型。

传统的离散提示依赖人工设计,提示的效果容易受到具体词语或句子的影响。P-Tuning 通过引入连续的嵌入向量,使用训练来自动适应不同的任务需求。

与 Soft Prompt 对比,P-Tuning 将 Prompt 转换为可训练的嵌入层,并通过 MLP 或 LSTM 对 Prompt Embedding 进行进一步处理,如图 5-18 所示。

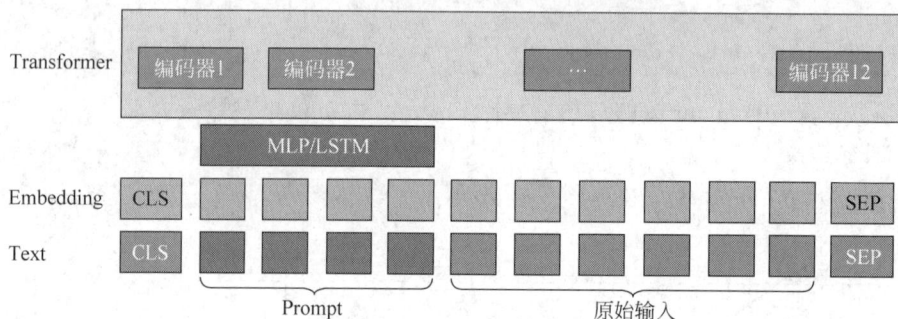

图 5-18　P_Tuning 原理

与 Prefix Tuning 对比,P-Tuning 仅限于在输入层添加提示,没有在模型的每层都添加虚拟 token。

2. P_Tuning v2

2021 年 10 月,清华大学研究团队在论文"P-Tuning v2: Prompt Tuning Can Be Comparable to Fine-tuning Universally Across Scales and Tasks"中提出了 P-Tuning v2。该方法对 Prefix Tuning 进行了优化,主要移除了重参数化的编码器。在 Prefix Tuning 的训练过程中,取消了 MLP,提示嵌入直接传递到 Transformer 模块,如图 5-19 所示。

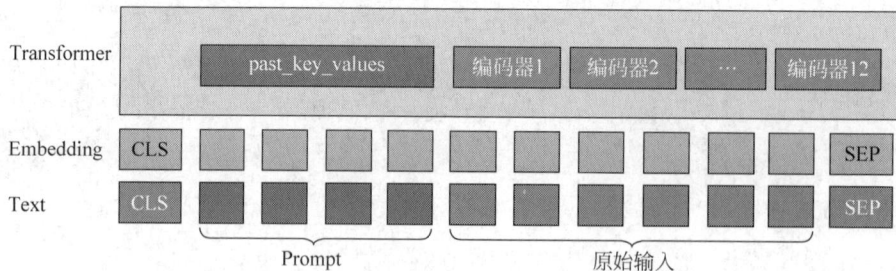

图 5-19　P_Tuning v2 原理

P-Tuning v2 与 Prefix Tuning 的主要区别在于是否在嵌入层后加入 MLP。可以在 PEFT 库的源码中看到这一差异，具体路径为 peft/tuners/prefix_tuning/model. py，通过设置参数 prefix_projection 来控制，代码如下：

```python
#peft/tuners/prefix_tuning/model.py
class PrefixEncoder(torch.nn.Module):
    def __init__(self, config):
        super().__init__()
        self.prefix_projection = config.prefix_projection
        token_dim = config.token_dim
        num_layers = config.num_layers
        encoder_hidden_size = config.encoder_hidden_size
        num_virtual_tokens = config.num_virtual_tokens
        if self.prefix_projection and not config.inference_mode:
            #Use a two-layer MLP to encode the prefix
            self.embedding = torch.nn.Embedding(num_virtual_tokens, token_dim)
            self.transform = torch.nn.Sequential(
                torch.nn.Linear(token_dim, encoder_hidden_size),
                torch.nn.Tanh(),
                torch.nn.Linear(encoder_hidden_size, num_layers * 2 * token_dim),
            )
        else:  # P-Tuning v2
            self.embedding = torch.nn.Embedding(num_virtual_tokens, num_layers *
2 * token_dim)

    def forward(self, prefix: torch.Tensor):
        if self.prefix_projection:
            prefix_tokens = self.embedding(prefix)
            past_key_values = self.transform(prefix_tokens)
        else:
            past_key_values = self.embedding(prefix)
        return past_key_values
```

3. 代码实践 P-Tuning

首先来看一下 P-Tuning 的代码实践。

1）配置模型参数

通过 PromptEncoderConfig 来配置模型参数，并使用 MLP 作为重参数化方式，代码如下：

```python
from peft import PromptEncoderConfig, TaskType, get_peft_model,
PromptEncoderReparameterizationType

config = PromptEncoderConfig(task_type=TaskType.CAUSAL_LM, num_virtual_tokens=20,
encoder_reparameterization_type=PromptEncoderReparameterizationType.MLP,
                            #encoder_hidden_size=1024
                            )
Config
```

```
PromptEncoderConfig(peft_type=<PeftType.P_TUNING: 'P_TUNING'>, auto_mapping=
None, base_model_name_or_path=None, revision=None, task_type=<TaskType.CAUSAL_
LM: 'CAUSAL_LM'>, inference_mode=False, num_virtual_tokens=20, token_dim=None,
num_transformer_submodules=None, num_attention_heads=None, num_layers=None,
encoder_reparameterization_type=<PromptEncoderReparameterizationType.MLP:
'MLP'>, encoder_hidden_size=None, encoder_num_layers=2, encoder_dropout=0.0)
```

其他的可调参数还有 encoder_hidden_size、encoder_num_layers 和 encoder_dropout，可以根据实际任务进行选择。

2) 查看模型参数

查看参数配置，代码如下：

```
model = get_peft_model(model, config)
model.prompt_encoder
```

模型可训练参数如下：

```
ModuleDict(
  (default): PromptEncoder(
    (embedding): Embedding(20, 896)
    (mlp_head): Sequential(
      (0): Linear(in_features=896, out_features=896, bias=True)
      (1): ReLU()
      (2): Linear(in_features=896, out_features=896, bias=True)
      (3): ReLU()
      (4): Linear(in_features=896, out_features=896, bias=True)
    )
  )
)
```

提示编码器包含嵌入层，用于将提示 token 映射为高维向量，随后通过多层感知机进一步地进行处理，增强表达能力。

3) 查看参数量

模型参数量如下：

```
model.print_trainable_parameters()
trainable params: 2,429,056 || all params: 496,461,824 || trainable%: 0.4893
```

可训练参数量为 2 429 056，占总参数量的 0.4893%。

4) LSTM

将 MLP 替换为 LSTM，并查看其结构和训练参数量，代码如下：

```
from peft import PromptEncoderConfig, TaskType, get_peft_model,
PromptEncoderReparameterizationType
model = AutoModelForCausalLM.from_pretrained(model_path)
config = PromptEncoderConfig(task_type=TaskType.CAUSAL_LM, num_virtual_tokens=20,
```

```
encoder_reparameterization_type=PromptEncoder- ReparameterizationType.LSTM,
                            #encoder_dropout=0.1,
                            #encoder_num_layers=2,
                            #encoder_hidden_size=1024
                            )
model = get_peft_model(model, config)
model.prompt_encoder
```

可训练参数结构如下：

```
ModuleDict(
  (default): PromptEncoder(
    (embedding): Embedding(20, 896)
    (lstm_head): LSTM(896, 896, num_layers=2, batch_first=True, bidirectional=True)
    (mlp_head): Sequential(
      (0): Linear(in_features=1792, out_features=1792, bias=True)
      (1): ReLU()
      (2): Linear(in_features=1792, out_features=896, bias=True)
    )
  )
)
```

使用 LSTM 进行重参数化，提示编码器由嵌入层、LSTM 头部和 MLP 头部组成。LSTM 使提示嵌入能够捕捉序列信息，适合处理时间序列任务。

模型参数量如下：

```
model.print_trainable_parameters()
trainable params: 36,978,816 || all params: 531,011,584 || trainable%: 6.9638
```

使用 LSTM 后，训练参数量显著增加。

5）训练结果

使用 MLP 来进行训练，其 loss 值变化如图 5-20 所示。

train/loss

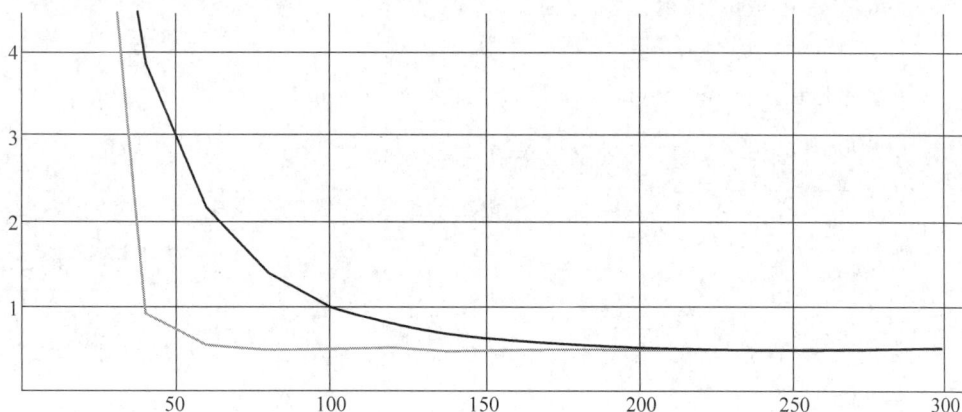

图 5-20　P-Tuning 训练 loss 值

P-Tuning 的损失变化从 8.8246 逐渐下降到 0.5171,并最终接近收敛。和 Soft Prompt 相比加入一个 MLP 后可训练参数量从 0.0036% 提升到 5%,但是其 loss 值却更快地收敛,随意在软提示的微调中加入 MLP 重参数对嵌入向量进一步地进行处理,可以更好地增加模型的学习能力。

最终的训练结果如下:

```
TrainOutput(global_step=319, training_loss=1.0470892538471281, metrics={'train_
runtime': 803.2152, 'train_samples_per_second': 12.738, 'train_steps_per_second':
0.397, 'train_loss': 1.0470892538471281, 'epoch': 1.0})
```

在性能方面,总耗时为 13min 左右,平均训练损失值为 1.047,显存占用为 9.6GB。

4. 代码实践 P-Tuning v2

下面来看一下 P-Tuning v2 的代码实践。

1) 配置模型参数

相比 Prefix Tuning 只需将参数 prefix_projection 设置为 False,代码如下:

```
from peft import PrefixTuningConfig, get_peft_model, TaskType

config = PrefixTuningConfig(task_type=TaskType.CAUSAL_LM, num_virtual_tokens=
20, prefix_projection=False)
```

模型配置的参数如下:

```
config

PrefixTuningConfig(peft_type=<PeftType.PREFIX_TUNING: 'PREFIX_TUNING'>, auto_
mapping=None, base_model_name_or_path=None, revision=None, task_type=<TaskType.
CAUSAL_LM: 'CAUSAL_LM'>, inference_mode=False, num_virtual_tokens=20, token_dim=
None, num_transformer_submodules=None, num_attention_heads=None, num_layers=
None, encoder_hidden_size=None, prefix_projection=False)
```

2) 查看模型参数

去掉重参数层后 prompt_encoder 只有一个 Embedding 层,代码如下:

```
model = get_peft_model(model, config)
model.prompt_encoder
ModuleDict(
  (default): PrefixEncoder(
    (embedding): Embedding(20, 6144)
  )
)
```

3) 查看参数量

模型参数量如下:

```
model.print_trainable_parameters()
trainable params: 122,880 || all params: 494,155,648 || trainable%: 0.0249
```

其训练的参数只有 0.0249%,而 Prefix Tuning 为 0.1640%。

4）训练结果

其训练 loss 值变化如图 5-21 所示。

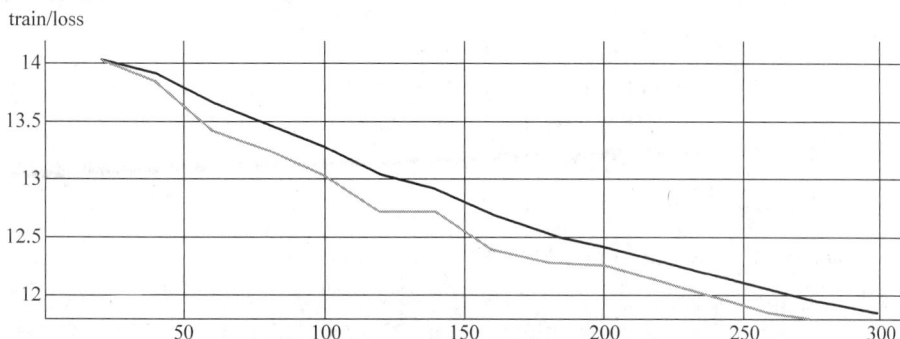

图 5-21 P-Tuning v2 训练 loss 值

经过一个 epoch 训练后,模型没有收敛,还需要增加迭代次数继续训练。

注意：P-Tuning v2 用于对 Prefix Tuning 进行优化,即在实验中发现重参数化没有起到实际的效用,移除了 MLP 重参数化的编码器,但是在对比中发现 P-Tuning v2 不加入 MLP 其收敛速度变得很差,应该与任务、场景或者不同的模型有关,在实际任务中需要多进行对比再选择。

最终的训练结果如下：

```
TrainOutput(global_step=319, training_loss=12.581915206670013, metrics={'train_
runtime': 723.8881, 'train_samples_per_second': 14.133, 'train_steps_per_second':
0.441, 'train_loss': 12.581915206670013, 'epoch': 1.0})
```

性能方面,一个 epoch 消耗了 12min,平均 loss 值为 12.58,显存消耗为 8.8GB。

5.4.6 LoRA 微调原理及实践

在现代深度学习模型中,尤其在大规模语言模型中,模型参数数量通常高达数亿甚至数十亿,然而,研究发现,这些模型通常是过参数化的,即模型所需的有效参数空间远小于其总参数量。这个有效参数空间,常被称为模型的内在维度。

内在维度指的是问题所需的核心低维结构。在许多深度学习任务中,即使模型的参数量级不同,内在维度的大小往往也变化不大。这意味着实际用于解决问题的有效参数量远小于模型的整体参数规模。由此可以得出以下两点结论。

（1）参数量的过度增加对性能提升有限：一旦找到足够表达问题的参数空间,继续增加模型的参数量对性能的提升贡献不大。

(2) 过参数化模型有压缩的空间：这种内在低秩结构为模型的高效微调提供了启发。LoRA 正是在此基础上提出的，旨在通过低秩矩阵压缩参数空间，优化微调过程中的计算与存储成本。

在传统微调方法中，模型的所有参数都会被更新，这需要大量的计算资源，并增加存储开销，特别是在跨领域或多任务场景中，而 LoRA 则通过引入低秩矩阵，冻结大部分模型的参数，仅更新少量低秩矩阵，从而实现更高效的微调。

LoRA 的核心思想是通过利用模型的低秩结构来减少模型微调时的参数更新量，以降低计算和存储的成本，尽管深度学习模型的参数数量庞大，但实际需要调整的部分往往集中在一个较小的低秩子空间，因此 LoRA 利用这种低秩结构，在保持模型性能的前提下，只更新少量参数，达到高效微调的目的。

LoRA 的算法原理是基于低秩矩阵分解，具体流程如下。

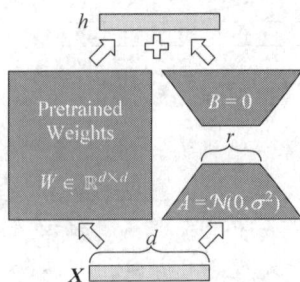

图 5-22　LoRA 权重矩阵分解

(1) 权重矩阵分解：假设预训练模型中的某个权重矩阵为 W_0，其维度为 $d\times d$。在 LoRA 中，并不直接更新 W_0，而是通过引入两个低秩矩阵 A 和 B 来对其进行修正，如图 5-22 所示。具体来讲，更新后的权重矩阵可表示为

$$W = W_0 + \Delta W \tag{5-1}$$

其中，$\Delta W = A\times B$，A 和 B 分别是维度为 $d\times r$ 和 $r\times d$ 的低秩矩阵，并且 r 远小于 d。

(2) 冻结原始参数，更新低秩矩阵：微调过程中，LoRA 冻结原始模型的权重 W_0，只更新新引入的低秩矩阵 A 和 B。这种方式可以显著地减少模型需要更新的参数数量。因为 $r\ll d$，更新的参数量会大大减少，而模型的性能不会受到显著影响.

(3) 内在维度的利用：LoRA 通过只更新低秩矩阵，利用了模型中的低维结构(内在维度)。这与前面提到的内在维度概念相契合——并不需要调整所有的参数，而只需调整足够解决任务的低秩参数。

(4) 计算效率与存储优势：由于需要更新的参数远小于整个模型的参数量，所以 LoRA 不仅减少了计算资源的需求，还在多任务或多领域应用场景中节省了存储开销。每项任务只需存储低秩矩阵 A 和 B，而无须保存整个模型的副本。

1. 配置模型参数

配置模型参数，代码如下：

```
from peft import LoraConfig, TaskType, get_peft_model

config = LoraConfig(task_type=TaskType.CAUSAL_LM)
Config
```

参数配置内容如下：

```
LoraConfig(peft_type=<PeftType.LORA: 'LORA'>, auto_mapping=None, base_model_
name_or_path=None, revision=None, task_type=<TaskType.CAUSAL_LM: 'CAUSAL_LM'>,
inference_mode=False, r=8, target_modules=None, lora_alpha=8, lora_dropout=0.0,
fan_in_fan_out=False, bias='none', use_rslora=False, modules_to_save=None, init_
lora_weights=True, layers_to_transform=None, layers_pattern=None, rank_pattern={},
alpha_pattern={}, megatron_config=None, megatron_core='megatron.core', loftq_
config={}, use_dora=False, layer_replication=None, runtime_config=LoraRuntimeConfig
(ephemeral_gpu_offload=False))
```

配置文件定义了 LoRA 在微调中的关键参数。

（1）r＝8：LoRA 低秩矩阵的秩为 8，影响参数压缩率，值越小表示参数压缩越多。

（2）lora_alpha＝8：缩放因子，用于控制低秩矩阵的影响大小，较大的 lora_alpha 可以增强微调效果。

（3）lora_dropout＝0.0：防止过拟合的 DropOut 值，默认值为 0.0。

（4）target_modules＝None：指定应用 LoRA 的模块，None 表示使用默认设置。

2. 查看模型参数

重新载入模型，打印参数，代码如下：

```
model = get_peft_model(model, config)
for name, parameter in model.named_parameters():
    print(name)
base_model.model.model.layers.0.self_attn.q_proj.base_layer.weight
base_model.model.model.layers.0.self_attn.q_proj.base_layer.bias
base_model.model.model.layers.0.self_attn.q_proj.lora_A.default.weight
base_model.model.model.layers.0.self_attn.q_proj.lora_B.default.weight
base_model.model.model.layers.0.self_attn.k_proj.weight
base_model.model.model.layers.0.self_attn.k_proj.bias
base_model.model.model.layers.0.self_attn.v_proj.base_layer.weight
base_model.model.model.layers.0.self_attn.v_proj.base_layer.bias
base_model.model.model.layers.0.self_attn.v_proj.lora_A.default.weight
base_model.model.model.layers.0.self_attn.v_proj.lora_B.default.weight
base_model.model.model.layers.0.self_attn.o_proj.weight
base_model.model.model.layers.0.mlp.gate_proj.weight
base_model.model.model.layers.0.mlp.up_proj.weight
base_model.model.model.layers.0.mlp.down_proj.weight
base_model.model.model.layers.0.input_layernorm.weight
base_model.model.model.layers.0.post_attention_layernorm.weight
```

截取第 1 层的参数进行查看，可以发现模型默认的 target_modules 是 self_attn. q_proj 和 self_attn. v_proj。

3. 查看参数量

模型参数量如下：

```
model.print_trainable_parameters()
trainable params: 540,672 || all params: 494,573,440 || trainable%: 0.1093
```

模型需要训练的参数量是 540 672,占了模型总量的 0.1%。

4. 训练结果

loss 值的变化如图 5-23 所示。

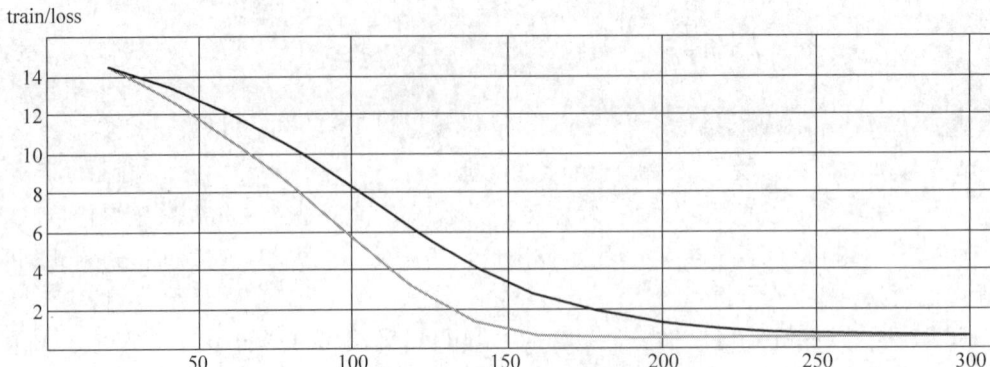

图 5-23　LoRA 训练 loss 值

LoRA 微调训练的损失变化从 14.4805 逐渐下降到 0.5444,并最终接近收敛。最终的训练效果如下:

```
TrainOutput(global_step=319, training_loss=3.691788613609386, metrics={'train_
runtime': 876.8781, 'train_samples_per_second': 11.668, 'train_steps_per_second':
0.364, 'train_loss': 3.691788613609386, 'epoch': 1.0})
```

性能方面,共耗时 14.6min,平均损失值为 3.69,显存消耗为 8.9GB。

5. 权重合并

在训练过程中保存的 LoRA 的权重,训练完成后需要加载并和原始模型进行合并。首先加载 LoRA 权重,model 是原始的预训练模型,model_id 是 LoRA 保存的路径,代码如下:

```
from peft import PeftModel
p_model = PeftModel.from_pretrained(model, model_id="./models_for_chatbot_
LoRA/checkpoint-319")
```

然后对模型进行合并,可导出到本地路径进行保存,代码如下:

```
merge_model = p_model.merge_and_unload()
merge_model.save_pretrained("./models/lora_merge_model")
```

根据保存的路径地址,作为预训练模型进行加载使用,代码如下:

```
from transformers import  AutoModelForCausalLM
model_path_lora = "./models/lora_merge_model"
model_lora = AutoModelForCausalLM.from_pretrained(model_path_lora)
```

5.4.7　AdaLoRA 微调原理及实践

1. 核心思想

虽然 LoRA 通过低秩矩阵分解实现了在保持性能的同时大幅减少微调时的参数更新量，接近全参数微调的效果，但它仍然存在一些问题，例如，LoRA 需要预先为所有模块和层设置相同的秩值 r，而忽略了模型各层和模块的重要性不同。此外，LoRA 仅对注意力机制部分进行了微调，而忽略了前馈神经网络，但实际上前馈神经网络在许多任务中更为重要。

AdaLoRA 的核心思想是在微调过程中动态地调整每层的秩值，使模型的参数更新量与其实际需求匹配。LoRA 为每个低秩矩阵设置了固定的秩值 r，导致所有层的权重矩阵都被以相同的方式处理，忽视了不同模块和层之间的重要性差异。AdaLoRA 通过自适应调整秩值，解决了这一问题。

此外，AdaLoRA 不仅对 Attention 部分进行微调，还将前馈神经网络模块纳入微调范围，这使模型能够在更广泛的结构上进行优化，尤其是在前馈神经网络更为重要的场景下可以取得更好的效果。

2. 算法原理

AdaLoRA 的算法原理通过 3 个步骤实现动态秩值分配和参数优化。

（1）基于奇异值分解（SVD）的自适应矩阵更新，AdaLoRA 的增量更新参数不是简单地通过矩阵分解来表示的，而是采用了奇异值分解的形式：

$$W = W^{(0)} + \Delta = W^{(0)} + P \wedge Q \tag{5-2}$$

其中，P 和 Q 分别表示增量矩阵的左奇异向量和右奇异向量，$\wedge$ 是包含奇异值的对角矩阵。通过这种参数化形式，AdaLoRA 可以动态地调整奇异值，从而有效地对重要性低的矩阵部分进行剪枝，而不需要频繁地进行复杂的 SVD 计算。与传统的 LoRA 方法相比，AdaLoRA 通过这种方法避免了在每次更新时对整个矩阵进行低秩分解，从而大大地降低了计算复杂度。

此外，奇异向量 P 和 Q 的正交性通过正则化项来保证，以避免在训练过程中的不稳定性。这种参数化形式能够在保持矩阵结构完整的情况下，零化不重要的奇异值，进而在未来的训练过程中仍保留重新激活这些参数的可能性，从而提升训练的稳定性。

（2）基于重要性评分的秩值分配：在 SVD 分解的基础上，AdaLoRA 引入了一种重要性评分机制来对奇异值进行动态调整。具体来讲，增量矩阵中的每个奇异值和对应的奇异向量被组成三元组（Triplet），表示为 $G_i = \{P_{*i}, \lambda_i, Q_{i*}\}$。

AdaLoRA 通过一个自定义的重要性评分函数来评估每个三元组的贡献。重要性评分不仅考虑奇异值的大小，还会结合奇异向量中每个元素对模型性能的贡献，从而确保分配更多参数预算给那些对任务影响较大的部分。重要性较低的奇异值则会被剪枝，进一步减少计算开销。

具体过程是，对于每层的增量矩阵 $\Delta_k = P_k \Lambda_k Q_k$，在每个训练步骤中，AdaLoRA 计算每个三元组的评分，并根据这些评分对奇异值进行剪枝。剩余的奇异值代表了在该步训练后仍保留的秩值(rank),从而自适应地控制每个矩阵的秩。

(3) 全局参数预算调度器:为了在训练过程中逐步控制秩值的调整,AdaLoRA引入了一个全局预算调度器。该调度器从较高的初始预算开始(通常是最终预算的1.5倍),并通过三次方调度策略逐步减少预算,直到达到预定的目标预算。这种方式允许AdaLoRA在初期探索更多的参数空间,随后集中优化重要的权重矩阵,进一步提高训练的稳定性和模型的表现。

3. 代码实践

下面使用代码进行实践演练,看一下AdaLoRA的实现过程。

1) 配置模型参数

模型参数配置,代码如下:

```
from peft import  AdaLoraConfig, TaskType, get_peft_model
config = AdaLoraConfig(task_type=TaskType.CAUSAL_LM)
```

参数配置内容如下:

```
config

AdaLoraConfig(peft_type=<PeftType.ADALORA: 'ADALORA'>, auto_mapping=None, base_
model_name_or_path=None, revision=None, task_type=<TaskType.CAUSAL_LM: 'CAUSAL_
LM'>, inference_mode=False, r=8, target_modules=None, lora_alpha=8, lora_
dropout=0.0, fan_in_fan_out=False, bias='none', use_rslora=False, modules_to_
save=None, init_lora_weights=True, layers_to_transform=None, layers_pattern=
None, rank_pattern=None, alpha_pattern={}, megatron_config=None, megatron_core=
'megatron.core', loftq_config={}, use_dora=False, layer_replication=None,
runtime_config=LoraRuntimeConfig(ephemeral_gpu_offload=False), target_r=8,
init_r=12, tinit=0, tfinal=0, deltaT=1, beta1=0.85, beta2=0.85, orth_reg_weight=0.5,
total_step=None)
```

2) 查看模型参数

打印模型参数,代码如下:

```
model = get_peft_model(model, config)

for name, parameter in model.named_parameters():
    print(name)
base_model.model.model.embed_tokens.weight
base_model.model.model.layers.0.self_attn.q_proj.base_layer.weight
base_model.model.model.layers.0.self_attn.q_proj.base_layer.bias
base_model.model.model.layers.0.self_attn.q_proj.lora_A.default.weight
base_model.model.model.layers.0.self_attn.q_proj.lora_B.default.weight
base_model.model.model.layers.0.self_attn.k_proj.weight
base_model.model.model.layers.0.self_attn.k_proj.bias
base_model.model.model.layers.0.self_attn.v_proj.base_layer.weight
```

```
base_model.model.model.layers.0.self_attn.v_proj.base_layer.bias
base_model.model.model.layers.0.self_attn.v_proj.lora_A.default.weight
base_model.model.model.layers.0.self_attn.v_proj.lora_B.default.weight
base_model.model.model.layers.0.self_attn.o_proj.weight
base_model.model.model.layers.0.mlp.gate_proj.weight
base_model.model.model.layers.0.mlp.up_proj.weight
base_model.model.model.layers.0.mlp.down_proj.weight
base_model.model.model.layers.0.input_layernorm.weight
base_model.model.model.layers.0.post_attention_layernorm.weight
```

（1）lora_A 和 lora_B：这是 LoRA 核心中的低秩矩阵，用于对模型的权重矩阵进行低秩分解，在降低计算复杂度的同时保留模型的性能。lora_A 和 lora_B 共同作用，将原始权重矩阵拆分为两个低秩矩阵，以实现参数的高效调整。

（2）lora_E：该矩阵用于动态调整秩值。它表示额外引入的动态秩值调整机制，允许模型在训练过程中动态改变每层的秩，更加灵活地对权重进行更新。

（3）ranknum：这是与 lora_E 配合使用的，表示每层的当前秩值。AdaLoRA 在训练过程中会根据梯度变化等信息动态地调整该秩值，确保模型只在必要时更新重要的参数，从而节省计算资源。

3）查看参数量

模型参数量如下：

```
model.print_trainable_parameters()
trainable params: 811,584 || all params: 494,844,400 || trainable%: 0.1640
```

AdaLoRA 的训练参数量是 811 584，占到了总体参数的 0.16%。

4）训练结果

AdaLoRA 训练 loss 值变化如图 5-24 所示。

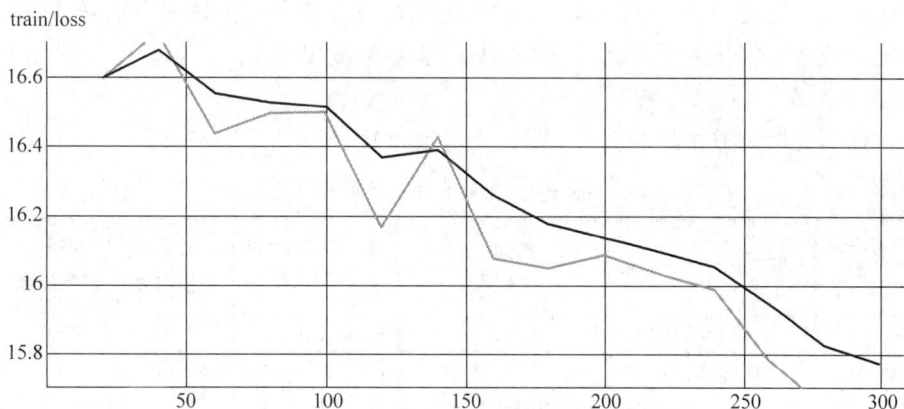

图 5-24　AdaLoRA 训练 loss 值

经过一个 epoch 的训练 AdaLoRA 没有收敛,loss 值依然很高。最终的训练结果如下:

```
TrainOutput(global_step=319, training_loss=16.15938316990963, metrics={'train_runtime': 776.2332, 'train_samples_per_second': 13.18, 'train_steps_per_second': 0.411, 'train_loss': 16.15938316990963, 'epoch': 1.0})
```

性能方面,一个 epoch 耗时 13min,平均训练损失值为 16.1,显存占用为 9.1GB。

5) 增加 epoch

通过修改训练参数,将 epoch 增加到 10 重新训练,其 loss 变化如图 5-25 所示。

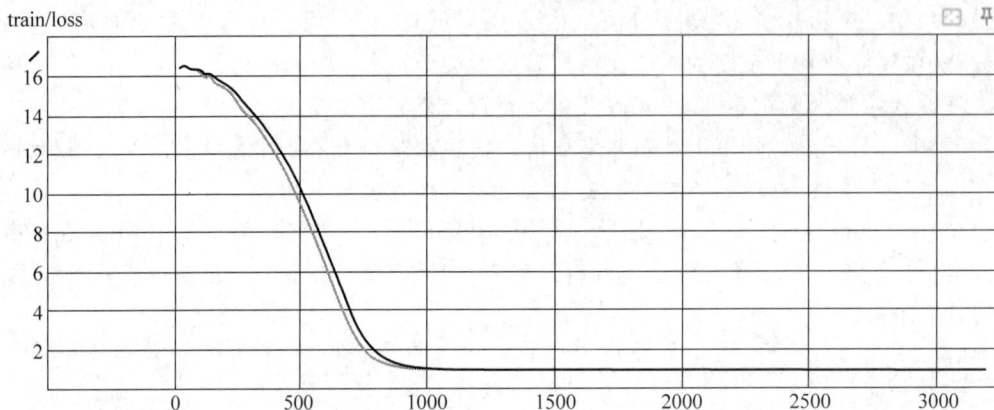

图 5-25　AdaLoRA epoch=10 训练 loss 值

AdaLoRA 收敛较慢的原因主要来自其动态秩值调整机制和权重更新策略的保守性。虽然这种设计在复杂任务和长期训练中有明显优势,但在初期训练阶段,模型表现得更为保守,需要更多的时间来逐步优化参数。相较之下,LoRA 的固定秩值和简单调度机制使其能够在初期快速捕捉到有效的参数更新路径,从而在短期内表现出更快的收敛速度。

随着训练时间的增加,AdaLoRA 的动态优化机制可能会逐步显现出更好的效果,尤其是在更复杂或多样的任务中,AdaLoRA 的优势会逐渐显现。

4. 综合对比

将前面所有微调方法的训练结果做一个对比,如表 5-2 所示。

表 5-2　微调方法效果展示

微调方法	训练参数	总参数	占比/%	平均损失	训练时间/s	每秒训练样本	每秒训练步数	显存/GB
freeze	14 954 496	494 032 768	3.027	0.629	740.55	13.815	0.431	9.7
prompt—hard	17 920	494 050 688	0.0036	5.9937	814.68	12.558	0.392	9.4
prompt—soft	17 920	494 050 688	0.0036	6.3555	803.42	12.734	0.397	9.9
Prefix Tuning	811 648	494 844 416	0.164	2.9071	722.88	14.153	0.441	9.4
P-Tuning	2 429 056	496 461 824	0.4893	1.0471	803.22	12.738	0.397	9.6
P-Tuning v2	122 880	494 155 648	0.0249	12.58	723.888	14.133	0.441	8.8

续表

微调方法	训练参数	总参数	占比/%	平均损失	训练时间/s	每秒训练样本	每秒训练步数	显存/GB
LoRA	540 672	494 573 440	0.1093	3.6918	876.88	11.668	0.364	8.9
AdaLoRA	811 584	494 844 400	0.164	16.1594	776.23	13.18	0.411	9.1

（1）Freeze方法冻结了大部分参数，只对少量参数进行训练，因此其初始损失较小，能够快速收敛。这种方法适合在与原始任务类似的任务中进行迁移学习，因为它保留了模型的整体结构和已有的知识。

（2）Prompt-soft、P-Tuning v2 和 AdaLoRA 在一个 epoch 的训练中没有达到收敛。Prompt-soft 和 P-Tuning v2 由于依赖轻量化参数调整策略，所以导致特征提取能力受限，收敛速度较慢，而 AdaLoRA 的动态秩值调整机制虽然灵活，但也增加了训练的不确定性，影响了收敛速度。

（3）虽然各微调方法在显存占用和训练时间上没有极端差异，但差别依然存在，例如，LoRA 和 AdaLoRA 的训练时间较长，而 Prompt 系列的显存占用较小。在选择合适的微调方法时，需要根据任务的训练时间和硬件资源合理地进行权衡。

（4）Prefix Tuning 方法在损失、训练时间和显存占用方面表现出色，适合需要高效且精度较高的场景，是一种综合性能优异的微调方法。

5.4.8　QLoRA 微调原理及实践

QLoRA 是由 Tim Dettmers、Artidoro Pagnoni、Ari Holtzman 和 Luke Zettlemoyer 于 2023 年在论文"QLoRA：Efficient Finetuning of Quantized LLMs"中提出的一种高效的微调方法，QLoRA 是一种高效的微调方法，能够在不牺牲性能的情况下对大型语言模型进行量化微调。它通过结合 4-bit 量化技术与低 LoRA，成功地将 65B 参数模型的微调内存需求从超过 780GB 降至不足 48GB，从而可以在单个 48GB GPU 上完成微调操作。QLoRA 的实现基于一系列创新，包括信息理论上最优的 4-bit NormalFloat(NF4) 量化数据类型、双质量化技术及分页优化器，旨在保留精度的同时显著降低内存使用量。最终，QLoRA 显著地拓展了大型语言模型微调的可行性，使更多研究人员能够在有限的硬件条件下微调最先进的模型。

论文中提到，QLoRA 具备出色的表现，其微调后的 Guanaco 系列模型在 Vicuna 基准测试中的表现达到 ChatGPT 性能水平的 99.3%，同时仅需单个 GPU 训练 24h 即可完成。这表明，QLoRA 在小数据集上的微调不仅可实现前沿性能，并且性能相较于使用大规模参数模型的传统微调方法毫不逊色。借助这些技术，QLoRA 为更大规模的模型微调带来了极高的内存效率和精度优势，同时大幅降低了计算资源的门槛。

为了能够深刻地理解 QLoRA 的基本原理，需要先介绍下几个相关的概念。

1. 精度介绍

数值在计算机中的存储方式通常可以分为整数(Integer)和浮点数(Floating Point)两

种。对于大多数计算密集型任务和机器学习中的模型参数,数据一般以浮点数的形式进行存储。浮点数采用 IEEE 754 标准来表示实数,具备较大的动态范围,适合表示小数或极大、极小的数值。

1) 浮点数组成

IEEE 754 标准定义了单精度(32 位)和双精度(64 位)两种浮点数格式,它们分别适用于不同精度需求的计算任务。每种浮点数的存储格式包含以下部分。

(1) 符号位(Sign Bit):用于表示数值的正负。

(2) 指数位(Exponent Bit):用于表示数值的幂次,使用偏移量来保证可以表示正数和负数。

(3) 尾数(Mantissa)或有效位(Significand):用于存储数值的精确部分,按照科学记数法的形式进行存储。

注意:IEEE 二进制浮点数算术标准(IEEE 754)是 20 世纪 80 年代以来最广泛使用的浮点数运算标准,被许多 CPU 与浮点运算器所采用。这个标准定义了表示浮点数的格式(包括负零)与反常值(Denormal Number),一些特殊数值,例如无穷(Inf)与非数值(NaN),以及这些数值的浮点数运算符;它也指明了 4 种数值舍入规则和 5 种例外状况(包括例外发生的时机与处理方式)。

单精度和双精度的区别在于其使用的位数不同,双精度比单精度具有更高的精度和更大的数值范围,适合在需要高精度和极端数值情况下使用,如图 5-26 所示。

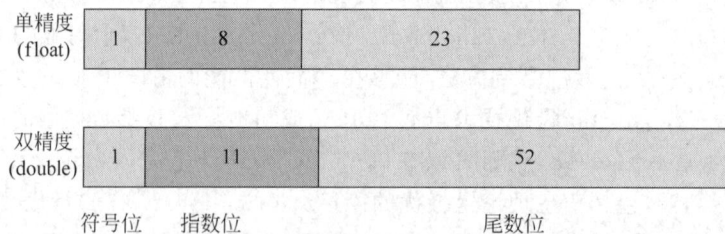

图 5-26　单精度和双精度位数表示

2) 单精度数值表示

下面使用一个数值实际计算过程来了解单精度的原理,以十进制的数值 9.68 转换为 IEEE 754 标准下的单精度浮点数(FP32)为例,需要执行以下步骤。

(1) 将十进制数转换为二进制数:将整数部分和小数部分分别转换为二进制。9 的二进制表示为 1001。0.68 的二进制表示需要通过乘以 2 并取整数部分的方式来获得。

(2) 规范化二进制数:将二进制数转换为科学记数法的形式,即 1.xxxxx * 2^y。

(3) 确定指数和尾数:指数 y 将是二进制科学记数法中的指数。尾数将是规范化后的二进制数(不包括隐含的前导 1)。

(4) 编码指数和尾数:指数需要加上偏移量(对于单精度,偏移量为 127)。尾数部分将直接使用,不需要转换。

(5) 组合符号位、指数位和尾数位:符号位为0(因为9.68是正数)。指数位:转换为二进制并加上偏移量。尾数位:规范化后的二进制数。

注意:在IEEE 754标准中,使用偏移量(例如单精度浮点数中的127)是为了能够用有限的位数同时表示正负指数,简化数值大小的比较,以及为特殊值(例如零、无穷大和非数)保留特定的指数编码,从而在不增加位数的情况下,使二进制浮点数的表示更加灵活和高效。

为了更清晰地理解转换的过程,这里使用Python代码将9.68转换为二进制,然后进行规范化,最后编码为IEEE 754格式。

首先,将整数部分和小数部分分别转换为二进制,代码如下:

```
integer_part = 9
fractional_part = 0.68
```

整数部分的二进制表示,代码如下:

```
binary_integer = bin(integer_part)[2:]
binary_integer

#输出结果
1001
```

小数部分的二进制表示,代码如下:

```
binary_fractional = ''
while fractional_part:
    fractional_part *= 2
    if fractional_part >= 1:
        binary_fractional += '1'
        fractional_part -= 1
    else:
        binary_fractional += '0'
    if len(binary_fractional) > 23:   #限制小数部分位数,以符合 IEEE 754 标准
        Break

binary_fractional
#输出结果
10101110000101000111110
```

组合整数部分和小数部分的二进制表示,代码如下:

```
binary_number = binary_integer + '.' + binary_fractional

binary_number
```

```
#输出结果
1001.10101110000101010001111010
```

规范化二进制数,寻找第 1 个 1 的位置,将其作为小数点,并计算指数,代码如下:

```
first_one_index = binary_number.index('1')
normalized_binary = binary_number[first_one_index + 1:]
exponent = len(binary_integer) - first_one_index - 1

first_one_index, normalized_binary, exponent

#输出结果
(0, '001.10101110000101010001111010', 3)
```

编码指数(加上偏移量 127),代码如下:

```
encoded_exponent = exponent + 127
binary_exponent = format(encoded_exponent, '08b')

encoded_exponent, binary_exponent

#输出结果
(130, '10000010')
```

尾数部分(去掉隐含的 1,并填充到 23 位),代码如下:

```
mantissa = normalized_binary[1:]              #去掉隐含的 1
mantissa += '0' * (23 - len(mantissa))        #填充到 23 位

mantissa
#输出结果
01.10101110000101010001111010
```

最后,组合符号位、指数位和尾数位,代码如下:

```
sign_bit = '0'   #正数
fp32_representation = sign_bit + binary_exponent + mantissa

fp32_representation, binary_number, normalized_binary, exponent, encoded_exponent

#输出结果
('01000001001.10101110000101010001111010',
 '1001.10101110000101010001111010',
 '001.10101110000101010001111010',
 3,
 130)
```

因此,9.68 在 IEEE 754 单精度浮点数标准中表示为
0 10000010 00110101110000101010001111010100000000000000000000000。为了更清晰地展

示,可以将其分为符号位、指数位和尾数位。

(1) 符号位：0。

(2) 指数位：10000010。

(3) 尾数位：0011011100001010001111010000000。

2. 低精度介绍

大模型训练的挑战主要集中在两个方面，即计算效率和显存效率。

(1) 计算效率：大模型的训练依赖于海量的训练数据和计算资源，然而，现有的计算设备难以满足如此庞大的计算需求，导致训练过程变得低效且耗时。为了提高计算效率，需要寻找新的算法和技术来优化计算过程，减少计算资源的浪费。由于大部分模型使用者会使用预训练模型来针对相应的任务对模型进行微调，所以计算效率在一定程度上可以先忽略。

(2) 显存效率：大模型通常具有数以亿计的参数，这些参数需要在训练过程中存储在显存中，然而，随着模型规模的增大，所需的显存量也急剧增加，导致现有硬件无法承受。为了解决这个问题，需要探索新的方法来压缩模型大小或采用更高效的显存管理策略。

1) 模型参数与显存

模型参数是决定模型复杂度和能力的关键因素，同时也是显存占用最大的部分。下面来介绍模型参数与显存占用的计算逻辑。模型训练中的显存占用是指在训练过程中，模型参数、中间激活值、梯度等数据在显存（通常指 GPU 显存）中的存储需求。

(1) 模型参数，模型参数主要包括权重和偏置。显存占用的计算方法如下。

对于每个权重矩阵 $\boldsymbol{W}$，其显存占用为矩阵宽度×矩阵高度×数据类型大小。对于每个偏置向量 $\boldsymbol{b}$，其显存占用为向量长度×数据类型大小。假设数据类型为 32 位浮点数，则每个参数占用 4 字节（Bytes），计算公式如下：

$$模型参数显存占用 = \left(\sum_{i=1}^{N} \text{width}_i \times \text{height}_i + \sum_{j=1}^{M} \text{length}_j \right) \times 4\text{Bytes} \tag{5-3}$$

其中，N 是权重矩阵的数量，M 是偏置向量的数量。

(2) 激活值是神经网络中每层的输出。显存占用的计算方法如下。

对于每个激活矩阵 $\boldsymbol{A}$，其显存占用为 batch 大小×矩阵宽度×矩阵高度×数据类型大小，计算公式如下：

$$激活值显存占用 = \text{batch 大小} \times \sum_{k=1}^{L} \text{width}_k \times \text{height}_k \times 4\text{Bytes} \tag{5-4}$$

其中，L 是激活矩阵的数量。

(3) 梯度，梯度的显存占用与模型参数相似，因为它们具有相同的数据结构。计算公式：

$$梯度显存占用 = \left(\sum_{i=1}^{N} \text{width}_i \times \text{height}_i + \sum_{j=1}^{M} \text{length}_j \right) \times 4\text{Bytes} \tag{5-5}$$

其中，N 是权重矩阵的数量，M 是偏置向量的数量。

(4) 优化器状态，以 Adam 优化器为例，它需要存储每个参数的梯度的一阶矩估计和二

阶矩估计。计算公式:

$$优化器显存占用 = 2\Big(\sum_{i=1}^{N} \text{width}_i \times \text{height}_i + \sum_{j=1}^{M} \text{length}_j \Big) \times 8\text{Bytes} \tag{5-6}$$

这里,每种状态信息通常使用 64 位浮点数(float64)来存储,因此占用 8 字节。

通过上面的公式可根据模型的参数量来计算推理所需的显存大小,例如以 Qwen2-7B 大语言模型为例,假设模型以 FP32 格式计算 Qwen2-7B 模型的显存需求。首先,Qwen2-7B 模型包含的参数数量大约有 70 亿个参数,FP32 格式下每个浮点数占用 4 字节的空间,推理显存占用(字节)=参数数量×每个参数的字节数= 70 亿×4 字节。1GB 等于 2^{30} 字节,即为 1 073 741 824 字节,最终占用的参数量=(70 亿×4 字节)/2^{30} 字节,约等于(7×4)GB,计算的代码如下:

```
#定义参数
param_count = 7e9          #70 亿参数
bytes_per_param = 4        #FP32 格式下每个参数 4 字节
bytes_per_gb = 2**30       #1GB 等于 2^30 字节

#计算显存占用(GB)
memory_usage_gb = (param_count *bytes_per_param) / bytes_per_gb
memory_usage_gb

#输出结果
26.0770320892334
```

在推理阶段,仅需加载模型参数即可,而在全量微调过程中,显存占用需包括模型参数、激活值、梯度和优化器状态。根据前述公式,全量微调的显存占用计算为显存占用=(模型参数+激活值+梯度+优化器状态)×参数字节数=(7GB+7GB+7GB+2×7GB)×4 字节/参数=140GB。

注意:将批量大小设定为 1,优化器状态使用 64 位浮点数存储。在实际应用中,显存占用可能会根据硬件配置等因素有所变化。

---

2) 半精度

根据前面的计算可以看到,模型在进行推理和微调时占用的显存非常大,对于很多人来研究和实践大模型有很大的障碍,然而如何来降低显存以提升模型推理和微调的效率呢?在前面介绍微调方法时,提到过可以通过降低 batch、减小文本的最大长度,以及使用各种高效微调方法来冻结参数,以此来实现降低在实际应用中的显存占用,但是这些方法都有一个共同的特点,也就是模型本身的参数没有发生变化,即模型本身所占用的显存还是很大的。

下面来介绍一种方法,从模型参数本身入手来降低模型的显存占用。前面提到模型参数默认的浮点数存储方式是 FP32 单精度类型的,本节来介绍半精度。

半精度浮点数(FP16)也是计算机科学、数值计算和深度学习等领域广泛使用的浮点数表示格式,如图 5-27 所示。它占用 16 位(2 字节)的存储空间,与单精度浮点数的 32 位(4 字节)和双精度浮点数的 64 位(8 字节)相比,存储需求更小。FP16 的格式包括 1 位符号位、5 位指数位和 10 位尾数位,如图 5-27 所示,这使其数值范围和精度较单精度浮点数有所限制。半精度浮点数的主要优势在于其较小的内存占用,这使它在加速大型深度学习模型的训练和推理过程中非常有效,可以降低显存消耗并提升计算效率。此外,在计算机图形学领域,半精度也被用于处理对精度要求不高的数值计算,例如光照计算等场景。

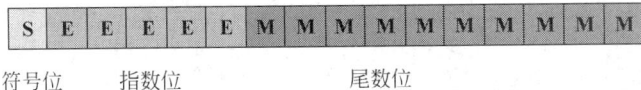

S	E	E	E	E	E	M	M	M	M	M	M	M	M	M	M

符号位　　　　指数位　　　　　　　尾数位

图 5-27　半精度位数表示

下面将数字 9.68 转换为 IEEE 754 格式半精度的二进制表示,代码如下:

```python
#整数部分
integer_part = 9
binary_integer = bin(integer_part)[2:]

#小数部分
fractional_part = 0.68
binary_fractional = ''
while fractional_part:
    fractional_part *= 2
    if fractional_part >= 1:
        binary_fractional += '1'
        fractional_part -= 1
    else:
        binary_fractional += '0'
    if len(binary_fractional) > 10:          #限制长度符合 IEEE 754 标准
        break

#合并整数部分和小数部分
binary_number = binary_integer + '.' + binary_fractional

#归一化二进制数
first_one_index = binary_number.index('1')
normalized_binary = binary_number[first_one_index + 1:].replace('.', '')

#计算指数
#由于归一化为 1.xxxx,需要减去 (整数部分位数 - 1) 来获得实际的指数
exponent = len(binary_integer) - first_one_index - 1

#编码指数(加上偏移量 15)
encoded_exponent = exponent + 15
binary_exponent = format(encoded_exponent, '05b')
```

```
#尾数(去掉隐含的 1 并填充到 10 位)
mantissa = normalized_binary[:10]     #取归一化小数部分的前 10 位
mantissa = mantissa.ljust(10, '0')    #填充,确保有 10 位

#组合符号位、指数和尾数
sign_bit = '0'                        #正数
fp16_representation = sign_bit + binary_exponent + mantissa

print(f"The FP16 binary representation of 9.68 is: {fp16_representation}")
```

最终计算的结果为 0100100011010111。

3) 半精度的优势和弊端

半精度与单精度相比,其优势主要体现在存储空间和计算效率上。

(1) 存储空间小,减少内存占用:半精度表示的数据占 16 位,即 2 字节,而单精度需要 32 位,需要 4 字节,因此半精度的存储空间是单精度的一半,这意味着在存储和传输时可以有效地节省内存和带宽,特别是在深度学习训练中需要大量参数的情况下。

(2) 提高计算效率:使用半精度浮点数进行运算时,可以显著地提高计算速度,尤其是对于现代 GPU 架构。由于数据占用的存储更少,所以计算设备可以一次性处理更多数据,减少内存的读写压力,从而加速整体的运算速度。

(3) 节省能耗:由于半精度数据较小,计算过程中使用的能源也相对减少。特别是在大型数据中心中,半精度计算可以帮助降低能耗,从而减少硬件设备的压力。

(4) 适合不需要高精度的应用:对于许多深度学习模型而言,特别是在训练阶段,使用半精度通常可以得到与单精度相当的结果,但具有更快的计算速度和更少的资源消耗。尤其是在需要大量矩阵运算的情况下,半精度几乎不影响模型的精度和效果。

半精度虽然在一定程度上节省了存储资源和提升了效率,但是与单精度浮点数格式相比,也存在一定的弊端。

(1) 精度较低:半精度浮点数的尾数位较少,这限制了它们可以表示的数值的精度。与 FP32 相比,FP16 的精度较低,可能会导致在需要高精度的计算中出现精度损失。

(2) 范围较小:由于 FP16 的指数位较少,所以它能够表示的数值范围比 FP32 小。这意味着 FP16 更容易遇到上溢出(overflow)或下溢出(underflow)问题,如图 5-28 所示。

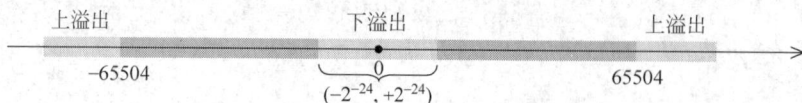

图 5-28　半精度溢出问题

上溢出在 FP16 中发生在计算结果超出了该数据类型所能表示的最大正(负)值。对于 FP16,最大的正数大约是 65504(因为 FP16 的指数部分有 5 位,可以表示的最大指数为 15,而尾数部分为 10 位,不包括隐含的 1,所以最大值为 $2^{(15-15)}(1+(1-2^{-10}))2^{15} \approx 65\,504$)。如果计算结果超过了这个值,就会发生上溢出,上溢出在 FP16 中的处理通常是将结果设置

为正无穷大(INF)。

注意：在某些情况下，可能会出现"环绕"现象，即结果被设置为FP16能表示的最小正值，但这不是标准行为，例如，如果两个非常大的FP16数值相乘，其结果超出了65504，就会发生上溢出，并且结果可能会被设置为INF。

下溢出在FP16中发生在计算结果小于该数据类型所能表示的最小正值。FP16中最小的正规格化数大约是 2^{-24}（因为FP16的指数最小为-14，不包括偏移量，尾数最小为 2^{-10}，所以最小值为 $2^{(-14-10)}=2^{-24}$）。如果计算结果小于这个值，就会发生下溢出。溢出在FP16中的处理方法通常是将结果设置为0，即向零舍入。

注意：在某些情况下，可能会使用非规格化数(Denormalized Number)来表示非常小的数，但FP16的非规格化数范围非常有限，例如，如果两个非常小的FP16数值相乘，其结果小于 2^{-24}，就会发生下溢出，并且结果可能会被设置为0或者转换为非规格化数(如果支持)。

4）代码实践

下面使用代码进行实践演练，看一下半精度加载模型的方法。

（1）首先将模型正常加载进来，代码如下：

```
from transformers import AutoTokenizer, AutoModelForCausalLM
model_path = r"D:\project\transformer\transformer\models\qwen\Qwen2-0.5B"
model = AutoModelForCausalLM.from_pretrained(model_path)
model

#输出结果
Qwen2ForCausalLM(
  (model): Qwen2Model(
    (embed_tokens): Embedding(151936, 896)
    (layers): ModuleList(
      (0-23): 24 x Qwen2DecoderLayer(
        (self_attn): Qwen2SdpaAttention(
          (q_proj): Linear(in_features=896, out_features=896, bias=True)
          (k_proj): Linear(in_features=896, out_features=128, bias=True)
          (v_proj): Linear(in_features=896, out_features=128, bias=True)
          (o_proj): Linear(in_features=896, out_features=896, bias=False)
          (rotary_emb): Qwen2RotaryEmbedding()
        )
        (mlp): Qwen2MLP(
          (gate_proj): Linear(in_features=896, out_features=4864, bias=False)
          (up_proj): Linear(in_features=896, out_features=4864, bias=False)
          (down_proj): Linear(in_features=4864, out_features=896, bias=False)
          (act_fn): SiLU()
```

```
        )
        (input_layernorm): Qwen2RMSNorm()
        (post_attention_layernorm): Qwen2RMSNorm()
      )
    )
    (norm): Qwen2RMSNorm()
  )
  (lm_head): Linear(in_features=896, out_features=151936, bias=False)
)
```

加载一个在本地下载好的 Qwen2 的 0.5B 的大语言模型,直接打印模型可以查看模型的结构。可以使用 dtype 方法来查看模型的数据类型,代码如下:

```
model.dtype

#输出结果
torch.float32
```

通过打印的结果可以看到模型是一个单精度的模型,下面来看一下模型的参数类型,代码如下:

```
for name, parameter in model.named_parameters():
    print(name, parameter.dtype)

#输出结果
model.embed_tokens.weight torch.float32
model.layers.0.self_attn.q_proj.weight torch.float32
model.layers.0.self_attn.q_proj.bias torch.float32
model.layers.0.self_attn.k_proj.weight torch.float32
model.layers.0.self_attn.k_proj.bias torch.float32
model.layers.0.self_attn.v_proj.weight torch.float32
model.layers.0.self_attn.v_proj.bias torch.float32
model.layers.0.self_attn.o_proj.weight torch.float32
model.layers.0.mlp.gate_proj.weight torch.float32
model.layers.0.mlp.up_proj.weight torch.float32
model.layers.0.mlp.down_proj.weight torch.float32
model.layers.0.input_layernorm.weight torch.float32
model.layers.0.post_attention_layernorm.weight torch.float32
model.layers.1.self_attn.q_proj.weight torch.float32
model.layers.1.self_attn.q_proj.bias torch.float32
model.layers.1.self_attn.k_proj.weight torch.float32
model.layers.1.self_attn.k_proj.bias torch.float32
model.layers.1.self_attn.v_proj.weight torch.float32
model.layers.1.self_attn.v_proj.bias torch.float32
model.layers.1.self_attn.o_proj.weight torch.float32
model.layers.1.mlp.gate_proj.weight torch.float32
model.layers.1.mlp.up_proj.weight torch.float32
model.layers.1.mlp.down_proj.weight torch.float32
```

```
...
model.layers.23.self_attn.q_proj.bias torch.float32
model.layers.23.self_attn.k_proj.weight torch.float32
model.layers.23.self_attn.k_proj.bias torch.float32
model.layers.23.self_attn.v_proj.weight torch.float32
model.layers.23.self_attn.v_proj.bias torch.float32
model.layers.23.self_attn.o_proj.weight torch.float32
model.layers.23.mlp.gate_proj.weight torch.float32
model.layers.23.mlp.up_proj.weight torch.float32
model.layers.23.mlp.down_proj.weight torch.float32
model.layers.23.input_layernorm.weight torch.float32
model.layers.23.post_attention_layernorm.weight torch.float32
model.norm.weight torch.float32
```

从上面打印的结果可以看到，每层的模型参数都是 torch.float32 类型，这也是目前大多数模型默认的参数类型。

（2）接下来，将单精度的模型转换为半精度，一般有两种方法，第 1 种是先将模型加载进来，然后使用 model.half 方法，代码如下：

```
model.half()
model.dtype

#输出结果
torch.float16
```

直接调用 model.half()方法可以将原模型转换为半精度，参数打印如下：

```
for name, parameter in model.named_parameters():
    print(name, parameter.dtype)

#输出结果
    model.embed_tokens.weight torch.float16
model.layers.0.self_attn.q_proj.weight torch.float16
model.layers.0.self_attn.q_proj.bias torch.float16
model.layers.0.self_attn.k_proj.weight torch.float16
model.layers.0.self_attn.k_proj.bias torch.float16
model.layers.0.self_attn.v_proj.weight torch.float16
model.layers.0.self_attn.v_proj.bias torch.float16
model.layers.0.self_attn.o_proj.weight torch.float16
model.layers.0.mlp.gate_proj.weight torch.float16
model.layers.0.mlp.up_proj.weight torch.float16
model.layers.0.mlp.down_proj.weight torch.float16
model.layers.0.input_layernorm.weight torch.float16
model.layers.0.post_attention_layernorm.weight torch.float16
model.layers.1.self_attn.q_proj.weight torch.float16
model.layers.1.self_attn.q_proj.bias torch.float16
model.layers.1.self_attn.k_proj.weight torch.float16
model.layers.1.self_attn.k_proj.bias torch.float16
```

```
model.layers.1.self_attn.v_proj.weight torch.float16
model.layers.1.self_attn.v_proj.bias torch.float16
model.layers.1.self_attn.o_proj.weight torch.float16
model.layers.1.mlp.gate_proj.weight torch.float16
model.layers.1.mlp.up_proj.weight torch.float16
model.layers.1.mlp.down_proj.weight torch.float16
model.layers.1.input_layernorm.weight torch.float16
model.layers.1.post_attention_layernorm.weight torch.float16
...
model.layers.23.mlp.down_proj.weight torch.float16
model.layers.23.input_layernorm.weight torch.float16
model.layers.23.post_attention_layernorm.weight torch.float16
model.norm.weight torch.float16
```

打印参数后,可以看到模型的参数已经从 torch.float32 全部转换为 torch.float16。当然这种加载的方式存在一定的弊端,在一开始加载原模型时是需要占用 torch.float32 类型格式所需的显存的。

(3) 最好的方法是在加载时直接将模型转换为半精度类型,代码如下:

```
import torch
model = AutoModelForCausalLM.from_pretrained(model_path, low_cpu_mem_usage=
True, torch_dtype=torch.bfloat16, device_map="auto")
model.dtype

#输出结果
torch.bfloat16
```

加载时将参数 torch_dtype 指定为 torch.bfloat16 便可以直接将模型参数全部转换为半精度,在后续的使用中可以节约显存。

device_map 用于指定在加载模型时如何将模型的各部分放置到不同的计算设备上,例如 CPU 或 GPU。这在有多个 GPU 的环境下特别有用,可以更高效地利用计算资源。

注意:在多 GPU 环境下,设置 device_map="auto"可能会存在一些问题。①内存碎片化:当模型被拆分到多个 GPU 上时,每个 GPU 上的内存使用可能会变得碎片化。如果某个 GPU 上的内存不足以容纳一个完整的模型层,则可能会导致性能下降或内存不足错误。②同步开销:在使用多个 GPU 时,不同 GPU 之间的数据同步可能会引入额外的通信开销。如果模型被拆分,在正向传播和反向传播期间,由于模型被拆分,各 GPU 之间需要进行通信,传输中间过程的激活值与梯度,这一传输过程可能会降低训练效率。

参数类型打印,代码如下:

```
for name, parameter in model.named_parameters():
    print(name, parameter.dtype)
```

```
#输出结果
    model.embed_tokens.weight torch.float16
model.layers.0.self_attn.q_proj.weight torch.float16
model.layers.0.self_attn.q_proj.bias torch.float16
model.layers.0.self_attn.k_proj.weight torch.float16
model.layers.0.self_attn.k_proj.bias torch.float16
model.layers.0.self_attn.v_proj.weight torch.float16
model.layers.0.self_attn.v_proj.bias torch.float16
model.layers.0.self_attn.o_proj.weight torch.float16
model.layers.0.mlp.gate_proj.weight torch.float16
model.layers.0.mlp.up_proj.weight torch.float16
model.layers.0.mlp.down_proj.weight torch.float16
model.layers.0.input_layernorm.weight torch.float16
model.layers.0.post_attention_layernorm.weight torch.float16
model.layers.1.self_attn.q_proj.weight torch.float16
model.layers.1.self_attn.q_proj.bias torch.float16
model.layers.1.self_attn.k_proj.weight torch.float16
model.layers.1.self_attn.k_proj.bias torch.float16
model.layers.1.self_attn.v_proj.weight torch.float16
model.layers.1.self_attn.v_proj.bias torch.float16
model.layers.1.self_attn.o_proj.weight torch.float16
model.layers.1.mlp.gate_proj.weight torch.float16
model.layers.1.mlp.up_proj.weight torch.float16
model.layers.1.mlp.down_proj.weight torch.float16
model.layers.1.input_layernorm.weight torch.float16
model.layers.1.post_attention_layernorm.weight torch.float16
...
model.layers.23.mlp.down_proj.weight torch.float16
model.layers.23.input_layernorm.weight torch.float16
model.layers.23.post_attention_layernorm.weight torch.float16
model.norm.weight torch.float16
```

3. 量化介绍

在计算机科学和数字信号处理等领域,量化是一种将连续的数值或信号转换为有限个离散值的过程,量化的目的通常是为了便于数字存储、传输或处理。

1) 量化的概念

在大模型训练过程中,量化是一种降低模型计算复杂度和存储需求的技术。通过将模型的权重和激活值从高精度的浮点数转换为低精度的定点数或其他量化表示,可以显著地减少模型的存储空间和计算量,提高推理速度。同时,一些先进的量化方法还可以尽量减小量化带来的精度损失。

在前文提到过,在默认情况下,模型通常使用 32 位浮点数进行预测计算,这使模型的参数数量非常庞大,对存储和计算资源提出了很高的要求。通过量化技术,可以将这些浮点数转换为更低精度的整数,例如 8 位整数(int8),从而显著地减少模型的存储空间和计算时间。

注意：int8 即 8 位有符号整数类型，其取值范围是 $-128\sim127$。它使用 8 比特位来存储数据，其中最高位标示符号位，0 表示正数，1 表示负数。剩下的 7 位用于表示数值大小。

大模型量化的对象主要包括模型参数权重、激活值、kv 缓存(kvcache)和梯度等，其中，量化权重可减少模型大小和内存占用；量化激活不仅能减少内存占用，结合量化权重还能充分利用整数计算获得性能提升；量化 kv 缓存对于提高长序列生成的吞吐量至关重要，而量化梯度主要用于分布式计算中减少通信开销及减少反向传播时的开销。

2) 量化的方法

根据量化数据表示的原始数据范围是否均匀，量化方法可分为线性量化和非线性量化。实际的深度神经网络的权重和激活值通常是不均匀的，理论上使用非线性量化导致的精度损失更小，但在实际推理中非线性量化的计算复杂度较高，通常使用线性量化。

线性量化是一种较为简单直接的量化方法，它将连续的数值范围线性地映射到离散的量化值上，以 int8 为例，具体的步骤如下。

(1) 首先确定数据集中的绝对值最大值，公式如下：

$$abs\_max = max(|data_1|, |data_2|, \cdots, |data_n|) \tag{5-7}$$

其中，$data_1$，$data_2$ … 是原始数据集中的各个值，max 是指取最大值。

(2) 计算缩放因子(scale factor)，公式如下：

$$scale\_factor = 127/abs\_max \tag{5-8}$$

其中，abs_max 是式(5-7)中计算的结果，127 是最大的边界值。

注意：缩放因子是用于将原始数据的数值范围映射到量化后数据的数值范围的一个系数。它的主要作用是在量化过程中调整数据的大小，使原始数据能够在量化后的低精度数据类型(例如 int8)中尽可能准确地表示。

(3) 对于每个原始数据值，量化后的 int8 值为

$$q = round(x * scale\_factor) \tag{5-9}$$

其中，x 是原始数据，scale_factor 是公式(5-8)中计算的结果，round 是取整计算。

以数据 $[1.35, 1.36, 5.68, 1.41, -2.57, 2.88]$ 为例进行计算，过程如下。

(1) 计算每个数据的绝对值变为 $[1.35, 1.36, 5.68, 1.41, 2.57, 2.88]$，并找出最大值为 5.68。

(2) 计算缩放因子，缩放因子 = int8 的范围最大值/数据绝对值最大值，即 scale_factor = $127/5.68 \approx 22.36$。

(3) 进行量化操作，对于每个数据值，量化值 = 原始数据值 * 缩放因子，然后四舍五入取整。

对于 1.35：quantized_value = $round(1.35 * 22.36) \approx 30$。

对于 1.36：quantized_value = $round(1.36 * 22.36) \approx 30$。

对于 5.68：quantized_value ＝ round(5.68 ＊ 22.36) ＝ 127。

对于 1.41：quantized_value ＝ round(1.41 ＊ 22.36)≈32。

对于－2.57：quantized_value ＝ round(-2.57 ＊ 22.36)≈－57。

对于 2.88：quantized_value ＝ round(2.88 ＊ 22.36)≈64。最后得到的结果为[30，30，127，32，－57，64]。

也可以使用 Python 代码来实现上面的计算过程，代码如下：

```
data = [1.35, 1.36, 5.68, 1.41, - 2.57, 2.88]

#确定数据的绝对值最大值作为量化范围的参考
abs_max_value = max([abs(i) for i in data])

#计算缩放因子
scale_factor = 127 / abs_max_value

quantized_data = []
for value in data:
    quantized_value = round(value * scale_factor)
    #确保结果在 int8 的范围内
    quantized_value = max(min(quantized_value, 127), -128)
    quantized_data.append(quantized_value)

print(quantized_data)

#输出结果
[30, 30, 127, 32, -57, 64]
```

3）反量化

反量化是将量化后的数据恢复到原始数据的近似值的过程，其计算公式为

$$x ＝ q ＊ \text{scale\_factor} \tag{5-10}$$

其中，x 是原始数据，scale_factor 是缩放因子，q 是量化后的数值。计算过程如下：

```
quantized_data = [30, 30, 127, 32, -57, 64]
scale_factor = 22.36

def dequantize(data, scale):
    return [round(q / scale, 2) for q in data]

dequantized_data = dequantize(quantized_data, scale_factor)
print(dequantized_data)

#输出结果
[1.34, 1.34, 5.68, 1.43, -2.55, 2.86]
```

输出的结果为[1.34，1.34，5.68，1.43，－2.55，2.86]，与原始的结果[1.35，1.36，5.68，1.41，－2.57，2.88]还是有些差异的，这些差异叫作量化误差。

4) 代码实践

这里使用 5.4.6 节中的代码进行实现,需要修改的地方是在进行模型创建时,代码如下:

```
import torch
model = AutoModelForCausalLM.from_pretrained(model_path,
                                            trust_remote_code=True,
                                            low_cpu_mem_usage=True,
                                            torch_dtype=torch.bfloat16,
                                            device_map="auto",
                                            load_in_8bit=True)
```

需要加上 load_in_8bit＝True,打印模型的类型,代码如下:

```
model.dtype

#输出结果
torch.float16
```

模型的类型依然是 torch.float16,查看一下模型参数的类型,代码如下:

```
for name, parameter in model.named_parameters():
    print(name, parameter.dtype)

#输出结果
model.embed_tokens.weight torch.float16
model.layers.0.self_attn.q_proj.weight torch.int8
model.layers.0.self_attn.q_proj.bias torch.float16
model.layers.0.self_attn.k_proj.weight torch.int8
model.layers.0.self_attn.k_proj.bias torch.float16
model.layers.0.self_attn.v_proj.weight torch.int8
model.layers.0.self_attn.v_proj.bias torch.float16
model.layers.0.self_attn.o_proj.weight torch.int8
model.layers.0.mlp.gate_proj.weight torch.int8
model.layers.0.mlp.up_proj.weight torch.int8
model.layers.0.mlp.down_proj.weight torch.int8
model.layers.0.input_layernorm.weight torch.float16
model.layers.0.post_attention_layernorm.weight torch.float16
model.layers.1.self_attn.q_proj.weight torch.int8
model.layers.1.self_attn.q_proj.bias torch.float16
model.layers.1.self_attn.k_proj.weight torch.int8
model.layers.1.self_attn.k_proj.bias torch.float16
model.layers.1.self_attn.v_proj.weight torch.int8
model.layers.1.self_attn.v_proj.bias torch.float16
model.layers.1.self_attn.o_proj.weight torch.int8
model.layers.1.mlp.gate_proj.weight torch.int8
model.layers.1.mlp.up_proj.weight torch.int8
model.layers.1.mlp.down_proj.weight torch.int8
```

```
model.layers.1.input_layernorm.weight torch.float16
model.layers.1.post_attention_layernorm.weight torch.float16
...
model.layers.23.mlp.down_proj.weight torch.int8
model.layers.23.input_layernorm.weight torch.float16
model.layers.23.post_attention_layernorm.weight torch.float16
model.norm.weight torch.float16
```

可以看到有很多参数已经被转换为 int8 类型,但是依然有些参数是 float16 类型的,这是因为,FP16 用于权重和激活,因为它可以减少内存使用并加快计算速度,而 int8 用于某些参数以进一步减少模型大小和计算需求,这也称为混合精度训练,是一种使用不同数据类型来加速训练和推理同时保持精度的技术。

最后来观察下模型训练的结果,打印数据如下:

```
{'loss': 14.3528, 'grad_norm': 16.050888061523438, 'learning_rate':
4.686520376175549e-05, 'epoch': 0.06}
{'loss': 12.6802, 'grad_norm': 15.47436809539795, 'learning_rate':
4.373040752351097e-05, 'epoch': 0.13}
{'loss': 10.5712, 'grad_norm': 19.565446853637695, 'learning_rate':
4.059561128526646e-05, 'epoch': 0.19}
{'loss': 8.258, 'grad_norm': 23.052152633666992, 'learning_rate':
3.746081504702195e-05, 'epoch': 0.25}
{'loss': 5.5642, 'grad_norm': 27.071430206298828, 'learning_rate':
3.4326018808777435e-05, 'epoch': 0.31}
{'loss': 3.0699, 'grad_norm': 17.60260009765625, 'learning_rate':
3.119122257053292e-05, 'epoch': 0.38}
{'loss': 1.3, 'grad_norm': 5.116661071777344, 'learning_rate':
2.8056426332288405e-05, 'epoch': 0.44}
{'loss': 0.6915, 'grad_norm': 2.08326935768812744, 'learning_rate':
2.4921630094043887e-05, 'epoch': 0.5}
{'loss': 0.5717, 'grad_norm': 0.374960333108902, 'learning_rate':
2.1786833855799376e-05, 'epoch': 0.56}
{'loss': 0.5172, 'grad_norm': 0.2118707150220871, 'learning_rate':
1.865203761755486e-05, 'epoch': 0.63}
{'loss': 0.5042, 'grad_norm': 0.22757041454315186, 'learning_rate':
1.5517241379310346e-05, 'epoch': 0.69}
{'loss': 0.5317, 'grad_norm': 0.17787493765354156, 'learning_rate':
1.2382445141065831e-05, 'epoch': 0.75}
{'loss': 0.532, 'grad_norm': 0.1491619199514389, 'learning_rate':
9.247648902821316e-06, 'epoch': 0.81}
{'loss': 0.5568, 'grad_norm': 0.17695385217666626, 'learning_rate':
6.112852664576803e-06, 'epoch': 0.88}
{'loss': 0.5461, 'grad_norm': 0.1744857132434845, 'learning_rate':
2.9780564263322885e-06, 'epoch': 0.94}
Checkpoint destination directory ./models_for_chatbot_LoRA\checkpoint-319
already exists and is non-empty. Saving will proceed but saved results may be
invalid.
{'train_runtime': 1392.0618, 'train_samples_per_second': 7.35, 'train_steps_per_
second': 0.229, 'train_loss': 3.8085801384665747, 'epoch': 1.0}
```

最后得到的平均损失值为3.8,显存消耗为6.8GB,比5.4.6节中LoRA训练时占用的显存(8.9GB)明显下降。

4. QLoRA原理介绍

在本节一开始提到,QLoRA主要对3个方面进行优化,使用4-bit NormalFloat量化数据类型、双质量化技术及分页优化器,下面分别来进行介绍。

1) 4-bit NormalFloat量化

4-bit NormalFloat量化将浮点数表示为4位,包括符号位、指数位和尾数位。符号位1位,用于表示数值的正负。指数位通常需要2位,用于表示数值的指数部分。在4-bit量化中,由于位数限制,指数的表示范围会非常有限。尾数位剩下的位数用于表示尾数(也称为小数或分数部分),一般只有1位用于尾数。

同样使用[1.35, 1.36, 5.68, 1.41, −2.57, 2.88]数据进行量化实现,代码如下:

```
data = [1.35, 1.36, 5.68, 1.41, -2.57, 2.88]

abs_max_value = round(max([abs(i) for i in data]), 2)

scale_factor = 7 / abs_max_value

quantized_data = []
for value in data:
    quantized_value = round(value * scale_factor)
    #确保结果在 int4 的范围内
    quantized_value = max(min(quantized_value, 7), -8)
    quantized_data.append(quantized_value)

print(quantized_data)
#输出结果
[2, 2, 7, 2, -3, 4]
```

从输出的结果可以看出原始数据中比较相近的[1.35, 1.36, 1.41]都被量化成了2,很明显int4的精度太低,导致相近的数值量化后成了一样的数值,反量化后数据如下:

```
quantized_data = [2, 2, 7, 2, -3, 4]

scale_factor = 7 / round(max([abs(i) for i in [1.35, 1.36, 5.68, 1.41, -2.57, 2.88]]), 2)

def dequantize(data, scale):
    return [round(q / scale, 2) for q in data]

dequantized_data = dequantize(quantized_data, scale_factor)
print(dequantized_data)

#输出结果
[1.62, 1.62, 5.68, 1.62, -2.43, 3.25]
```

反量化输出的结果与原始的数据有比较大的误差,而且比 int8 反量化结果的量化误差要大很多。这是因为 4 位表示范围比 8 位更小,意味着它能够表示的数据值数量相对较少,例如,8 位无符号整数可以表示－128～127 共 256 个不同的值,而 4 位无符号整数只能表示－7～8 共 16 个不同的值。粒度更粗则体现在,对于连续的数值区间,4 位量化能够划分的挡位更少。

尤其是在线性量化中,如果数据中存在非常大的离群值,在 4 位量化时就可能使量化后的参数都集中在某一数值上。这是因为 4 位的表示能力有限,当出现离群值时,为了适应较小的量化范围,其他非离群值的数据可能会被强制映射到相近的量化值上,导致大量数据集中在特定的几个数值上。

这是因为线性量化在进行计算时,首先会将数据归一化到[－1,1]的范围。这一步的目的是使不同量级的数据能够在一个统一的尺度上进行处理。归一化可以消除数据的量纲影响,使不同特征之间具有可比性。

然后把[－1,1]均匀切分成 N 个区间,这里的 N 取决于量化的位数,例如,如果是 4 位量化,则可能会将[－1,1]区间分成 16 个小区间,然后判断归一化后的结果归属于第几个区间,量化结果便为几。这个过程是线性量化的核心步骤,它将连续的数值通过区间划分的方式转换为离散的量化值。

在这个过程中,数据的分布对量化结果非常重要。如果待量化的数据为均匀分布,则意味着数据在各个区间内出现的概率相对较为均匀。在这种情况下,即使是低位数的量化(例如 4 位量化),结果也不会太差。因为均匀分布的数据在区间划分后,每个区间都有一定数量的数据点,不会出现某些区间数据过度集中而导致量化误差过大的情况,然而,如果数据分布不均匀,例如存在大量数据集中在某个特定区间,而其他区间数据很少,则在量化时就可能会因为区间划分不能很好地适应这种分布而产生较大的量化误差。

综上所述,线性量化通过数据归一化和区间划分的方式将连续数据转换为离散的量化值,数据的分布情况对量化结果有着关键影响,均匀分布的数据相对更适合线性量化,尤其是在低位数量化时也能获得较好的效果。

下面查看大模型的参数分布情况,首先导入大模型,代码如下:

```python
from transformers import AutoModelForCausalLM
model_path = r"D:\project\transformer\models\qwen\Qwen2-0___5B"
model = AutoModelForCausalLM.from_pretrained(model_path, trust_remote_code=
True, low_cpu_mem_usage=True)
```

然后获取模型的权重并将它们连接成一个张量,代码如下:

```python
weights = []
for param in model.parameters():
    weights.append(param.view(-1))
weights_tensor = torch.cat(weights)
```

使用直方图统计权重的分布情况,并使用 Matplotlib 绘制权重分布的直方图,代码如下：

```
bins = 100
hist, _ = torch.histogram(weights_tensor.float(), bins=bins, range=(-0.1, 0.1))

#绘制权重分布的直方图
plt.figure(figsize=(16, 9))
x = np.arange(bins)
plt.bar(x, hist.detach().NumPy(), color="blue")
plt.xticks(x, np.linspace(-0.1, 0.1, 100).round(3), rotation=45)
plt.gca().xaxis.set_major_locator(ticker.MultipleLocator(10))
plt.show()
```

设置100个小区间(bins)，进行绘图展示，如图5-29所示。

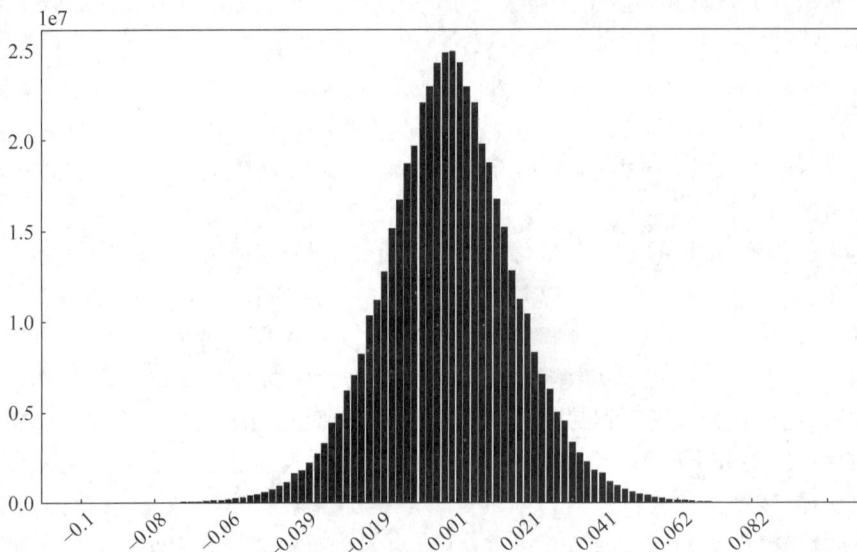

图 5-29　大模型参数分布

可以发现模型权重的真实分布并非均匀分布，而是呈现出正态分布的趋势，这意味着在模型的权重值中，不同的权重具有不同的出现频率和分布特点。在正态分布中，数值集中分布在均值两侧，并且离均值越远的部分越少。这表明大部分权重值会分布在中心位置，很多权重值会靠近均值。随着与均值的距离增大，权重值的数量逐渐减少。

前文中在进行线性量化时，直接在目标域(待量化的数据域)做均匀切分，无法将近似正态分布的值均匀地落在每个分区内。这是因为正态分布的特点是中间多两边少，与均匀切分的方式不匹配，例如，在进行4位量化时，将目标域 $[-8,7]$ 均匀切分为16个区间，但由于权重值的正态分布特性，很多值会集中在均值附近，导致某些区间内的数据非常密集，而其他区间可能很少甚至没有数据。

由于无法实现均匀分布在各个区间，线性量化在这种情况下会产生较大的量化误差，影响模型的性能和准确性。由于在目标域无法有效地进行均匀切分，所以 QLoRA 换了一种思路,在源域上进行切分,采用分位数量化的方法。

2) 分位数量化

分位数量化是根据数据的分布情况,将数据按照特定的分位数划分区间。具体来讲,对于正态分布的权重值,可以根据其分布特点,选择合适的分位数来确定区间的边界,例如,可以将数据按照 25%、50%、75% 等分位数进行划分,使每个区间内的数据数量相对较为均匀。

这样做的好处是能够更好地适应数据的实际分布,将权重值更合理地分配到不同的区间中,从而减少量化误差。在 QLoRA 中,通过分位数量化可以在低精度量化的情况下,尽可能地保留模型的性能,提高量化的效果。下面使用前文的数据样例[1.35,1.36,5.68,1.41,−2.57,2.88]来进行分位数量化,具体的步骤如下。

(1) 计算用于量化的分位数:对于 4 位量化,其表示范围为 16 个值。首先将权重从小到大进行排序,然后找到 $2^4 + 1 = 17$ 个分位数,通过这些分位数将权重数据切分为 16 块。使用标准正态分布 $N(0,1)$ 的分位数来进行计算。具体的分位数计算如下(标准正态分布的分位数可以通过查表或函数计算得出),对于每个位置可以得到一个分位数,代码如下:

```python
import scipy.stats as stats

#定义要计算的分位数
n = 17
percentiles = [i / (n+1) for i in range(1, n+1)]

#分位数
print(percentiles)

#输出结果
[0.05555555555555555, 0.1111111111111111, 0.16666666666666666, 0.2222222222222222,
0.2777777777777778, 0.3333333333333333, 0.3888888888888889, 0.4444444444444444,
0.5, 0.5555555555555556, 0.6111111111111112, 0.6666666666666666, 0.7222222222222222,
0.7777777777777778, 0.8333333333333334, 0.8888888888888888, 0.9444444444444444]
```

得到分位数后,计算相应位置的标准正态分布的分位数,代码如下:

```python
quantiles = stats.norm.ppf(percentiles)

print(quantiles)

#输出结果
[-1.59321882 -1.22064035 -0.96742157 -0.76470967 -0.5894558  -0.4307273
 -0.28221615 -0.1397103   0.          0.1397103   0.28221615  0.4307273
  0.5894558   0.76470967  0.96742157  1.22064035  1.59321882]
```

上面得到的 17 个标准正态分布的分位数是边界值,在将原始数据进行量化表示时,由于用边界值表示会有较大的误差,所以这里对两个相邻边界值进行平均作为量化的表示数据,如图 5-30 所示。

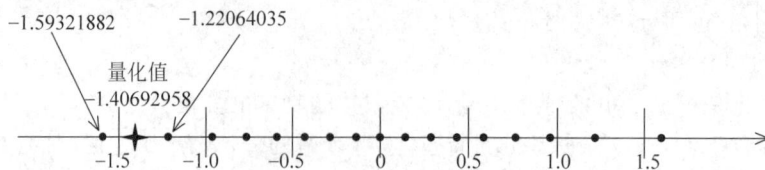

图 5-30　分位数量化计算

下面使用 Python 进行计算,代码如下:

```
quantized_values = []

for i in range(len(quantiles) - 1):
    q_i = 0.5 *(quantiles[i] + quantiles[i+1])
    quantized_values.append(q_i)

print(quantized_values)

#输出结果
[-1.4069295834352005, -1.0940309574745255, -0.8660656199440441, -0.6770827358180826,
-0.510091548572618, -0.35647172317898285, -0.21096322297218512, -0.06985514944093106,
0.06985514944093106, 0.21096322297218517, 0.35647172317898285, 0.5100915485726178,
0.6770827358180826, 0.8660656199440441, 1.0940309574745253, 1.4069295834351998]
```

将上面的结果除以最大值,得到标准化的结果,代码如下:

```
quantized_values_scale = []
for i in range(len(quantized_values)):
    q_i = (quantized_values[i]/max(quantized_values))
    quantized_values_scale.append(q_i)

print(quantized_values_scale)
#输出结果
[-1.0000000000000004, -0.7776017864400206, -0.6155714046679105, -0.48124848875868964,
-0.3625565590334406, -0.2533685604283131, -0.14994582917013602, -0.04965077873362412,
0.04965077873362412, 0.14994582917013607, 0.2533685604283131, 0.3625565590334405,
0.48124848875868964, 0.6155714046679105, 0.7776017864400205, 1.0]
```

(2) 原始数据标准化:将原始数据[1.35,1.36,5.68,1.41,-2.57,2.88]除以当前数组中的最大值,得到其标准化的数据,代码如下:

```
x = [1.35, 1.36, 5.68, 1.41, -2.57, 2.88]
x_scale = []
for i in range(len(x)):
    x_i = x[i]/max(x)
    x_scale.append(x_i)

print(x_scale)
#输出结果
```

```
[0.23767605633802819, 0.2394366197183099, 1.0, 0.2482394366197183, -0.4524647887323944,
0.5070422535211268]
```

（3）将数值映射到量化的值：将标准化后的数据映射到最近的量化值，例如第1个数值0.237676，与其最相近的量化值应该是0.25336856，如图5-31所示。

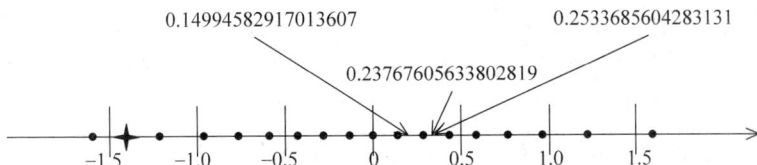

图 5-31　分位数量化计算

根据上面的方法，对全部的原始数据进行量化映射，代码如下：

```
import numpy as np

def get_new_value(quanti_values, st_v):
    stand_value = np.asarray(quanti_values)
    idx = (np.abs(stand_value - st_v)).argmin()
    return stand_value[idx]

quan_data = [get_new_value(quantized_values_scale, val) for val in x_scale]

print(quan_data)
#输出结果
[0.2533685604283131, 0.2533685604283131, 1.0, 0.2533685604283131, -0.48124848875868964,
0.48124848875868964]
```

代码中 stand_value - st_v 计算了数组 stand_value 中的每个元素与标准值 st_v 的差值。np.abs() 取这些差值的绝对值，确保得到的都是非负的值。argmin() 方法用于返回绝对值差值数组中最小元素的索引。这个索引对应的就是与标准值最接近的量化值在 stand_value 数组中的位置。

输出的量化的结果，可以再将其映射到 int4 的数值表示，例如 0.25336856 是 int4 中的第 11 个数值，也就是 2，以此可以得到其他的 int4 数值，代码如下：

```
result = []
for value in quan_data:
    try:
        index_in_quantized = quantized_values_scale.index(value)
        mapped_index = int((index_in_quantized / len(quantized_values_scale)) *16) - 8
        result.append(mapped_index)
    except ValueError:
        result.append(None)

print(result)
```

```
#输出结果
[2, 2, 7, 2, -5, 4]
```

3) 双质量化

在前文中进行量化计算时,需要依据参数中的最大值确定缩放尺度,如果这个最大值是异常的极大值或极小值,则以此计算缩放尺度不合适。这是因为这样会导致整个张量中的绝大多数值在量化后集中在 0 附近,破坏了量化后特征分布的均匀性。QLoRA 提出了分块 k 位量化(block-wise k-bit quantization)的策略,也就是通过将张量分成若干块,让每个块都有独立的量化常数 c,从而解决模型参数的极大极小的异常值的问题。分块量化的另外一个好处是减少了核之间的通信,可以实现更好的并行性,并充分利用硬件的多核的能力。

在实现分块 k 位量化的过程中,保存模型时不仅要保存量化后的结果,还要保存每个块的量化常数。虽然量化后的参数只有 4 位的精度,但是这个量化常量的精度是 float32。在 QLoRA 中,每个块的大小是 64,因为块中的每个值占 4 位。这相当于为了存储量化常数,每个参数要额外占用 $32/64 = 0.5$ 位的显存。

QLoRA 的双质量化就是对这个量化常数再做一次 8 位的量化,在进行量化常数的量化时,QLoRA 以每 256 个量化常数为一组再做一次量化,因此它额外增加的内存消耗由两部分组成,一部分是量化后的 8 位的第 1 层的量化常数,它额外增加的显存 $8/64 = 0.125$ 位,另一部分是为量化常数做量化的第 2 层的 32 位的量化常数,它额外增加的显存占比是 $32/(64 \times 256) = 0.00195$ 位,加起来就是 0.127 位,这样相较于原始的 0.5 位,双质量化后,每个参数额外的资源消耗减少了 $0.5 - 0.127 = 0.373$ 位。

4) 分页优化

分页优化是针对梯度检查点做的进一步优化,以防止在显存使用峰值时发生内存溢出(Out Of Memory,OOM)问题。QLoRA 分页优化其实就是当显存不足时,将保存的部分梯度检查点转移到 CPU 内存上,如图 5-32 所示。当在优化器更新步骤中需要内存时,再分页回 GPU 内存。

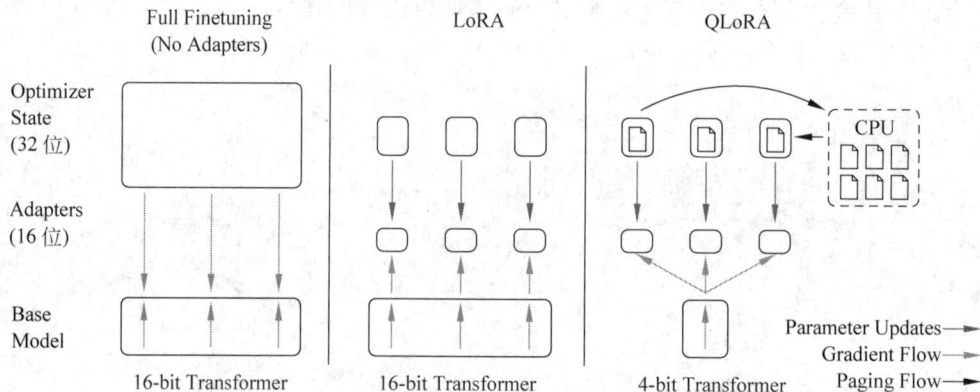

图 5-32 分页优化

5. QLoRA 代码实践

QLoRA 代码内容与 LoRA 代码基本一致，下面对主要的修改进行说明，首先加载模型并设置相关的参数，代码如下：

```
import torch
model = AutoModelForCausalLM.from_pretrained(
    model_path,
    trust_remote_code=True,
    low_cpu_mem_usage=True,
    torch_dtype=torch.bfloat16,
    device_map="auto",
    load_in_4bit=True,
    bnb_4bit_compute_dtype=torch.bfloat16,
    bnb_4bit_quant_type="nf4",
    bnb_4bit_use_double_quant=True)
```

load_in_4bit＝True 表示以 4 位精度加载模型。bnb_4bit_compute_dtype 表示在进行 4 位加载时，指定计算的数据类型，这里设置为 bfloat16。bnb_4bit_quant_type＝"nf4"用于将 4 位量化的类型指定为 nf4，bnb_4bit_use_double_quant＝True 表示使用双质量化。

查看模型的类型和模型参数信息，代码如下：

```
model.dtype

#输出结果
torch.bfloat16

#打印参数及参数大小和参数类型
for name, parameter in model.named_parameters():
    print(name, parameter.shape, parameter.dtype)

#输出结果
base_model.model.model.embed_tokens.weight torch.Size([151936, 896]) torch.
bfloat16
base_model.model.model.layers.0.self_attn.q_proj.base_layer.weight torch.Size
([401408, 1]) torch.uint8
base_model.model.model.layers.0.self_attn.q_proj.base_layer.bias torch.Size
([896]) torch.bfloat16
base_model.model.model.layers.0.self_attn.q_proj.lora_A.default.weight torch.
Size([8, 896]) torch.float32
base_model.model.model.layers.0.self_attn.q_proj.lora_B.default.weight torch.
Size([896, 8]) torch.float32
base_model.model.model.layers.0.self_attn.k_proj.weight torch.Size([57344, 1])
torch.uint8
base_model.model.model.layers.0.self_attn.k_proj.bias torch.Size([128])
torch.bfloat16
base_model.model.model.layers.0.self_attn.v_proj.base_layer.weight torch.Size
([57344, 1]) torch.uint8
```

```
base_model.model.model.layers.0.self_attn.v_proj.base_layer.bias torch.Size
([128]) torch.bfloat16
base_model.model.model.layers.0.self_attn.v_proj.lora_A.default.weight torch.
Size([8, 896]) torch.float32
base_model.model.model.layers.0.self_attn.v_proj.lora_B.default.weight torch.
Size([128, 8]) torch.float32
base_model.model.model.layers.0.self_attn.o_proj.weight torch.Size([401408,
1]) torch.uint8
base_model.model.model.layers.0.mlp.gate_proj.weight torch.Size([2179072, 1])
torch.uint8
base_model.model.model.layers.0.mlp.up_proj.weight torch.Size([2179072, 1])
torch.uint8
base_model.model.model.layers.0.mlp.down_proj.weight torch.Size([2179072, 1])
torch.uint8
base_model.model.model.layers.0.input_layernorm.weight torch.Size([896])
torch.bfloat16
base_model.model.model.layers.0.post_attention_layernorm.weight torch.Size
([896]) torch.bfloat16
base_model.model.model.layers.1.self_attn.q_proj.base_layer.weight torch.Size
([401408, 1]) torch.uint8
base_model.model.model.layers.1.self_attn.q_proj.base_layer.bias torch.Size
([896]) torch.bfloat16
base_model.model.model.layers.1.self_attn.q_proj.lora_A.default.weight torch.
Size([8, 896]) torch.float32
base_model.model.model.layers.1.self_attn.q_proj.lora_B.default.weight torch.
Size([896, 8]) torch.float32
base_model.model.model.layers.1.self_attn.k_proj.weight torch.Size([57344, 1])
torch.uint8
base_model.model.model.layers.1.self_attn.k_proj.bias torch.Size([128])
torch.bfloat16
base_model.model.model.layers.1.self_attn.v_proj.base_layer.weight torch.Size
([57344, 1]) torch.uint8
base_model.model.model.layers.1.self_attn.v_proj.base_layer.bias torch.Size
([128]) torch.bfloat16
...
base_model.model.model.layers.23.mlp.down_proj.weight torch.Size([2179072, 1])
torch.uint8
base_model.model.model.layers.23.input_layernorm.weight torch.Size([896])
torch.bfloat16
base_model.model.model.layers.23.post_attention_layernorm.weight torch.Size
([896]) torch.bfloat16
base_model.model.model.norm.weight torch.Size([896]) torch.bfloat16
```

虽然在加载模型时使用了 load_in_4bit=True,但是参数的权重在输出中显示为8位无符号整数(uint8)、torch.bfloat16。这是因为很多深度学习框架或库并不直接支持以4位整数存储模型参数,即使在加载时选择了4位量化,在实际使用中可能仍会采用8位或其他格式来表示参数。这是因为某些计算操作可能要求参数以特定格式(例如8位或16位)进行处理,以确保计算的正确性和稳定性。

量化通常会将浮点数参数转换为低位宽格式以减少内存使用。虽然理论上可以使用int4,但许多库采用的是混合精度(Mixed Precision)策略,这意味着它们会在不同的层或操作中使用不同的位宽,例如,自注意力层中的某些投影权重可能可以在一定程度上容忍较低的精度而采用 uint8,而层归一化的权重通常需要更高的精度以确保归一化的准确性,所以采用 torch. bfloat16。

在模型的实现中,量化的参数可能在内存中以更高的位宽存储,而在计算时会被动态地转换为低位宽格式。这样可以在不牺牲性能的情况下,尽量减少内存占用。在加载模型时选择了 int4 格式,但由于实现和计算需求的原因,模型参数可能仍然以其他位宽(例如uint8 或 float32)进行存储和处理。

在训练器的设置中需要修改 optim,代码如下:

```
args = TrainingArguments(
    output_dir="./models_for_chatbot_LoRA",
    per_device_train_batch_size=4,       #每台设备的训练批次大小为 4
    gradient_accumulation_steps=8,       #每 4 步累计一次
    per_device_eval_batch_size=32,       #每台设备的评估批次大小为 32
    save_strategy="epoch",               #每个 epoch 保存一次
    logging_steps=20,                    #每 20 步打印一次
    num_train_epochs=1,                  #训练 1 个 epoch
    report_to=['TensorBoard'],
    optim="paged_adamw_32bit",           #使用 paged_adamw_32bit 优化器
)
```

optim＝"paged_adamw_32bit"用于指定使用 32 位的分页 AdamW 优化器。AdamW是 Adam 优化器的一个变种,它在 Adam 的基础上加入了对权重衰减(Weight Decay)的支持。Adam(Adaptive Moment Estimation)优化器结合了动量方法(例如 RMSprop)和自适应学习率方法(例如 Adagrad)的优点,通常在深度学习模型训练中表现良好。

paged_adamw_32bit 中的 paged 指的是前面介绍的分页优化的内存管理技术,允许优化器将梯度和其他必要的状态变量分页到内存中,而不是将所有内容都保存在内存中。这对于训练非常大的模型特别有用,因为这些模型可能因为参数太多而无法全部加载到 GPU内存中,运行结果如下:

```
{'loss': 14.1777, 'grad_norm': 16.091806411743164, 'learning_rate':
4.686520376175549e-05, 'epoch': 0.06}
{'loss': 12.5486, 'grad_norm': 17.48172950744629, 'learning_rate':
4.373040752351097e-05, 'epoch': 0.13}
{'loss': 10.247, 'grad_norm': 22.955921173095703, 'learning_rate':
4.059561128526646e-05, 'epoch': 0.19}
{'loss': 7.5549, 'grad_norm': 32.386146545410156, 'learning_rate':
3.746081504702195e-05, 'epoch': 0.25}
{'loss': 4.0087, 'grad_norm': 27.105222702026367, 'learning_rate':
3.4326018808777435e-05, 'epoch': 0.31}
```

```
{'loss': 1.6055, 'grad_norm': 7.97143030166626, 'learning_rate':
3.119122257053292e-05, 'epoch': 0.38}
{'loss': 0.7106, 'grad_norm': 0.8736119866371155, 'learning_rate':
2.8056426332288405e-05, 'epoch': 0.44}
{'loss': 0.5778, 'grad_norm': 2.2503058910369873, 'learning_rate':
2.4921630094043887e-05, 'epoch': 0.5}
{'loss': 0.5572, 'grad_norm': 0.24314966797828674, 'learning_rate':
2.1786833855799376e-05, 'epoch': 0.56}
{'loss': 0.5212, 'grad_norm': 0.16364894807338715, 'learning_rate':
1.865203761755486e-05, 'epoch': 0.63}
{'loss': 0.5106, 'grad_norm': 0.19422262907028198, 'learning_rate':
1.5517241379310346e-05, 'epoch': 0.69}
{'loss': 0.5405, 'grad_norm': 0.17891784012317657, 'learning_rate':
1.2382445141065831e-05, 'epoch': 0.75}
{'loss': 0.5424, 'grad_norm': 0.13296186923980713, 'learning_rate':
9.247648902821316e-06, 'epoch': 0.81}
{'loss': 0.568, 'grad_norm': 0.41177183389663696, 'learning_rate':
6.112852664576803e-06, 'epoch': 0.88}
{'loss': 0.5565, 'grad_norm': 0.19598560035228873, 'learning_rate':
2.9780564263322885e-06, 'epoch': 0.94}
Checkpoint destination directory ./models_for_chatbot_LoRA\checkpoint-319
already exists and is non-empty. Saving will proceed but saved results may be
invalid.
{'train_runtime': 701.9434, 'train_samples_per_second': 14.575, 'train_steps_
per_second': 0.454, 'train_loss': 3.4944546260056453, 'epoch': 1.0}
```

从最终运行的结果来看,运行时间仅为701s,显著地快于半精度模式下的1392s,提升了近一倍的效率。此外,平均损失也优于半精度模式,仅为3.5,显示出模型在训练过程中的收敛性更好。值得一提的是,GPU显存占用为5.7GB,这表明在保证性能的同时,对显存的利用也较为高效。这些结果表明,QLoRA的优化策略在提升模型训练速度和降低损失方面表现出色。

5.5 Transformer 的影响

Transformer模型自发布以来,深刻影响了自然语言处理、计算机视觉、语音识别等多个领域。首先,在NLP领域,Transformer架构的引入使模型能够有效地捕捉上下文信息,显著地提升了翻译、问答和文本生成等任务的性能,催生了如BERT和GPT系列模型的出现,这些模型在多项基准测试中创造了新纪录。

其次,Transformer在计算机视觉中的应用同样引人注目,ViT(Vision Transformer)等模型证明了Transformer在处理图像数据时的潜力,开启了视觉领域的研究新方向。这些发展推动了研究人员对非序列数据的探索,拓宽了模型应用的边界。

此外,大模型(例如GPT-3和ChatGPT)的发展进一步推高了Transformer的影响力。这些模型通过大规模预训练,在多种任务上展示了出色的zero-shot和few-shot学习能力,改变了人们对 AI 应用的认知。它们不仅能生成自然语言,还能进行编程、绘画等多种任务。

　　Transformer 的自注意力机制改变了传统模型对局部特征的依赖,使长距离依赖的学习变得更加高效。这一特性不仅提高了模型的灵活性,也引发了对模型可解释性和安全性的深入研究。整体而言,Transformer 的出现不仅加速了各领域的技术进步,也推动了人工智能研究的前沿发展。

5.6　未来展望

　　未来,Transformer 的研究方向可以从以下几个方面展开。

　　(1)多模态学习:结合文本、图像和音频等多种数据类型,探索跨领域模型的设计,例如,CLIP 模型通过同时处理文本和图像,为多模态理解开辟了新路径。

　　(2)大模型的发展:大模型的规模和复杂性将持续增长,未来的研究将集中在如何高效地训练和部署这些模型。模型压缩、量化和蒸馏技术将成为重要研究方向,以提高计算效率和降低资源消耗。

　　(3)计算效率优化:Transformer 模型通常具有较高的计算复杂度,研究者正在探索更高效的架构,例如 Sparse Transformer 和 Linformer 等,以降低计算成本,使其在资源受限的环境中也能有效运作。

　　(4)小样本学习与迁移学习:在低资源环境下,如何通过迁移学习和预训练技术提高模型的泛化能力是未来研究的重要方向。研究者将继续探索如何让模型在数据稀缺的情况下仍能获得良好的表现。

　　(5)模型可解释性与安全性:随着 Transformer 和大模型的广泛应用,对其可解释性和安全性的关注将日益增强。未来的研究将致力于揭示模型决策过程,提升其在实际应用中的安全性和可靠性。

　　(6)自适应与动态建模:探讨如何使 Transformer 在动态场景下自适应调整结构和参数,以提高模型对实时数据的处理能力。

　　通过以上研究方向,Transformer 及其衍生的大模型有望继续在人工智能领域发挥重要作用,推动技术的持续进步和创新。

图 书 推 荐

书　　名	作　　者
HuggingFace 自然语言处理详解——基于 BERT 中文模型的任务实战	李福林
大模型时代——智能体的崛起与应用实践(微课视频版)	王瑞平、张美航、王瑞芳 等
动手学推荐系统——基于 PyTorch 的算法实现(微课视频版)	於方仁
强化学习——从原理到实践	李福林
全解深度学习——九大核心算法	于浩文
深度学习——从零基础快速入门到项目实践	文青山
Diffusion AI 绘图模型构造与训练实战	李福林
图像识别——深度学习模型理论与实战	于浩文
Transformer 模型开发从 0 到 1——原理深入与项目实践	李瑞涛
AI 驱动下的量化策略构建(微课视频版)	江建武、季枫、梁举
LangChain 与新时代生产力——AI 应用开发之路	陆梦阳、朱剑、孙罗庚 等
玩转 OpenCV——基于 Python 的原理详解与项目实践	刘爽
ChatGPT 应用解析	崔世杰
跟我一起学深度学习	王成、黄晓辉
跟我一起学机器学习	王成、黄晓辉
深度强化学习理论与实践	龙强、章胜
语音与音乐信号处理轻松入门(基于 Python 与 PyTorch)	姚利民
轻松学数字图像处理——基于 Python 语言和 NumPy 库(微课视频版)	侯伟、马燕芹
自然语言处理——基于深度学习的理论和实践(微课视频版)	杨华 等
非线性最优化算法与实践(微课视频版)	龙强、赵克全
Java＋OpenCV 高效入门	姚利民
Java＋OpenCV 案例佳作选	姚利民
量子人工智能	金贤敏、胡俊杰
Spark 原理深入与编程实战(微课视频版)	辛立伟、张帆、张会娟
PySpark 原理深入与编程实战(微课视频版)	辛立伟、辛雨桐
ChatGPT 实践——智能聊天助手的探索与应用	戈帅
AI 芯片开发核心技术详解	吴建明、吴一昊
MLIR 编译器原理与实践	吴建明、吴一昊
编程改变生活——用 Python 提升你的能力(基础篇·微课视频版)	邢世通
编程改变生活——用 Python 提升你的能力(进阶篇·微课视频版)	邢世通
编程改变生活——用 PySide6/PyQt6 创建 GUI 程序(基础篇·微课视频版)	邢世通
编程改变生活——用 PySide6/PyQt6 创建 GUI 程序(进阶篇·微课视频版)	邢世通
编程改变生活——用 Qt 6 创建 GUI 程序(基础篇·微课视频版)	邢世通
编程改变生活——用 Qt 6 创建 GUI 程序(进阶篇·微课视频版)	邢世通
Python 量化交易实战——使用 vn.py 构建交易系统	欧阳鹏程
Python 区块链量化交易	陈林仙
Python 全栈开发——数据分析	夏正东
Unity3D 插件开发之路	陈星睿
Unity 游戏单位驱动设计	张寿昆
Unity 编辑器开发与拓展	张寿昆
Python 概率统计	李爽

书　名	作　者
仓颉语言实战(微课视频版)	张磊
仓颉语言网络编程	张磊
仓颉语言核心编程——入门、进阶与实战	徐礼文
仓颉语言程序设计	董昱
仓颉程序设计语言	刘安战
仓颉语言元编程	张磊
仓颉语言极速入门——UI 全场景实战	张云波
HarmonyOS 移动应用开发(ArkTS 版)	刘安战、余雨萍、陈争艳 等
openEuler 操作系统管理入门	陈争艳、刘安战、贾玉祥 等
Go 语言零基础入门(微课视频版)	郭志勇
Vue+Spring Boot 前后端分离开发实战(第 2 版·微课视频版)	贾志杰
后台管理系统实践——Vue.js+Express.js(微课视频版)	王鸿盛
前端工程化——体系架构与基础建设(微课视频版)	李恒谦
NDK 开发与实践(入门篇·微课视频版)	蒋超
公有云安全实践(AWS 版·微课视频版)	陈涛、陈庭暄
虚拟化 KVM 极速入门	陈涛
解密 SSM——从架构到实践	鲍源野、江宇奇、饶欢欢
Node.js 全栈开发项目实践——Egg.js+Vue.js+uni-app+MongoDB(微课视频版)	葛天胜
Kubernetes API Server 源码分析与扩展开发(微课视频版)	张海龙
编译器之旅——打造自己的编程语言(微课视频版)	于东亮
JavaScript 修炼之路	张云鹏、戚爱斌
精讲数据结构(Java 语言实现)	塔拉
嵌入式 C 语言实践(微课视频版)	孟皓
从数据科学看懂数字化转型——数据如何改变世界	刘通
5G 网络规划与工程实践(微课视频版)	许景渊
5G 核心网原理与实践	易飞、何宇、刘子琦
恶意代码逆向分析基础详解	刘晓阳
零基础入门 CyberChef 分析恶意样本文件	黄雪丹、任嘉妍
C++元编程与通用设计模式实现	宋炜
Spring Cloud Alibaba 微服务开发	李西明、陈立为
Spring Boot 3.0 开发实战	李西明、陈立为
Spring Boot+Vue.js+uni-app 全栈开发	夏运虎、姚晓峰
SageMath 程序设计	于红博
超单元法应用实践——以汽车仿真为例	成传胜
Power Query M 函数应用技巧与实战	邹慧
零基础入门 Rust-Rocket 框架	盛逸飞
深入浅出 Power Query M 语言	黄福星
深入浅出 DAX——Excel Power Pivot 和 Power BI 高效数据分析	黄福星
从 Excel 到 Python 数据分析：Pandas、xlwings、openpyxl、Matplotlib 的交互与应用	黄福星
云计算管理配置与实战	杨昌家
移动 GIS 开发与应用——基于 ArcGIS Maps SDK for Kotlin	董昱

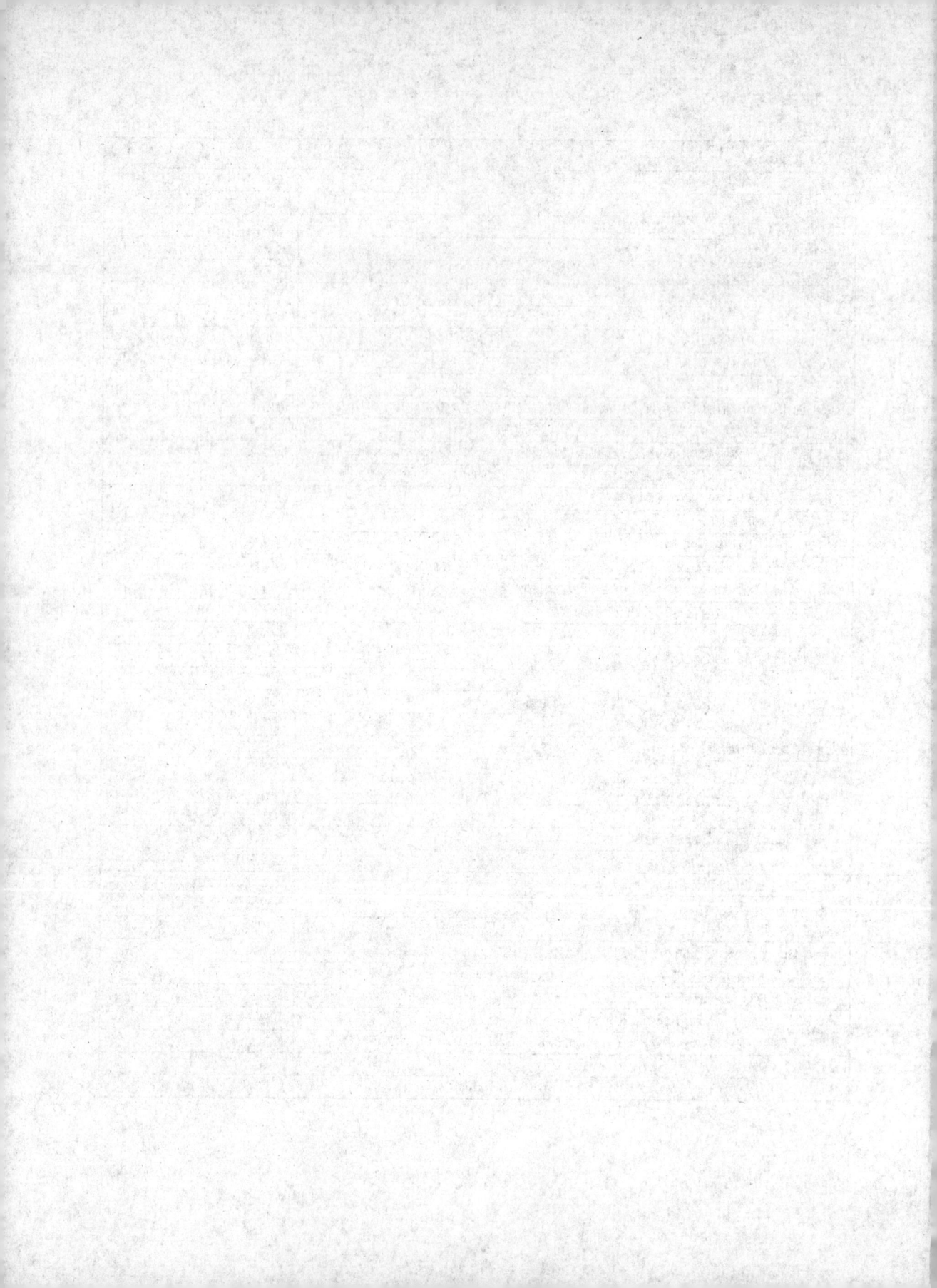